I Datenmodellierung und Datenbanksysteme

L5

Frau Suchfix ist die Buchverwalterin der N.-J.-Lehmann Schule in Infohausen, die in diesem Sommer aus zwei Schulen zusammengelegt wurde. Nun liegen im Keller riesige Stapel von Büchern und zwei ganz unterschiedliche Karteikartensysteme für die Buchausleihe. Das erste System hat für jedes Buch eine einzelne Karte, auf der alle Angaben stehen. Bei einer Ausleihe kommt diese Karte in einen zweiten Kasten zur Karte des Ausleihers. Im zweiten System wird für jede Buchart nur eine Karte geführt, auf der die Ausleiher und die entliehene Stückzahl notiert sind.

?

Wie kann Frau Suchfix Ordnung in die Ausgabe, Verwaltung und Bestellung der Schulbücher bringen?

1 Speichern großer Datenmengen in Datenbanksystemen

In der Schule müssen neben den Buchdaten noch viel mehr Daten eingegeben, gespeichert und ausgewertet werden. Aus Schülerdaten, Lehrerdaten und Raumdaten baut man Stundenpläne. Die Schulsachbearbeiterin stellt jedes Schuljahr vielfältige statistische Meldungen neu zusammen. Lehrer benötigen Schülerlisten und Kontaktdaten der Eltern. In diesem Kapitel sehen wir, dass unsere bisherigen Werkzeuge wie Textverarbeitung oder Tabellenkalkulation für diese umfangreichen Datenverarbeitungen nicht besonders geeignet sind.

Bei Versandhäusern kann man durch Bestellschein, Telefonanruf oder direkt über das Internet alle möglichen Arten von Waren bestellen. Dies können Bücher, CDs, Bekleidung, Elektrogeräte, ja sogar ganze Häuser sein. Die gewünschte Ware wird zusammen mit der Rechnung geliefert. Diese wird entweder per Nachnahme oder alternativ durch eine Abbuchungserlaubnis an das Versandhaus bezahlt. Früher wurden die Rechnungen von Mitarbeitern des Versandhauses mit der Hand bzw. mit der Schreibmaschine geschrieben. Heute erstellt ein Computer die Rechnungen.

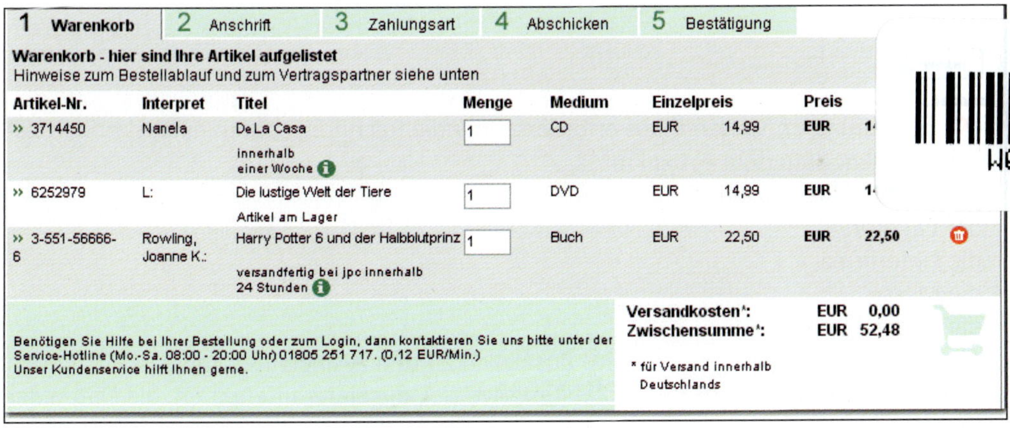

1 Warenkorb | 2 Anschrift | 3 Zahlungsart | 4 Abschicken | 5 Bestätigung

Warenkorb - hier sind Ihre Artikel aufgelistet
Hinweise zum Bestellablauf und zum Vertragspartner siehe unten

Artikel-Nr.	Interpret	Titel	Menge	Medium	Einzelpreis		Preis	
» 3714450	Nanela	De La Casa innerhalb einer Woche	1	CD	EUR	14,99	EUR	1
» 6252979	L:	Die lustige Welt der Tiere Artikel am Lager	1	DVD	EUR	14,99	EUR	1
» 3-551-56666-6	Rowling, Joanne K.:	Harry Potter 6 und der Halbblutprinz versandfertig bei jpc innerhalb 24 Stunden	1	Buch	EUR	22,50	EUR	22,50

Benötigen Sie Hilfe bei Ihrer Bestellung oder zum Login, dann kontaktieren Sie uns bitte unter der Service-Hotline (Mo.-Sa. 08:00 - 20:00 Uhr) 01805 251 717. (0,12 EUR/Min.) Unser Kundenservice hilft Ihnen gerne.

Versandkosten*: EUR 0,00
Zwischensumme*: EUR 52,48

* für Versand innerhalb Deutschlands

1 Bestellung im Internet

?

Welche Eingabedaten im Bestellformular sind für das Erstellen einer Rechnung von Bedeutung? Welche Ausgabewerte werden daraus ermittelt, damit eine Rechnung wie auf der nächsten Seite geschrieben werden kann?

Damit die Mitarbeiter des Versandhauses nicht für jede Rechnung Daten (z. B. Artikelnamen) jedes Mal neu eingegeben müssen, möchte man die Eingabedaten so speichern, dass sie mit dem Computer leicht und schnell automatisch abrufbar sind (**Datenspeicherung**).

RECHNUNG

LESEVIEL
Buchversand

Herr Tobias Infix
Monitor-Platz 1
03456 Infohausen

Bei Zahlungen und Rückfragen bitte stets angeben
Rechnungs-Nr.: 00224466 / 001 Kunden Nr.: 00224466 Datum 9.5.2020

Artikelname	Artikel-Nr.	Anzahl	Einzelpreis €	Preis €
Peter und das Mondschaf	09876	1	22,50	22,50
Grundlagen der Informatik	14555	2	15,90	31,80
Die bunte Welt der Tiere (gebundene Ausgabe)	07776	1	9,99	9,99
			Gesamt	64,29
			Versandkosten	4,50
Zahlbar bis 23.5.2020			**Rechnungssumme**	**68,79**
Im Rechnungsbeitrag sind enthalten			7% MwSt.	4,82

Leseviel GmbH
Maus-Str. 23
03456 Infohausen
Telefax 0234/567

Bankverbindung
Sparbank Infohausen
BLZ 667 767 67
Konto-Nr. 776676

Geldkasse Infohausen
BLZ 447 747 47
Konto-Nr. 1115

***2** Rechnung*

Die Lagerhaltung im Versandhaus erfordert, über die Rechnungsdaten hinaus, noch viele weitere Daten. Zu jedem Artikel muss
- die vorhandene Anzahl,
- der Lagerort,
- die Lieferfirma,
- die Masse,
- die Verpackungsgröße

und vieles mehr gespeichert werden. Zusätzlich zu den Artikeldaten müssen auch noch die Kundendaten (Name, Adresse, Zahlungsart, ...), die Lieferantendaten, die Daten der Versandspeditionen usw. gespeichert sein, um die Rechnung ausstellen und den Artikel liefern zu können.

An einem einfacheren Beispiel wollen wir klären, was bei der Speicherung von vielen Daten zu beachten ist.

Daten müssen geeignet gespeichert werden

Tobias trägt die Adress- und Telefondaten seiner Freunde in ein Adressbuch ein. Von jedem schreibt er Vorname, Familienname, Adresse und Telefonnummer auf. Das Adressbuch verfügt über ein Buchstabenregister. Tobias gliedert damit alle Einträge nach den Anfangsbuchstaben der Vornamen.

?

Was muss Tobias bei der Änderung einer Telefonnummer oder gar einer ganzen Anschrift machen? Tobias hat viele Freunde, deren Vorname mit N beginnt. Wie sind diese innerhalb der Seite für den Buchstaben N sortiert? Was passiert, wenn Tobias das Büchlein verliert?

Diese Art der Speicherung und Verwaltung von Daten ist bei Veränderung sehr unpraktisch.
Michael ist da pfiffiger. Er hat in Informatik aufgepasst und speichert die Adressen sowie Telefonnummern seiner Freunde in einem Rechenblatt. Als Überschriften wählt er Vorname, Familienname, Straße, Ort, Festnetz, Handy. Michael kann die Adressen nach verschiedenen Gesichtpunkten sortieren und für eine Übersicht ausdrucken. Das ist ganz brauchbar.

3 Adressbuch

Auf dieselbe Weise wie Michael könnte das Versandhaus alle Daten in einzelnen, unabhängigen Rechenblättern ablegen. In einem Rechenblatt würden alle Artikel eingetragen werden (ein Artikel pro Zeile) und in einem anderen alle Kunden mit deren Anschrift. In der Praxis würden hier aber viele Probleme auftreten, wie ein Blick auf die Erfassung einer telefonischen Bestellung zeigt.
Der Mitarbeiter öffnet das Rechenblatt „Bestellung“ und trägt Kunde, Artikel und Anzahl ein. Nun prüft er in dem Rechenblatt „Kunden“, ob der Kunde schon in der Kundenliste steht oder ob es ein Neuzugang ist, dessen Adresse und Bankverbindung erst noch erfragt werden muss. Er kontrolliert die korrekte Bestellnummer und im Rechenblatt „Artikel“ die Lieferbarkeit des Artikels. Der Mitarbeiter schaut im Rechenblatt „alte Bestellungen“ nach, ob der Kunde bisher alles bezahlt hat oder ob noch Außenstände beglichen werden müssen, bevor der Kunde erneut bestellen darf.

adressen.xls

	A	B	C	D	E	F
1	**Vorname**	**Familienname**	**Straße**	**Ort**	**Festnetz**	**Handy**
2	Bettina	Schuster	Nebenstr. 33	08064 Zwickau	0375/215497	0149/1234567
3	Christoph	Müller	Bergstr. 24	09122 Chemnitz	0371/266010	0148/2345678
4	Felix	Meier	Talstr. 17	04103 Leipzig	0341/9047710	0147/3456789
5	Jakob	Bäcker	Hauptstr. 10	01139 Dresden	0351/8043286	0146/4567890
6	Nadine	Maler	Alte Allee 11	02625 Bautzen	03591/607409	0145/5678901
7	Nadine	Müller	Am Graben 2	01796 Pirna	03501/528573	0140/1223345
8	Nicole	Schneider	Neue Allee 41	09419 Thum	037297/2297	0140/1223346
9	Nicole	Gärtner	Unterstr. 34	04249 Leipzig	0341/4270980	0144/6789012
10	Sarah	Sattler	Burggraben 2	09599 Freiberg	03731/245115	0143/7890123
11	Tony	Schreiner	Oberstr. 12	02763 Zittau	03583/704231	0142/8901234
12	Torsten	Müller	Am Graben 2	01796 Pirna	03501/528573	0141/9012345
13	Torsten	Tischler	Feldstr. 17b	01809 Heidenau	03529/512266	0140/0123456

4 Adressverzeichnis mit einem Rechenblatt

? Warum können alle diese Probleme mit der oben geschilderten Form der Datenspeicherung nur mit großem Aufwand gelöst werden?

5 *Versandhausmitarbeiter bei der Arbeit*

Das Problem hat seine Ursache in der Speicherung der Daten in verschiedenen Rechenblättern. Die Daten können nicht automatisch zusammengeführt werden. Der Mitarbeiter müsste bei einer Bestellung verschiedene Rechenblätter geöffnet haben und sich selbst die Daten zusammensuchen. Ein ähnliches Problem tritt auch bei der Rechnungserstellung auf. Ebenso schwer lassen sich für das Versandhaus folgende wichtige Fragen beantworten:

- „Welcher Artikel war im letzten Jahr Favorit bei den Bestellungen?"
- „Wie oft haben die Kunden im letzen Jahr durchschnittlich bestellt?"
- „Wie groß war der Gesamtbestellwert jedes Kunden im letzten Jahr?"

Sparen durch geschickte Datenverwaltung

Ein Betrieb kann sehr viel Aufwand und Arbeit sparen, wenn die vorhandenen Daten so gespeichert sind, dass sie möglichst flexibel verwendet werden können. Schon sehr früh haben Informatiker nach Möglichkeiten gesucht, Daten so zu verwalten, dass

- sie einfach und kontrolliert erfasst werden können,
- schnell und leicht auf sie zugegriffen werden kann,
- sie sicher und verlustfrei abgespeichert werden,
- einzelne Daten für Auswertungen (z. B. Rechnungen) auf einfache Weise zusammengeführt werden können,
- gezielt Information neu aus dem Datenbestand gewonnen werden können,
- verschiedene Sachbearbeiter unabhängig einzelne Teile des ganzen Datenbestands bearbeiten können (Kundenpflege, Bestellungen, Lagerbestand) usw.

› engl.: database

› engl.: database management system

› engl.: database system

Eine **Datenbasis** (› DB)
ist die Gesamtmenge der strukturiert abgespeicherten Daten mit ihren Beziehungen und Beschreibungen.

Ein **Datenbankmanagementsystem** (› DBMS)
ist das zur Eingabe, Verwaltung und Ausgabe der Daten erforderliche System.

Ein **Datenbanksystem** (› DBS)
ist ein Informationssystem, das aus einer Datenbasis und einem Datenbankmanagementsystem besteht.

Datenbanksysteme überall

Das Problem der effizienten Verwaltung großer Datenmengen haben nicht nur Versandhäuser. Die Deutsche Bahn AG benötigt Daten über alle Zugläufe, die Sitzplatzreservierungen in den Fernzügen, Fahrpreise und Sonderangebote. Damit können Kunden am Schalter oder über das Internet mit Zugverbindungsinformationen versorgt oder Fahrkarten eventuell mit Platzreservierung verkauft werden. Andere Daten braucht man zur Wartung und Pflege der Lokomotiven und Waggons. Die Daten der Zugläufe werden an anderer Stelle für die Personalplanung benötigt. Ähnliche Aufgaben müssen Fluggesellschaften oder Reiseveranstalter bewältigen.

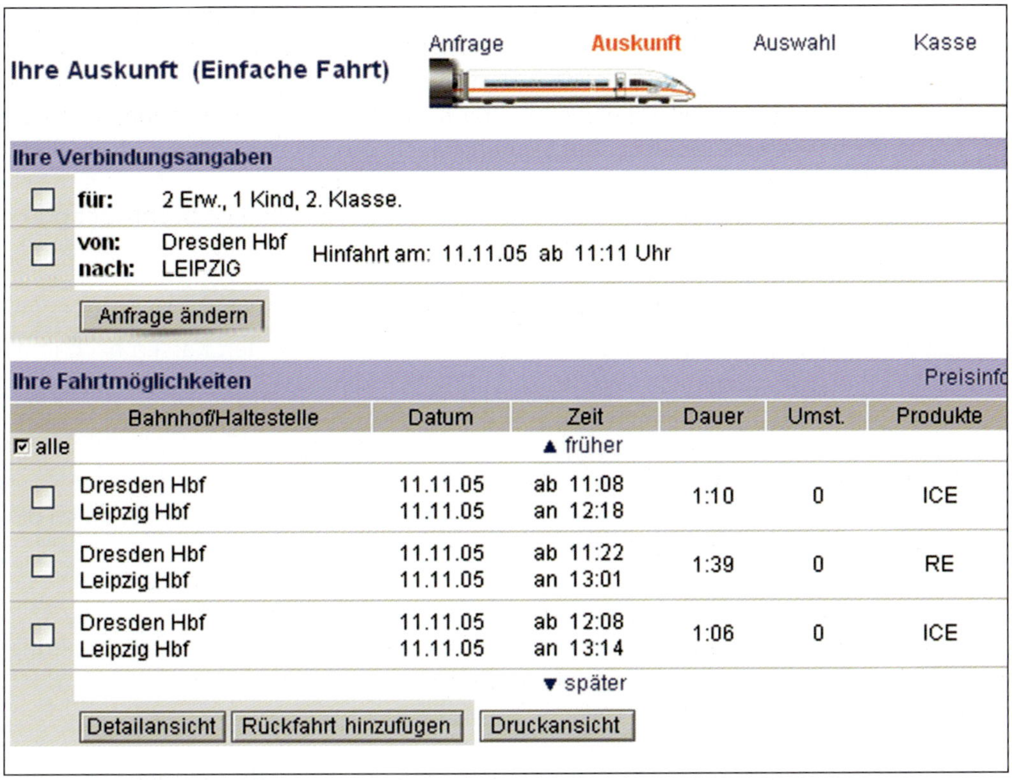
Ihre Auskunft (Einfache Fahrt)

Anfrage | **Auskunft** | Auswahl | Kasse

Ihre Verbindungsangaben

für: 2 Erw., 1 Kind, 2. Klasse.

von: Dresden Hbf **nach:** LEIPZIG Hinfahrt am: 11.11.05 ab 11:11 Uhr

Anfrage ändern

Ihre Fahrtmöglichkeiten Preisinfo

☑ alle	Bahnhof/Haltestelle	Datum	Zeit	Dauer	Umst.	Produkte
			▲ früher			
☐	Dresden Hbf Leipzig Hbf	11.11.05 11.11.05	ab 11:08 an 12:18	1:10	0	ICE
☐	Dresden Hbf Leipzig Hbf	11.11.05 11.11.05	ab 11:22 an 13:01	1:39	0	RE
☐	Dresden Hbf Leipzig Hbf	11.11.05 11.11.05	ab 12:08 an 13:14	1:06	0	ICE
			▼ später			

Detailansicht | Rückfahrt hinzufügen | Druckansicht

6 Fahrplanauskunft

Selbst kleine Firmen haben oft schon einen umfangreichen Datenbestand. Lohndaten für die Mitarbeiter, Daten über Kunden und Lieferanten, Verwaltung der aktuellen Aufträge, Rechnungen und die gesamte sonstige Buchhaltung sind für alle Betriebe wichtig.
Wegen der Komplexität des Aufbaus könnte man meinen, dass sich nur Informatiker mit der Entwicklung von Datenbanksystemen auskennen müssen. Heute haben aber sehr viele Leute beruflich als Anwender mit Datenbanksystemen zu tun. Um die Daten in DBS optimal nutzen zu können, ist ein Überblick über deren Möglichkeiten und Arbeitsweisen nötig. Viel öfter als man meinen könnte, muss man über die Speicherung von Daten mitentscheiden. Bei vielen Entscheidungen hilft Wissen über die Datenbasis und deren Verwaltung.
Im Privatbereich werden ebenfalls immer mehr Daten gespeichert. Das beginnt mit einfachen Adressverwaltungen und setzt sich fort mit Bilddatenverwaltung bei Fotoamateuren, der Speicherung von Informationen zu CDs bei Musikfreaks oder der Mitgliederverwaltung im Sportverein. Sehr oft erreicht die Datenstruktur hier eine Komplexität, die die Verwendung von Datenbanksystemen sinnvoll macht. Viele Internetseiten im industriellen wie auch im privaten Bereich werden heute automatisch aus der entsprechenden Datenbasis erzeugt.
Für eine kompetente Mitsprache beim Thema Datenschutz ist die Kenntnis der Möglichkeiten von Datenbanksystemen ebenfalls wichtig. Ob und unter welchen Voraussetzungen gespeicherte Daten missbraucht werden können, lässt sich oft nur beurteilen, wenn man weiß, wie Datenbanksysteme arbeiten.

Aufgaben – Daten geeignet speichern

1 Datenspeicherung im Versandhaus

a Beschreiben Sie den Ablauf zur Aufnahme der Bestellung eines Neukunden im Versandhaus.

b Erläutern Sie an diesem Beispiel, warum bei einem Versandhaus die Datenspeicherung in einzelnen Rechenblättern für Kunden, Artikel und Bestellungen Probleme mit sich bringt. Beachten Sie dabei auch, dass Versandhäuser oft mehrere hunderttausend Kunden haben.

c Warum ist der Eintrag der Daten in ein einziges Rechenblatt noch weniger praktikabel? Begründen Sie.

2 Datenspeicherung in Kaufhäusern

Überlegen Sie, warum die Kunden in vielen Kaufhäusern an den Kassen nach ihrer Postleitzahl gefragt werden. Welche Informationen kann das Kaufhausmanagement aus dieser Information ableiten?

3 Kontaktdaten verwalten

Welche Probleme der Datenverwaltung in einem Adressbuch hat Michael durch die Speicherung der Adressen in einem Rechenblatt behoben?

4 Datenbankmanagementsysteme

Welche Anforderungen würden Sie an ein Datenbanksystem zur Schülerverwaltung stellen? Warum sind diese Anforderungen notwendig und sinnvoll?

5 Große Datenmengen

Im Text wurden verschiedene Beispiele genannt, wo große Datenmengen verwaltet werden müssen. Überlegen Sie sich zwei weitere Beispiele und beschreiben Sie, welche Daten dabei gespeichert werden müssen. Welche Zusammenhänge bestehen zwischen den Daten?

Aufgabe – Grundwissen

W5

6 Strukturieren

a Erstellen Sie eine Mindmap zu Teilgebieten der Wissenschaft Informatik.

b Bilden Sie folgende Begriffe der Geografie in einem Verzeichnisbaum ab: See, Landschaft, Fluss, Berg, Bach, Tal, Ebene, Gewässer, Meer, Gebirge, Ozean.

c Beschreiben Sie an je einem Beispiel den Unterschied zwischen einer hierarchischen und einer vernetzten Struktur.

2 Datenmodelle

Vor dem Speichern großer Datenmengen müssen einige Überlegungen angestellt werden, beispielsweise zur Art und Menge der Daten. Wie man sinnvoll dabei vorgeht, lernen wir in diesem Kapitel.

Zettelwirtschaft bei den Schulbüchern

In der Schule ist der Einsatz von Datenbanksystemen sinnvoll. Die Verwaltung der Schülerdaten, der Lehrerdaten und häufig auch der Stundenplandaten wird mit Datenbanksystemen durchgeführt.
In den Schulbüchereien herrscht dagegen oft noch Handarbeit mit Stift und Zettel. Ob es dabei zum Chaos kommt, hängt sehr von der Disziplin der Verwalterin ab. Hier kann ein gut gestaltetes Datenbanksystem wertvolle Hilfe leisten und von Routinearbeit entlasten. Um ein solches System zu entwerfen, muss als Erstes festgelegt werden, welche Arbeitsabläufe mithilfe dieses Datenbanksystems unterstützt werden sollen (Funktionalität). Diese Aufgabenbeschreibung nennt man **Pflichtenheft**. Vor seiner Erstellung sollte man neben dem Sammeln eigener Gedanken zu dem Thema auch mit den Nutzern der Datenbanksysteme Gespräche führen, da diese aus der täglichen Arbeit die für sie notwendigen Funktionalitäten sehr genau kennen. Eine grobe Funktionsbeschreibung für die Bibliotheksverwaltung legt z. B. fest, dass für jedes Buch bekannt sein muss, ob es ausgeliehen ist und wenn ja, an wen. Man muss auch feststellen können, wer das Buch früher ausgeliehen hatte, um Schäden zurückverfolgen zu können. Auch die Bestandsverwaltung, insbesondere die Nachbestellung fehlender Bücher, soll unterstützt werden.

1 Karteikasten

> Das Führen eines **Pflichtenheftes** ist eine Arbeitsmethode zur Beschreibung von Leistungsumfang und Nutzungsmöglichkeiten eines Datenbanksystems.

Ein Pflichtenheft zu einer Datenbankanwendung beinhaltet die Beschreibung der
- geforderten Funktionalität,
- benötigten Auswertungen,
- zu speichernden Daten.

Modelle helfen beim Ordnen

Im Pflichtenheft der Bibliotheksverwaltung wird neben der Funktionalität auch die Struktur der zu speichernden Daten festgelegt.

Welche Daten müssen für die Bibliotheksverwaltung gespeichert werden? ?

Vor der Beantwortung dieser Frage muss man sich über den Ablauf des Ausleihbetriebs im Klaren sein. Weiterhin ist zu überlegen, welche Gegenstände und Vorgänge in der Bibliothek hierzu wichtig sind: Man macht sich ein **Modell** von der realen Bibliothek.

Pflichtenheft Schulbibliothek
1. Funktionalität
Es muss festgestellt werden können, wer ein Buch zuletzt entliehen hatte.
Nutzer müssen angelegt und gelöscht werden können.
...
2. Auswertungen
Wie viele Bücher gibt es in der Bibliothek?
Wo ist welches Buch?
...
3. Datenbasis
Welche Informationen braucht Frau Suchfix zu jedem Buch?
Was muss zu jedem Nutzer bekannt sein?
...

2 *Ausschnitt Pflichtenheft*

Gewonnen wird die **Struktur** der Datenbasis durch **Modellierung** von Daten aus einem definierten Ausschnitt der Realität.

?

Welche Objekte in der Bücherei sind für den Ausleihvorgang wichtig? Zu welchen Klassen gehören diese Objekte? Welche Eigenschaften müssen berücksichtigt werden?

› ISBN: Internationale Standardbuchnummer

L2

In einer Bibliothek werden Bücher ausgeliehen. Also wird im Modell eine Klasse BUCH benötigt. Attribute wie Titel, Fachbereich, Autor (bzw. Autoren), Verlag, › ISBN, Preis, Seitenzahl, Erscheinungsjahr und Anzahl der Exemplare könnten wichtig sein. Weiter gibt es die Schüler, die sich die Bücher ausleihen. Damit ist eine Klasse ENTLEIHER im Modell erforderlich. Die Attribute dieser Klasse sind z. B. Name, Vorname und Schulklasse. Weitere Klassen und Attribute können notwendig werden, wenn das Pflichtenheft genauer formuliert wird.
Das Ergebnis der ersten Vorüberlegung kann in verschiedenen Darstellungsformen notiert werden:

- als Mindmap
- als Klassendiagramm in vereinfachter UML-Notation
- als „Entity-Relationship-Diagramm"

W5

In der Form als Mindmap werden Klassen als Hauptäste dargestellt. Daran werden alle Attribute angebunden. Beziehungen werden zwischen den Hauptästen (Klassen) eingetragen. Später kann man bei den Attributen noch weiter verzweigen.

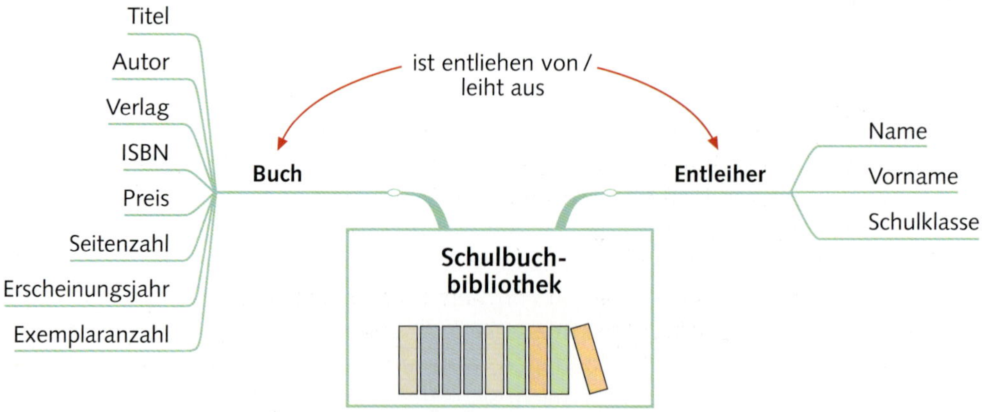

3 *Datenmodell als Mindmap*

Die Darstellung von Klassen in vereinfachter › UML-Notation ist gleichfalls geeignet, das Modell der Datenbasis grafisch darzustellen. Klassen mit ihren Attributen werden als Rechtecke gezeichnet. Zwischen den Klassen werden die Beziehungen eingetragen.

› UML: Unified Modeling Language – standardisierte Modellierungssprache

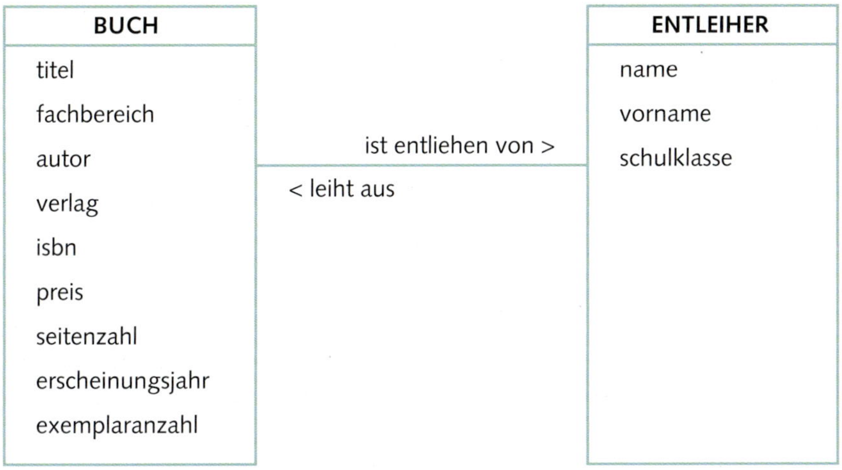

4 Klassendiagramm

Eine weitere Form der Darstellung ist das Entity-Relationship-Diagramm. Objekte der realen Welt werden als › Entitäten abgebildet. Sie haben Attribute (Merkmale), die als Ellipsen dargestellt sind. Entities mit gleichen Attributen bilden Entity-Klassen, die als Rechtecke gezeichnet werden. › Relationships können zwischen verschiedenen Entities bestehen und werden mit Rauten symbolisiert.

› engl.: Entity – Objekt

› engl.: Relationship – Beziehung

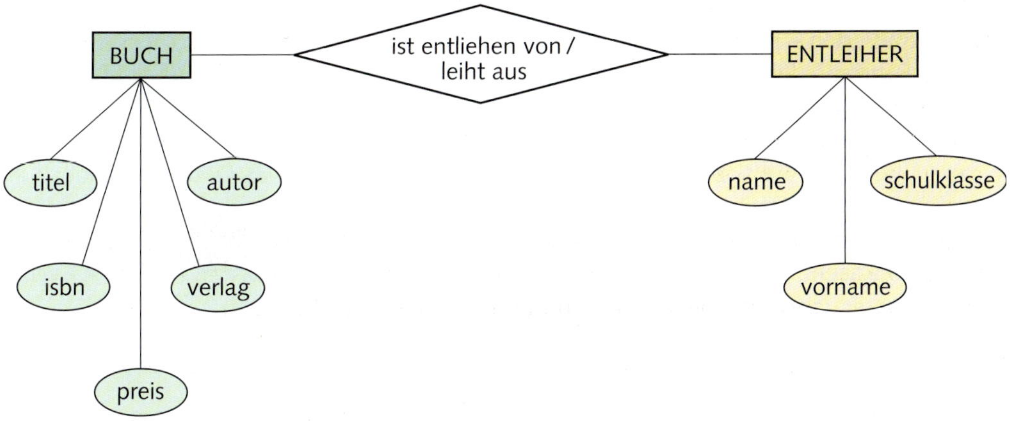

***5** Entity-Relationship-Diagramm*

Zur Analyse der benötigten **Datenstruktur** nutzen wir eine objektorientierte Sichtweise. Das Erstellen des **Datenmodells** erfolgt in folgenden Schritten:
- Finden der für die Aufgabenstellung wichtigen **Objekte**,
- Zuordnen der Objekte zu **Klassen**,
- Festlegen von aufgabenrelevanten **Attributen** dieser Klassen und
- Beschreiben von **Beziehungen** zwischen den **Klassen**.

Aufgaben – Daten modellieren

1 Datenmodelle

Erstellen Sie für die folgenden Anforderungen Datenmodelle. Wählen Sie die Klassen und ihre Attribute so, dass die Fragen beantwortet werden können.

a Geografiedaten zur Beantwortung folgender Fragen sollen erfasst werden: „Was ist die Hauptstadt von Italien?"; „Durch welche Länder fließt die Donau?"; „Wie viele Staaten liegen in Afrika?".

b Die Schulleitung soll mithilfe eines Datenbanksystems folgende Fragen beantworten: „In welchen Schulklassen unterrichtet Lehrer Bömmel?"; „Wie viele Schüler sind in der 8a?"; „Welche Lehrer unterrichten den Schüler Pfeiffer?".

c Im Sportverein treten folgende Aufgaben immer wieder auf: „Erstelle eine Adressliste aller Mitglieder."; „Wie viele Mitglieder sind in der Volleyballabteilung?"; „Welche Sportarten treibt Frau Müller?"; „Wie viele Mitglieder wohnen in Infohausen?".

d Musik-CDs sollen verwaltet werden. Zentrale Fragen sind: „Welche Songs sind von der Band ‚nanela'?"; „Auf welchen CDs ist der Titel ‚Hey you'?"; „Wie groß ist die Gesamtspielzeit der CD ‚Best of nanela'?"

2 Pflichtenheft

a Vervollständigen Sie das in der Abbildung 2 skizzierte Pflichtenheft für eine Bibliotheksverwaltung (Aufgaben, Klassen und Attribute).

b Nennen Sie drei Attribute der Klasse BUCH, die nicht beim Vorgang „Buchausleihen" benötigt werden.

c Gleichen Sie Ihren Entwurf von 2a) in Vierergruppen ab und entwickeln Sie gemeinsam einen Gesamtentwurf.

3 Fahrradladen – Klassen und Pflichtenheft

Rasant Fahrradausstatter

Der Fahrradladen Rasant möchte die betriebseigene Datenhaltung auf elektronische Datenverarbeitung umstellen. Es sollen Kundenverwaltung, Mitarbeiter, Lagerhaltung, Bestellungen und Abrechnung abgebildet werden.

a Überlegen Sie sich sinnvolle Klassen zur Strukturierung des Datenbestandes mit möglichen Attributen und Beziehungen.

b Erstellen Sie ein erstes, einfaches Pflichtenheft für die Datenverwaltung der Firma Rasant.

Aufgabe – Grundwissen

4 Klassen und Objekte

a Umschreiben Sie mit eigenen Worten die Begriffe „Klasse", „Objekt", „Attribut", „Attributwert" und „Methode". Welche Zusammenhänge bestehen zwischen den Begriffen?

b Nennen Sie zu jedem der Begriffe zwei Beispiele aus der Textverarbeitung. Formulieren Sie auch hier Zusammenhänge.

c Notieren Sie das Ergebnis von b in einer Darstellungsform Ihrer Wahl.

3 Relationale Datenbanksysteme

In diesem Kapitel erfahren wir, wie Daten von Objekten in einer Datenbasis gespeichert werden.

Wohin mit den Objekten?

Das entwickelte Datenmodell ist geeignet, um die erforderliche Datenstruktur zu analysieren. Damit werden die Objekte beschrieben (Abbildung 1). Für die Abbildung der Objekte in der Datenbasis muss ein weiterer Modellierungsschritt vorgenommen werden. Damit wird erreicht, dass die Objekte in einer Tabelle erfasst werden.

Bücher in der Datenbasis

An der N.-J.-Lehmann Schule Infohausen wird die Verwaltung der Schulbibliothek von Karteikästen mit Zetteln auf ein Datenbanksystem umgestellt. Beim Einrichten des Datenbanksystems ist die Verwalterin Frau Suchfix von Anfang an eingebunden, denn sie ist später die Hauptnutzerin. Begonnen wird zunächst nur mit der zentralen Klasse BUCH. Andere Klassen werden erst später in der Datenbasis für die Schulbibliothek realisiert. Die Klasse BUCH hat unter anderem die Attribute Titel, Fachbereich, Autor, Verlag, Isbn, Preis und Seitenzahl.

Relationale Datenbanksysteme speichern die Attributwerte aller Objekte einer Klasse in den **Feldern** einer **Tabelle**. Jede **Zeile** einer Tabelle (**Datensatz**) enthält die **Attributwerte** eines bestimmten Objekts (Abbildung 1).

buch1:BUCH
titel = Grundlagen der Informatik fachbereich = INF autor = Brichzin, Peter; Freiberger, Ulrich; Reinold, Klaus; Wiedemann, Albert verlag = Oldenbourg isbn = 9783486000986 preis = 15,50 € seitenzahl = 161 erscheinungsjahr = 2005 exemplaranzahl = 78

buch2:BUCH
titel = Mathematik 9 fachbereich = MA autor = Aare, Karl-August verlag = Kohlrabe isbn = 9783237844470 preis = 18,70 € seitenzahl = 89 erscheinungsjahr = 1981 exemplaranzahl = 127

buch3:BUCH
titel = Erlebnis Physik fachbereich = PH autor = Ralbitz, Rainer verlag = Kohlrabe isbn = 9783234545400 preis = 21,70 € seitenzahl = 152 erscheinungsjahr = 1981 exemplaranzahl = 76

titel	fachbereich	autor	verlag	isbn	preis	seitenzahl	erscheinungsjahr	exemplaranzahl
Grundlagen der Informatik	INF	Brichzin, Peter; Freiberger, Ulrich; Reinold, Klaus; Wiedemann, Albert	Oldenbourg	9783486000986	15,50 €	161	2005	78
Mathematik 9	MA	Aare, Karl-August	Kohlrabe	9783237844470	18,70 €	89	1981	127
Erlebnis Physik	PH	Ralbitz, Rainer	Kohlrabe	9783234545400	21,70 €	152	1981	76

1 Objekte und Tabellen

Die **Spalten** dieser Tabellen entsprechen den **Attributen** und sollten daher die gleichen Bezeichner wie das zugehörige Attribut der Klasse haben. Die Tabelle benennt man am besten nach der Klasse. Die Attributwerte der Objekte der Klasse BUCH werden also in der Tabelle BUCH gespeichert.

Das Datenmodell wird nach einem festen Verfahren in eine Tabellenstruktur (**Relationenmodell**) umgesetzt. Danach kann diese Tabellenstruktur in ein Datenbankmanagementsystem übertragen (**implementiert**) werden. Abbildung 2 zeigt den gesamten Weg von der Realität bis zur Datenbasis.

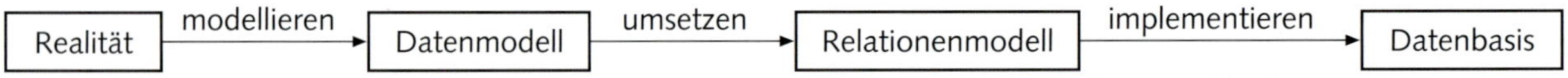

2 *Von der Realität zur Datenbasis*

> In **relationalen Datenbanksystemen** werden die Daten in Form von Tabellen abgelegt.
> **Datensätze** (Zeilen) sind Abbilder von Objekten der realen Welt, z. B. von Personen, Gegenständen oder Ereignissen.
> **Datenfelder** (Spalten) sind die dem Objekt zugeordneten Attribute. Sie haben einen Datenfeldnamen, einen Datentyp und einen Inhalt.
> **Tabellen** sind Sammlungen von Datensätzen mit gleichen Datenfeldern (Spalten). Tabellen haben einen Namen.
> **Beziehungen** bestehen zwischen verschiedenen Datensätzen. Beziehungen können selbst auch Attribute haben.

Jetzt sind Typen gefragt

Die Tabellen im Relationenmodell sind auf den ersten Blick den Rechenblättern sehr ähnlich. Dort spielen die Zellen eine zentrale Rolle.

? Welche Attribute hat eine Zelle in einem Rechenblatt? Was besagt dort das Attribut Zellinhalt?

Jede Zelle in einem Rechenblatt hat neben dem Attribut Zellinhalt ein Attribut Datentyp, das festlegt, ob der Zellinhalt z. B. Text, Zahl oder Wahrheitswert ist und welche Operationen auf diesen Inhalt möglich sind. In einem Rechenblatt können in einer Spalte Zellen mit unterschiedlichen Datentypen vorkommen (z. B. bei einer Verkaufsabrechnung der Datentyp Text für Art der Ware oder Zahl bei den verkauften Stückzahlen).
In einer Datentabelle ist dies jedoch nicht möglich. Alle Datensätze in einer Tabelle müssen dieselbe Struktur aufweisen, denn in jedem Datensatz ist ein Objekt derselben Klasse abgelegt. Aus diesem Grund müssen bei einer Datentabelle alle Felder in einer Spalte denselben Datentyp besitzen.
Beim Vereinbaren einer Tabelle sind daher außer dem Tabellenbezeichner und den Datenfeldbezeichnern auch noch Angaben zum Datentyp des Feldes vorzunehmen. Der **Datentyp** eines Feldes legt fest, welchem Wertebereich die Feldinhalte entsprechen müssen und welche Operationen mit den Feldinhalten möglich sind. In der Tabellenkalkulation wurden Datentypen wie Zahl, Wahrheitswert oder Text unterschieden. Datenbanksysteme bieten ebenfalls verschiedene Datentypen, um die Daten möglichst angemessen zu speichern. Dabei spielt der Speicherplatzbedarf eine wichtige Rolle, denn bei hunderttausenden von Datensätzen haben schon kleine Einsparungen eine große Auswirkung. Aus diesem Grund werden bei manchen Datentypen zusätzlich Angaben über den maximalen Speicherplatz gemacht. Man legt fest, wie lang Einträge in Textfelder höchstens sind

bzw. wie groß eine Zahl maximal werden darf. Abbildung 3 zeigt allgemeine Datentypen in Datenbanksystemen mit ihren Wertebereichen und eventuellen Formatangaben. Bei der Implementation in einem Datenbankmanagementsystem muss man immer prüfen, welche konkreten Datentypen das System anbietet bzw. unterstützt.

Allgemeiner Datentyp	Verwendung des Datentyps
Zeichen	Textinhalte variabler und fester Länge bis 255 Zeichen
Text	Lange Texte über 255 Zeichen
Ganzzahl	Zahlenangaben ohne Komma, meist sind Zahlenbereiche verschiedener Größe wählbar
Dezimalzahl	Zahlenangaben mit Kommastellen
Datum / Uhrzeit	Datums- und Zeitangaben, mit denen auch gerechnet werden kann
Wahrheitswert	Kann nur die Werte WAHR oder FALSCH speichern
Objekt	Einbetten von Objekten anderer Anwendungen in die Datenbasis (z. B. Bilder)

3 *Datentypen in Datenbanksystemen*

Wird eine Tabelle neu angelegt, so ist der Tabellenname festzulegen. Anschließend werden die Datenfelder vereinbart. Für die Felder der Tabelle BUCH bieten sich dabei folgende Datentypen an:

W2

L2

- titel, autor und verlag sind vom Typ Zeichen, für den man geeignete Maximallängen festlegen muss,
- isbn ist eine genau 13 Zeichen lange Zeichenkette, analog wird für fachbereich eine Zeichenkette der festen Länge 3 verwendet,
- als Datentyp für preis bieten sich der Typ Dezimalzahl mit Länge 6,2 (6 Stellen insgesamt mit zwei Stellen nach dem Komma, denn kein Schulbuch kostet über 9999,99 €) an,
- für seitenzahl, erscheinungsjahr und exemplaranzahl ist der Datentyp Ganzzahl nahe liegend.

Die Tabellendefinition in Abbildung 4 zeigt eine mögliche Vereinbarung der Datenfelder für unsere Tabelle BUCH.

Vergleicht man die Klassenbeschreibung mit der Tabellendefinition, so fallen sofort Unterschiede in den Datentypen auf. Die Typbezeichnungen in DBMS sind oft unterschiedlich. In dem hier gezeigten Beispiel entspricht der Typ Text(255) einem Zeichenkettentyp der Länge 255. Der Datentyp Währung bildet eine Dezimalzahl im Währungsformat ab. In fast allen DBMS findet man den Typ integer (int) als Ganzzahl von -32.768 bis 32.767. Alle Datentypen der Datenfelder einer Tabelle können auch noch geändert werden, wenn schon Daten in der Tabelle gespeichert sind. Das ermöglicht es z. B. für das Feld titel in der Tabelle BUCH nachträglich die Länge von 100 auf 150 zu erhöhen. Dies ist vorteilhaft, wenn man zu spät bemerkt, dass Titel vorkommen, die länger als 100 Zeichen sind.

Hinweis: Beim Verkleinern der Datentyplängen kann es bei Tabellen mit Inhalten allerdings zu Datenverlusten (Abschneiden) kommen.

BUCH
titel
fachbereich
autor
verlag
isbn
preis
seitenzahl
erscheinungsjahr
exemplaranzahl

Klasse

BUCH : Tabelle

Feldname	Felddatentyp	
titel	Text	(255)
fachbereich	Text	(3)
autor	Text	(255)
verlag	Text	(50)
isbn	Text	(13)
preis	Währung	Euro
seitenzahl	Zahl	int
erscheinungsjahr	Zahl	int
exemplaranzahl	Zahl	int

Tabellendefinition

titel	fachbereich	autor	verlag	isbn	preis	seitenzahl	erscheinungsjahr	exemplaranzahl
Grundlagen der Informatik	INF	Brichzin, Peter; Freiberger, Ulrich;	Oldenbourg	9783486000986	15,50 €	161	2005	78
Mathematik 9	MA	Aare, Karl-August	Kohlrabe	9783237844470	18,70 €	89	1981	127
Erlebnis Physik	PH	Ralbitz, Rainer	Kohlrabe	9783234545400	21,70 €	152	1981	76
Grundlagen der Informatik II	INF	Fischer, Helmar; Knapp, Thomas; I	Oldenbourg	9783486002287	16,90 €	192	2006	112
Lesestoff Deutsch	DE	Jesewitz, Kurt; Wachau, Manfred	Meise	9783123789885	32,00 €	235	1991	158
Nathan der Weise	DE	Schiller, Friedrich	Kohlrabe	9783235852675	2,55 €	39	1978	35
Mathematik 9	MA	Kupa, Kurt	Meise	9783123564369	27,80 €	108	1995	33
Formelsammlung	MA	Pegau, Julius; Pausa, Ernst	Kohlrabe	9783234805993	8,90 €	42	1985	12
Programmierung	INF	Nerchau, Heinz; Geyer, Sigfried; P:	Bachstelze	9783887654351	24,50 €	87	2001	32
Umweltphysik	PH	Gohrisch, Hartmut; Ohorn, Mike; H	Kohlrabe	9783233722888	28,10 €	187	1999	68

Tabellenausriss

4 Tabellenvereinbarung

Kein Wert ist auch ein Wert

Nicht immer sind alle Attributwerte eines Objekts bei der Erfassung in einer Tabelle bekannt. Bei den Büchern kann man zum Beispiel die Seitenzahl erst nach dem Kauf nachtragen. Datenbanken haben dafür einen speziellen Wert, der als NULL geschrieben wird. Er hat die Bedeutung von „kein Wert“. Bei der Datenfelddefinition kann angegeben werden, ob für ein Feld der Wert NULL zugelassen ist.

Der Wert NULL bedeutet „kein Wert angegeben“.

Der Schlüssel zum (Such-)Erfolg

? Wodurch kann man die Objekte einer Klasse immer unterscheiden? Worin unterscheiden sich zwei Datensätze in einer Tabelle?

Objekte haben eindeutige **Bezeichner**, wie beispielsweise buch1 oder buch4 und sind dadurch unterscheidbar. Man sagt: „Die Objekte sind durch den Bezeichner eindeutig **identifizierbar**.“

Diese Bezeichner sind in den zugeordneten Datensätzen der Tabelle nicht enthalten. Wie Objekte müssen auch die Datensätze einer Tabelle eindeutig unterscheidbar sein. Datensätze können jedoch nur nach den Inhalten ihrer Felder unterschieden werden. Daher darf es niemals zwei Datensätze geben, die in allen Feldinhalten übereinstimmen. Im einfachsten Fall wird somit der Datensatz durch die Angabe aller Feldinhalte identifiziert.

1 Michael hat seine Adressenverwaltung (Kapitel 1, Abbildung 4) auf eine Datentabelle (Abbildung 5) umgestellt. Es gibt keine Datensätze, die in allen Feldinhalten (vorname, familienname, straße, ort, festnetz und handy) übereinstimmen, die Datentabelle erfüllt also die wesentliche Grundforderung.

FREUNDE : Tabelle

vorname	familienname	strasse	ort	festnetz	handy
Felix	Meier	Talstr. 17	04103 Leipziig	0341/9047710	0149/1234567
Christoph	Müller	Bergstr. 24	09122 Chemnitz	0371/266010	0148/2345678
Jakob	Bäcker	Hauptstr. 10	01139 Dresden	0351/8043286	0147/3456789
Bettina	Schuster	Nebenstr. 33	08064 Zwickau	0375/215497	0146/4567890
Nadine	Maler	Alte Allee 11	02625 Bautzen	03591/607409	0145/5678901
Nadine	Müller	Am Graben 2	01796 Pirna	03501/528573	0140/1223345
Torsten	Müller	Am Graben 2	01796 Pirna	03501/528573	0140/1223346
Nicole	Schneider	Neue Allee 41	09419 Thum	037297/2297	0144/6789012
Tony	Schreiner	Oberstr. 12	02763 Zittau	03583/704231	0143/7890123
Sarah	Sattler	Burggraben 2	09599 Freiberg	03731/245115	0142/8901234
Nicole	Gärtner	Unterstr. 34	04249 Leipzig	0341/4270980	0141/9012345
Torsten	Tischler	Feldstr. 17b	01809 Heidenau	03529/512266	0140/0123456

5 Adressverwaltung mit einer Datentabelle

Ist es notwendig, komplette Datensätze zu durchsuchen, um einen Datensatz aus obigem Adressdatenbestand zu identifizieren? Welche Felder oder Kombinationen von Feldern könnten genügen?

?

Man muss in der Regel nicht immer den kompletten Datensatz betrachten, um ihn eindeutig identifizieren zu können. Oft genügen schon die Inhalte von ein oder zwei Datenfeldern, um genau sagen zu können, zu welchem Objekt der Datensatz gehört. Dieses Datenfeld oder diese Gruppe von Datenfeldern nennt man den **Schlüssel** oder auch › **Primärschlüssel** der Tabelle. Die geeignete Auswahl der Datenfelder, die den Schlüssel bilden, hängt von den vorhandenen und den zu erwartenden Datensätzen ab. Die Entscheidung darüber ist nicht immer einfach.

› lat.: primus – der Vorderste, Erste

Schlüssel

FREUNDE : Tabelle

vorname	familienname	strasse	ort	festnetz	handy
Felix	Meier	Talstr. 17	04103 Leipziig	0341/9047710	0149/1234567
Christoph	Müller	Bergstr. 24	09122 Chemnitz	0371/266010	0148/2345678
Jakob	Bäcker	Hauptstr. 10	01139 Dresden	0351/8043286	0147/3456789
Bettina	Schuster	Nebenstr. 33	08064 Zwickau	0375/215497	0146/4567890
Nadine	Maler	Alte Allee 11	02625 Bautzen	03591/607409	0145/5678901
Nadine	Müller	Am Graben 2	01796 Pirna	03501/528573	0140/1223345
Torsten	Müller	Am Graben 2	01796 Pirna	03501/528573	0140/1223346
Nicole	Schneider	Neue Allee 41	09419 Thum	037297/2297	0144/6789012
Tony	Schreiner	Oberstr. 12	02763 Zittau	03583/704231	0143/7890123
Sarah	Sattler	Burggraben 2	09599 Freiberg	03731/245115	0142/8901234
Nicole	Gärtner	Unterstr. 34	04249 Leipzig	0341/4270980	0141/9012345
Torsten	Tischler	Feldstr. 17b	01809 Heidenau	03529/512266	0140/0123456

6 Adressverwaltung mit einer Datentabelle und Schlüssel

Michael wählt zunächst das Datenfeld vorname als Schlüssel, muss aber feststellen, dass diese Angabe nicht ausreichend ist. Es gibt zweimal den Vornamen Nicole und zweimal den Vornamen Torsten. Auch das Datenfeld Familienname ist ungeeignet, denn die

Geschwister Nadine und Torsten Müller haben denselben Familiennamen und wären nicht zu unterscheiden, wenn man nur dieses Feld als Schlüssel betrachtet. Wer ist bei einer Suche nach „familienname=Müller“ der „richtige“ Müller? Michael muss bei diesem Datenbestand zur eindeutigen Identifizierung die Kombination (Gruppe) der Datenfelder vorname und familienname wählen. Die Angabe von „vorname=Torsten und familienname=Müller“ führt zu dem gesuchten Freund (Datensatz). Alle Datensätze haben in der Datenfeldgruppe „vorname und familienname“ unterschiedliche Werte. Es wird davon ausgegangen, dass später in der Adressverwaltung keine Datensätze hinzukommen, die dagegen verstoßen.

Schlüssel selbst gemacht

Bei der Tabelle BUCH könnte man auf den ersten Blick den Titel als das unterscheidende Merkmal erwarten. Allerdings gibt es in der Schulbibliothek von Infohausen den Titel „Atomphysik“ bei mehreren Büchern. Deshalb kann dieses Datenfeld nicht als Schlüssel verwendet werden. Auch die Datenfeldgruppe aus Titel und Verlag ist nicht ausreichend. Aus diesem Grund haben die Verlage 1972 die ISBN als eindeutige Kennzeichnung erfunden. Betrachtet man Bücher, die zwischen 1972 und 2006 von einem Verlag heraus–gegeben wurden, ist diese 13-stellige Nummer sicherlich eine Möglichkeit für einen Primärschlüssel. Leider haben aber alte Bücher noch keine ISBN. Zum Bestand der Schulbibliothek Infohausen gehören auch solche Bücher. Deshalb muss man einen anderen Schlüssel finden. Als Lösung bietet sich an, allen Büchern eine selbst festgelegte Nummer zu geben und diese als Schlüssel zu verwenden. Jedes neu hinzukommende Buch erhält eine neue Nummer und eine benutzte Nummer wird kein zweites Mal vergeben. Dadurch wird die Eindeutigkeit gewährleistet. Um die Nummer zu speichern, wird ein zusätzliches Datenfeld buchnr eingeführt.

Solche zusätzlich festgelegten Schlüssel nennt man **künstliche Schlüssel**. Sie werden immer verwendet, wenn sich keines der vorhandenen Datenfelder (oder keine Datenfeldgruppe) als so genannter natürlicher Schlüssel anbietet. Die meisten Datenbanksysteme bieten für künstliche Schlüssel eine automatische Erzeugung eindeutiger Werte an. Der Schlüssel wird in der Tabellendefinition kenntlich gemacht (z. B. mit einem Schlüsselsymbol wie in Abbildung 7 oder durch Unterstreichung).

BUCH
<u>buchnr</u>
titel
fachbereich
autor
verlag
isbn
preis
seitenzahl
erscheinungsjahr
exemplaranzahl

Klasse

	Feldname	Felddatentyp	
🔑	buchnr	Zahl	int
	titel	Text	(255)
	fachbereich	Text	(3)
	autor	Text	(255)
	verlag	Text	(50)
	isbn	Text	(13)
	preis	Währung	Euro
	seitenzahl	Zahl	int
	erscheinungsjahr	Zahl	int
	exemplaranzahl	Zahl	int

Tabellendefinition

***7** Tabellenvereinbarung einschließlich Schlüssel*

buchnr	titel	fachbereich	autor	verlag	isbn	preis	seitenzahl	erscheinungsjahr	exemplaranzahl
1	Grundlagen der Informatik	INF	Brichzin, Peter; Freiberger, Ulrich;	Oldenbourg	9783486000986	15,50 €	161	2005	78
2	Mathematik 9	MA	Aare, Karl-August	Kohlrabe	9783237844470	18,70 €	89	1981	127
3	Erlebnis Physik	PH	Ralbitz, Rainer	Kohlrabe	9783234545400	21,70 €	152	1981	76
4	Grundlagen der Informatik II	INF	Fischer, Helmar; Knapp, Thomas; I	Oldenbourg	9783486002287	16,90 €	192	2006	112
5	Lesestoff Deutsch	DE	Jesewitz, Kurt; Wachau, Manfred	Meise	9783123789885	32,00 €	235	1991	158
6	Nathan der Weise	DE	Schiller, Friedrich	Kohlrabe	9783235852675	2,55 €	39	1978	35
7	Mathematik 9	MA	Kupa, Kurt	Meise	9783123564369	27,80 €	108	1995	33
8	Formelsammlung	MA	Pegau, Julius; Pausa, Ernst	Kohlrabe	9783234805993	8,90 €	42	1985	12
9	Programmierung	INF	Nerchau, Heinz; Geyer, Sigfried; P	Bachstelze	9783887654351	24,50 €	87	2001	32
10	Umweltphysik	PH	Gohrisch, Hartmut; Ohorn, Mike; H	Kohlrabe	9783233722888	28,10 €	187	1999	68
11	Informatik	INF	Paar, Fritz	Bachstelze	9783233368857	32,00 €	57	1997	17
12	Mathematik kurz	MA	Aare, Karl-August	Kohlrabe	9783233256741	49,40 €	73	1983	3

Tabellenausriss

***7** Fortsetzung Tabellenvereinbarung einschließlich Schlüssel*

Ein **Schlüssel** ist ein Datenfeld (oder eine Gruppe von Datenfeldern), dessen Inhalt jeweils einen Datensatz in der Tabelle eindeutig bestimmt (identifiziert). Muss ein besonderes Datenfeld zur eindeutigen Identifikation der Datensätze eingeführt werden, nennt man es **künstlichen Schlüssel**.

Das Relationenmodell

Damit Auswertungen des Datenbestandes korrekte Ergebnisse liefern, dürfen Datensätze nicht häufiger als ein Mal in einer Tabelle enthalten sein. Solche Tabellen nennt man **Relationen**. Datenbanken, die aus lauter Relationen bestehen, heißen **relationale Datenbanken**.

L3

Geschwindigkeit ist keine Hexerei

Schlüssel werden in Auswertungen und bei der Suche nach Datensätzen sehr oft verwendet. Bei Tabellen mit hunderttausenden von Datensätzen dauert es aber viel zu lange, immer die ganze Tabelle Datensatz für Datensatz nach einem bestimmten Schlüsselwert zu durchsuchen. Daher verwenden Datenbanksysteme für jeden Schlüssel eine schnelle Suchhilfe, den so genannten **Index**. In einem Index merkt sich das Datenbanksystem zu jedem Schlüsselwert die Position des zugehörigen Datensatzes in der Tabelle. Eine geschickte Abspeicherung der Schlüsselwerte beschleunigt die Suche enorm und ist damit ein Kriterium für die Qualität des Datenbanksystems. Auch für jedes andere Datenfeld, das oft durchsucht wird, kann ein solcher Index angelegt werden.

W1

W2

Wie wird's gemacht?

Bevor Daten in eine Tabelle eingegeben werden können, muss die Datenbasis eingerichtet werden. Zur Definition von Tabellen und deren Struktur stellt das verwendete Datenbankmanagementsystem Anweisungen zur Verfügung (Datendefinition; › DDL).
Eine weitere Gruppe von Anweisungen des DBMS erlaubt das Einfügen, Bearbeiten und Löschen von Datensätzen (Datenmanipulation; › DML).
Für beide Gruppen von Anweisungen gibt es geeignete Werkzeuge mit grafischer Bedienoberfläche, die diese Arbeiten wesentlich erleichtern.

› engl.: Data Definition Language – Datenbankdefinitionssprache

› engl.: Data Manipulation Language – Datenbankmanipulierungssprache

Aufgaben – Tabellen, Datentypen

1 Tabelle anlegen

a Legen Sie für die Klasse BUCH eine Tabelle in Ihrem Datenbankmanagementsystem an. Vereinbaren Sie zuerst nur die in Abbildung 4 aufgelisteten Attribute als Datenfelder der Tabelle. Wählen Sie dabei für die Datenfelder die vorgeschlagenen Datentypen.

b Legen Sie das Attribut buchnr vom Typ Ganzzahl als erste Datenfeld an. Tragen Sie buchnr als Schlüssel der Tabelle ein.

2 Daten eintragen

a Tragen Sie fünf Bücher in Ihre Tabelle ein. Beachten Sie dabei Datentypen, Länge der Felder und Pflichtfelder (die unbedingt ausgefüllt werden *müssen*).

b Lassen Sie sich die Bücher anzeigen. Finden Sie heraus, wie Sie in einzelnen Tabellenzeilen (Datensätze) die Inhalte bei Bedarf ändern können.

3 Fahrradladen – Tabellendefinitionen

Für den Fahrradladen sind die Fahrradbauteile ein zentraler Teil der Datenverwaltung. Für alle Bauteile sind vermerkt: der Bezeichner des Teils, der Einkaufspreis, die im Lager vorhandene Stückzahl und der durchschnittliche Bedarf pro Monat. Weiter müssen Kunden und Lieferanten verwaltet werden können. Bei beiden Klassen sind Anschrift, Postleitzahl, Ort und Telefonnummer wichtige Attribute. Bei den Kunden werden Vorname und Nachname, bei den Lieferanten der Firmenname gespeichert.

a Entwerfen Sie eine Klasse BAUTEIL mit den oben genannten Attributen. Ergänzen Sie weitere Attribute, die Ihnen wichtig erscheinen.

b Übertragen Sie die Klasse BAUTEIL in eine Tabellendefinition mit passenden Datentypen für die Datenfelder und einem geeigneten Schlüssel.

c Realisieren Sie die Tabelle BAUTEIL mit Ihrem DBMS. Recherchieren Sie Bauteile, mit denen Sie verschiedene Fahrradarten (z. B. Herren-, Damen-, Kinderrad, Mountain-Bike) zusammenbauen können. Tragen Sie diese Bauteile in Ihre Tabelle ein.

d Entwerfen Sie in gleicher Weise die Klassen KUNDE und LIEFERANT. Erstellen Sie daraus eine Definition für die Tabellen KUNDE und LIEFERANT und vereinbaren Sie diese Tabellen mit Ihrem DBMS. Achten Sie auch hier auf geeignete Datentypen und Schlüssel.

Aufgaben – Schlüssel

4 Olympische Spiele

Von einer Datenbasis zur Organisation der Olympischen Spiele sind die Tabellennamen unten bekannt. Die Datenfelder der jeweiligen Tabelle sind in Klammer angegeben. Ein Vorschlag für den Schlüssel ist durch Unterstreichung gekennzeichnet. Entscheiden Sie in jedem Fall, ob der angegebene Schlüssel geeignet ist. Falls der Schlüssel ungeeignet ist, geben Sie eine Alternative an. Begründen Sie eine ablehnende Entscheidung mit entsprechenden Beispielen für die Feldinhalte.

a SPORTLER (<u>name</u>, <u>vorname</u>, gewicht, groesse, nationalitaet)

b OLYMPISCHESPIELE (<u>austragungsort</u>, jahr, winter_sommer)

c MANNSCHAFT (<u>nationalitaet</u>, praesident)

d WETTKAMPFSTAETTE (<u>name</u>, adresse, zuschauerplaetze)

e REKORD (disziplin, wert, rekordart), wobei es folgende Rekordarten gibt: olympischer Rekord, Weltrekord, Kontinentalrekord, Landesrekord, persönlicher Rekord

5 Datenmodellierung einer Bahngesellschaft

Beurteilen Sie die Schlüssel wie in Aufgabe 4.

a ZUG (zielbahnhof, zugart, zugnr, speisewagen, schlafwagen)

b BAHNHOF (name, s-bahnanschluss, gleisanzahl)

c ZUGFUEHRER (name, vorname, geburtsdatum, einstellungsdatum, fuehrerscheintyp)

d TRIEBWAGEN (typ, hersteller, eigengewicht, leistung, motornummer)

6 Schuldatenverwaltung

Für verschiedene Tabellen der Datenbasis einer Schulverwaltung werden Schlüssel gesucht. Geben Sie jeweils mindestens einen natürlichen Schlüssel an. Bei Bedarf kann dieser auch aus mehreren Datenfeldern zusammengesetzt sein. Sollte Ihnen Ihr Vorschlag für den natürlichen Schlüssel nicht sicher genug sein, begründen Sie dies und geben Sie eine Alternative an. Eine Begründung kann ein unwahrscheinlicher aber nicht unmöglicher Fall sein, in dem der natürliche Schlüssel versagt.

a SCHUELER (name, vorname, geschlecht, geburtsjahr, wohnort, eintrittsjahr, schulklasse)

b LEHRER (name, vorname, geschlecht, geburtsjahr, wohnort)

c SCHULKLASSE (name, klassenzimmer)

d KLASSENSPRECHER (name, schulklasse, art), wobei im Datenfeld art eingetragen wird, ob der Schüler erster Klassensprecher oder zweiter Klassensprecher ist

e FACHBETREUER (name, fach)

f RAEUME (name, stockwerk, zimmernummer), wobei der Name entweder eine Fachraumbezeichnung wie Physik2 oder Turnhalle1 ist oder der Name der Schulklasse, die in diesem Raum untergebracht ist

Aufgabe – Grundwissen

7 Logische Funktionen

a Was ist eine Aussage?

b Welche logischen Funktionen haben Sie bei Tabellenkalkulationen oder im Mathematikunterricht kennen gelernt? Nennen Sie alle und notieren Sie den Funktionsaufruf in der Tabellenkalkulation.

c Nennen Sie für jede logische Funktion ein Anwendungsbeispiel.

4 Abfragen in Datenbanksystemen

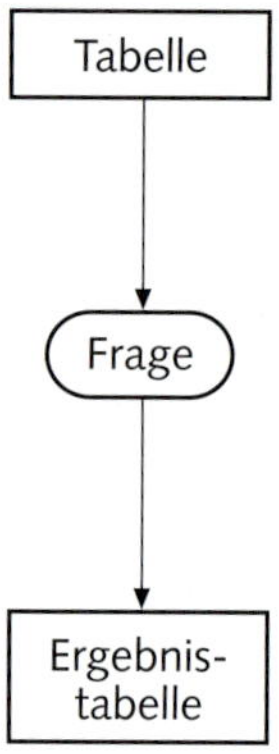

1 Fragenbeantwortung

Nachdem im letzten Kapitel gezeigt wurde, dass Datenbanksysteme mit Tabellen arbeiten und welche Schritte nötig sind, um solche Tabellen anzulegen, geht es jetzt darum, wie wir zielgerichtet Information aus einer Datenbasis abrufen können.

Viele Fragen

Daten in einem Datenbanksystem nützen nichts, wenn man sie nicht nach bestimmten Kriterien auswerten kann. Sowohl die Bibliothekarin Frau Suchfix als auch die Schülerinnen und Schüler brauchen vielfältige Information, um die Bibliothek effektiv nutzen zu können. Diese Information können sie durch geeignete Fragen an das Datenbanksystem erhalten.

? Welche Fragen könnten sie stellen?

Typische Fragen an das Bibliotheksdatenbanksystem sind: „Welche Bücher sind überhaupt in der Bibliothek vorhanden?“, „Welche Bücher sind vor 1980 erschienen?“, „Welche Bücher hat ein bestimmter Autor geschrieben?“, „Welche Bücher hat der Schüler XYZ ausgeliehen?“, „Bis zu welchem Termin muss der Schüler XYZ seine Bücher zurückgeben?“, „Wer hat ein bestimmtes Buch gerade ausgeliehen?“ oder „Welcher Schüler hat sein Buch noch nicht zurückgegeben?“.
Die Antwort eines Datenbanksystems auf solche Fragen ist eine Menge passender Datensätze. Üblicherweise werden diese Datensätze in einer **Ergebnistabelle** dargestellt (Abbildung 1).
In der Regel sind bei der Antwort nicht alle Felder der Ergebnisdatensätze von Interesse. Zur Beantwortung der ersten Frage genügen vielleicht Titel, Autor und Verlag. Bei der letzten Frage benötigt man meist nur Name, Vorname und Schulklasse des Entleihers.
Bei der Datenbasis der N.-J.-Lehmann Schule Infohausen ergibt die Abfrage „Welche Bücher sind vor 1980 erschienen?“ 244 Einträge. Ein Abriss der Ergebnistabelle ist in Abbildung 2 gezeigt. Von jedem Buch werden die Felder titel, isbn und erscheinungsjahr ausgegeben.

Bismarck - Der weiße Revolutionär	9783127876741	1985
Bismarck und das Reich ohne Krone	9783465022107	1965
Bismarck und die Einkreisung Deutschlands	9783236844358	1979
Byzanz	9783677489262	1987
Caesar	9783123909078	1987
China nach dem Sturm	9783465445777	1977
Chronik der Bundesrepublik Deutschland	9783232132459	1986
Churchill	9783123879890	2000
Das 15. Jahrhundert	9783678990057	1987
Das Dritte Reich	9783674657664	1987
Das Dritte Reich	9783236099062	1984
Das Dritte Reich	9783988956750	1998
Das Entstehen der Arbeiterklasse	9783233623239	1972
Das Fischer Lexikon: Geschichte	9783127456783	1966
Das industrialisierte Deutschland	9783706876889	1983
Das Jahr 1941 in der europäischen Politik	9783465699996	1993
Das Leben Lenins	9783677783889	1970
Das römische Grenzkastell Abusina	9783465524250	1989
Das vergessene Reich	9783703465666	2001
Das Weltbild des mittelalterlichen Menschen	9783233673685	1985
Das Weltreich der Araber	9783887228576	1969
Das Zeitalter der Vernunft	9783239806674	1966
Das Zeitalter des Imperialismus	9783679895894	1987
Der amerikanische Bürgerkrieg	9783233466751	1984
Der Aufstand der Araber	9783465786870	1971

2 Abriss Abfrageergebnis

Standardisierte Abfragesprache

Im letzten Abschnitt wurden einige Beispiele für Abfragen an die Bibliotheksdatenbank genannt. Jede **Abfrage** ist ein Prozess, der als Ausgabewert eine Ergebnistabelle liefert.

Welche Eingabewerte sind für diesen Prozess nötig?

Bei allen Fragen lassen sich zwei Grundelemente feststellen: **Was** (welche Datenfelder; Ausgabebeschreibung) soll ausgegeben werden und **welche Bedingung** sollen die ausgegebenen Daten erfüllen? Zur vollständigen Beschreibung gehört noch eine dritte Eingabe: **Woher** (aus welchen Tabellen; Datenbestand) stammen die Werte?

Früher musste für jede Frage ein eigenes Programm entwickelt werden, das die gewünschte Information aus der Datenbasis heraussuchte und sie dann dem Benutzer nach seinen Vorstellungen darstellte. Weil dies sehr aufwändig war, wurde für relationale Datenbanksysteme zur Vereinfachung und Vereinheitlichung die Abfragesprache › SQL entwickelt. In modernen DBMS kann man Abfragen auch über eine grafische Oberfläche zusammenstellen.

W3

› engl.: Structured Query Language – Strukturierte Abfrage-Sprache

In der Grundform der Anweisung zum Ausführen einer Abfrage in SQL sind die drei Eingabewerte gut erkennbar:

```
SELECT <Datenfeldliste> FROM <Tabellenliste> WHERE <Bedingung>
```

<Datenfeldliste>: Hier stehen mit Komma getrennt alle auszugebenden Datenfelder. Der Wert ‚*' steht als Abkürzung für „alle Datenfelder".

<Tabellenliste>: Hier sind, ebenfalls durch Komma getrennt, alle Tabellen angegeben, die bei der Frage angesprochen werden.

<Bedingung>: Hier steht eine Aussage, die angibt, ob ein Datensatz in die Ergebnistabelle aufgenommen werden soll.

Hinweis: Um die Schlüsselwörter SELECT, FROM und WHERE deutlich hervorzuheben, werden sie im Folgenden mit Großbuchstaben geschrieben.

Beispiele für Abfragen

Alle Beispiele in diesem Kapitel verwenden folgende Tabelle BUCH.

buchnr	titel	fachbereich	autor	verlag	isbn	preis	seitenzahl	erscheinungsjahr	exemplaranzahl
1	Grundlagen der Informatik	INF	Brichzin, Peter; Freiberger, Ulrich;	Oldenbourg	9783486000986	15,50 €	161	2005	78
2	Mathematik 9	MA	Aare, Karl-August	Kohlrabe	9783237844470	18,70 €	89	1981	127
3	Erlebnis Physik	PH	Ralbitz, Rainer	Kohlrabe	9783234545400	21,70 €	152	1981	76
4	Grundlagen der Informatik II	INF	Fischer, Helmar; Knapp, Thomas; I	Oldenbourg	9783486002287	16,90 €	192	2006	112
5	Lesestoff Deutsch	DE	Jesewitz, Kurt; Wachau, Manfred	Meise	9783123789885	32,00 €	235	1991	158
6	Nathan der Weise	DE	Schiller, Friedrich	Kohlrabe	9783235852675	2,55 €	39	1978	35
7	Mathematik 9	MA	Kupa, Kurt	Meise	9783123564369	27,80 €	108	1995	33
8	Formelsammlung	MA	Pegau, Julius; Pausa, Ernst	Kohlrabe	9783234805993	8,90 €	42	1985	12
9	Programmierung	INF	Nerchau, Heinz; Geyer, Sigfried; P:	Bachstelze	9783887654351	24,50 €	87	2001	32
10	Umweltphysik	PH	Gohrisch, Hartmut; Ohorn, Mike; H	Kohlrabe	9783233722888	28,10 €	187	1999	68
11	Informatik	INF	Paar, Fritz	Bachstelze	9783233368857	32,00 €	57	1997	17
12	Mathematik kurz	MA	Aare, Karl-August	Kohlrabe	9783233256741	49,40 €	73	1983	3

***3** Der vollständige Datenbestand*

Die Beispielabfragen werden zur besseren Übersicht immer in der gleichen Tabellendarstellung beschrieben:

<table>
<tr><td>allgemeine Beschreibung der Abfrage</td><td>Beispielabfrage in einer grafischen Bedienoberfläche</td></tr>
<tr><td colspan="2">Beispielabfrage in SQL</td></tr>
<tr><td colspan="2">Ergebnistabelle der Abfrage</td></tr>
</table>

Abfrage 1:

Inge Zweistein benötigt für einen Vortrag alle Bücher des Autors „Aare, Karl-August“. Dazu überlegt sie sich folgende Anweisung:

<Datenfeldliste>: *
<Tabellenliste>: BUCH
<Bedingung>: autor=“Aare, Karl-August“

Feld:	BUCH.*	autor
Tabelle:	BUCH	BUCH
Sortierung:		
Anzeigen:	☑	☐
Kriterien:		"Aare, Karl-August"
oder:		

SELECT * FROM BUCH WHERE autor = "Aare, Karl-August"

buchnr	titel	fachbereich	autor	verlag	isbn	preis	seitenzahl	erscheinungsjahr	exemplaranzahl
2	Mathematik 9	MA	Aare, Karl-August	Kohlrabe	9783237844470	18,70 €	89	1981	127
12	Mathematik kurz	MA	Aare, Karl-August	Kohlrabe	9783233256741	49,40 €	73	1983	3

4 Abfrage 1: Bücher des Autors Aare

Abfrage 2:

Inge ist mit der Ausgabe nicht zufrieden. Viele Details interessieren sie gar nicht. Sie präzisiert deshalb die Ausgabebeschreibung auf die für sie wichtigen Datenfelder titel und erscheinungsjahr.

<Datenfeldliste>: titel, erscheinungsjahr
<Tabellenliste>: BUCH
<Bedingung>: autor=“Aare, Karl-August“

Feld:	titel	erscheinungsjahr	autor
Tabelle:	BUCH	BUCH	BUCH
Sortierung:			
Anzeigen:	☑	☑	☐
Kriterien:			"Aare, Karl-August"
oder:			

SELECT titel, erscheinungsjahr FROM BUCH WHERE autor = "Aare, Karl-August"

titel	erscheinungsjahr
Mathematik 9	1981
Mathematik kurz	1983

5 Abfrage 2: Bücher des Autors Aare mit präzisierter Ausgabe

Abfrage 3:

Frau Suchfix braucht für das Archiv eine Gesamtausgabe des Datenbestandes.

<Datenfeldliste>: *
<Tabellenliste>: BUCH
<Bedingung>: › TRUE

› engl.: TRUE – wahr

Feld:	BUCH.*
Tabelle:	BUCH
Sortierung:	
Anzeigen:	☑
Kriterien:	
oder:	

SELECT * FROM BUCH WHERE TRUE

Das Ergebnis dieser Abfrage ist der Gesamtdatenbestand von Abbildung 3.

6 Abfrage 3: Gesamtausgabe des Datenbestandes

Hinweis: Statt „SELECT * FROM BUCH WHERE TRUE“ kann kürzer geschrieben werden „SELECT * FROM BUCH“.

Abfrage 4:

Für Katalogbestellungen benötigt Frau Suchfix ein Verzeichnis aller Verlage. Ihr erster Versuch sieht so aus:

<Datenfeldliste>: verlag
<Tabellenliste>: BUCH
<Bedingung>:

Feld:	verlag
Tabelle:	BUCH
Sortierung:	
Anzeigen:	☑
Kriterien:	
oder:	

SELECT verlag FROM BUCH

verlag
Oldenbourg
Kohlrabe
Kohlrabe
Oldenbourg
Meise
Kohlrabe
Meise
Kohlrabe
Bachstelze
Kohlrabe
Kohlrabe
Kohlrabe

7 *Abfrage 4: Ausgabe mit Mehrfachnennung*

Die Ausgabe ist für Frau Suchfix unbefriedigend.
Übersichtlicher wäre es, wenn in der Ergebnistabelle jeder Verlag nur ein Mal auftreten würde. Mit dem Zusatz › „DISTINCT" in der Ausgabebeschreibung kann sie dies erreichen. Er erzwingt, dass von Datensätzen mit gleichem Feldinhalt in der Ergebnistabelle nur je einer ausgegeben wird.

› engl.: distinct – unterschiedlich

<Datenfeldliste>: verlag
<Tabellenliste>: BUCH
<Bedingung>:
<Eigenschaft> ohne Duplikate

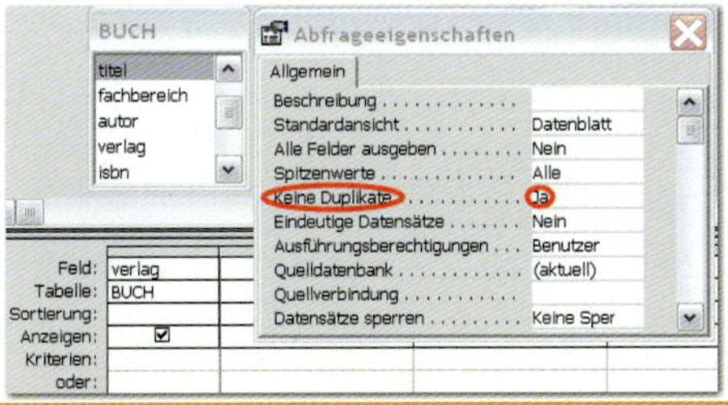

SELECT DISTINCT verlag FROM BUCH

verlag
Bachstelze
Kohlrabe
Meise
Oldenbourg

8 *Abfrage 4: Ausgabe ohne Mehrfachnennung*

Hinweis: In DBMS mit grafischer Nutzeroberfläche stellt man DISTINCT über die Abfrageeigenschaften ein (Rechtsklick auf Hintergrund der Arbeitsfläche der Abfrage).

Endlich entspricht die Ausgabe fast den Wünschen von Frau Suchfix.

Abfrage 5:

Frau Suchfix muss überprüfen, ob bei allen Büchern die ISBN eingetragen wurde. Deshalb lässt sie sich die Titel aller Bücher ausgeben, bei denen das Feld isbn den Wert NULL hat. Hier muss sie eine spezielle Funktion für die Bedingung verwenden.

<Datenfeldliste>:	titel
<Tabellenliste>:	BUCH
<Bedingung>:	isbn IS NULL

Feld:	titel	isbn
Tabelle:	BUCH	BUCH
Sortierung:		
Anzeigen:	☑	☐
Kriterien:		Ist Null
oder:		

SELECT titel FROM BUCH WHERE isbn IS NULL

titel

9 *Abfrage 5: Bücher ohne ISBN*

Glücklicherweise ist bei allen Büchern die ISBN eingetragen, denn die Ergebnistabelle der Abfrage ist leer.

Abfrage 6:

Frau Suchfix muss für den Schulträger alle Bücher melden, die teurer als 30,00 € sind. Um ihre Abfrage formulieren zu können, muss Frau Suchfix den Preis jedes Buchs mit dem Wert 30 vergleichen. Bei der Formulierung der Bedingung sind Vergleiche als Aussagen nötig. Dafür werden die aus der Mathematik bekannten Symbole „=“, „<“, „>“, „<=“, „>=“ und „<>“ verwendet.

<Datenfeldliste>:	titel
<Tabellenliste>:	BUCH
<Bedingung>:	preis > 30

Feld:	titel	preis
Tabelle:	BUCH	BUCH
Sortierung:		
Anzeigen:	☑	☐
Kriterien:		>30
oder:		

SELECT titel FROM BUCH WHERE preis > 30

titel
Lesestoff Deutsch
Informatik
Mathematik kurz

10 *Abfrage 6: Teure Bücher*

Abfrage 7:

Der Elternrat möchte wissen, wie aktuell die Bücher in der Bibliothek sind. Dazu möchte er eine Aufstellung, welche Bücher in den 70-er Jahren, in den 80-er Jahren usw. des vorigen Jahrhunderts erschienen sind.
Frau Suchfix präzisiert die Frage für die 80-er Jahre: „Bei welchen Büchern ist das Erscheinungsjahr mindestens 1980 und (zugleich) kleiner als 1990?“

<Datenfeldliste>: titel
<Tabellenliste>: BUCH
<Bedingung>: erscheinungsjahr >= 1980 UND erscheinungsjahr < 1990

Feld:	titel	erscheinungsjahr
Tabelle:	BUCH	BUCH
Sortierung:		
Anzeigen:	☑	☐
Kriterien:		>=1980 Und <1990
oder:		

SELECT titel FROM BUCH WHERE erscheinungsjahr >= 1980 AND erscheinungsjahr < 1990

titel
Erlebnis Physik
Formelsammlung
Mathematik kurz
Mathematik 9

11 *Abfrage 7: Bücher aus den 80-er Jahren*

Hinweis: Die logischen Funktionen UND und ODER werden in SQL mit AND und OR angegeben. Die logische Funktion NICHT wird in SQL mit NOT geschrieben.

Immer das Gleiche

Bei allen Abfragen wird die Ergebnistabelle durch zwei grundlegende Verfahren erzeugt. Durch die › **Selektion** werden bestimmte Datensätze (Zeilen) entsprechend der Bedingung(en) aus dem Datenbestand ausgewählt. Die › **Projektion** (Datenfeldliste) legt fest, welche Datenfelder in welcher Reihenfolge in der Ergebnistabelle auftreten.

› lat.: selectio – Aussonderung, Auswahl

› lat.: projectus – auf etwas übertragen

Sortierung

Frau Suchfix ist mit der Reihenfolge der Ergebnisausgabe noch unzufrieden. Speziell bei Abfrage 4 wünscht sie sich das Ergebnis alphabetisch sortiert.
Das Ergebnis aller Abfragen enthält die Daten in der Reihenfolge, wie sie in der Datenbasis gefunden werden. Da dies aber oft nicht die gewünschte Reihenfolge ist, kann das Abfrageergebnis nach einem oder mehreren Datenfeldern sortiert ausgegeben werden. Die Ausgabebeschreibung wird dazu um eine Sortierungsangabe erweitert.
Frau Suchfix ergänzt ihre Abfrage zu den in der Datenbasis erfassten Verlagen um eine Sortieranweisung:

<Datenfeldliste>: verlag
<Tabellenliste>: BUCH
<Bedingung>:
<Sortierung>: verlag, aufsteigend
<Eigenschaft>: ohne Duplikate

Feld:	verlag
Tabelle:	BUCH
Sortierung:	Aufsteigend
Anzeigen:	☑
Kriterien:	
oder:	

SELECT DISTINCT verlag FROM BUCH ORDER BY verlag

verlag
Bachstelze
Kohlrabe
Meise
Oldenbourg

12 *Sortiert nach Verlagen*

› engl.: descanding – absteigend

› engl.: ascending – aufsteigend

In der <Sortierung> stehen mit Komma getrennt alle Datenfelder, nach denen in aufgeführter Reihenfolge sortiert werden soll. Durch einen Zusatz › **DESC** bzw. › **ASC** wird bei jedem Datenfeld festgelegt, ob absteigend oder aufsteigend sortiert werden soll. Ohne diesen Zusatz wird immer aufsteigend sortiert.

> Das **Sortieren** ist eine Methode des DBMS.
> Es wird in einer Tabelle nach den Inhalten eines Datenfeldes in einer festgelegten Reihenfolge sortiert. Dabei ändert sich nur die Anzeige der Datensätze.
> Sortierreihenfolge:
> aufsteigend: 0<1; a<z; A<a
> absteigend: a>A; z>a; 1>0
> Es kann nach mehreren Datenfeldern sortiert werden.

Frau Suchfix möchte sich über die Aktualität ihres Bücherbestands informieren. Dazu lässt sie sich Titel und Erscheinungsjahr aller Bücher ausgeben, die neuesten Bücher zuerst. Innerhalb eines Erscheinungsjahres sollen die Buchtitel alphabetisch sortiert erscheinen. Sie erreicht ihr Ziel mit folgender Abfrage:

<Datenfeldliste>:	titel, erscheinungsjahr
<Tabellenliste>:	BUCH
<Bedingung>:	
<Sortierung>:	erscheinungsjahr, absteigend, titel, aufsteigend

Feld:	titel	erscheinungsjahr	titel
Tabelle:	BUCH	BUCH	BUCH
Sortierung:		Absteigend	Aufsteigend
Anzeigen:	☑	☑	☐
Kriterien:			
oder:			

SELECT titel, erscheinungsjahr FROM BUCH ORDER BY erscheinungsjahr DESC, titel

titel	erscheinungsjahr
Grundlagen der Informatik II	2006
Grundlagen der Informatik	2005
Programmierung	2001
Umweltphysik	1999
Informatik	1997
Mathematik 9	1995
Lesestoff Deutsch	1991
Formelsammlung	1985
Mathematik kurz	1983
Erlebnis Physik	1981
Mathematik 9	1981
Nathan der Weise	1978

13 *Aktualität des Buchbestandes*

> Das **Abfragen** ist eine Methode des DBMS. Es werden bestimmte Datensätze (Selektion) für ausgewählte Datenfelder (Projektion) in einer Ergebnistabelle angezeigt. Zusätzlich können Sortierungen angewendet werden.

Aufgaben – Abfragen in Datenbanksystemen

1 Einfache Abfragen

a Lassen Sie sich alle Titel in Ihrer Schulbibliotheksdatenbasis anzeigen.

b Formulieren Sie eine Abfrage, die ihnen alle Autoren in Ihrer Datenbasis anzeigt. Vermeiden Sie dabei Mehrfachausgaben.

2 Abfragen mit Bedingungen

a Lassen Sie sich alle Bücher, die vor der Euroumstellung erschienen sind, anzeigen.

b Finden Sie mit einer geeigneten Abfrage alle Bücher, die nach 1990 erschienen sind.

c Ändern Sie b) so ab, dass die Bücher gefunden werden, die von 1990 bis 1995 erschienen sind.

3 Sortierung

Verwenden Sie für die folgenden Abfragen die Musterdatenbasis.

a Ermitteln Sie mit einer Abfrage Titel und Autoren aller Bücher sortiert nach dem Titel.

b Lassen Sie sich Titel und Preis aller Bücher sortiert nach dem Preis anzeigen.

c Ändern Sie die Abfrage von b) so ab, dass absteigend sortiert wird.

4 Fahrradladen – „Rasant"e Abfragen

Herr Fahrviel, der Inhaber der Firma Rasant, möchte den bereits auf EDV umgestellten Teil seines Datenbestands optimal nutzen. Die zu erledigenden Arbeiten bieten ihm dazu jede Menge an Gelegenheiten.

a Zum Versenden von Prospekten benötigt Herr Fahrviel die Anschriften aller Kunden (Vorname, Nachname, Adresse, PLZ, Ort). Erstellen Sie eine geeignete Abfrage.

b Herr Fahrviel möchte seine Bestellungen vorwiegend per E-Mail abwickeln. Lassen Sie eine Liste der Lieferanten erstellen, für die noch keine E-Mail-Adresse eingetragen ist.

c Für die Nachbestellungen braucht Felix Fahrviel eine Übersicht all der Bauteile, die voraussichtlich keinen Monat mehr ausreichen. Erstellen Sie eine solche Tabelle, bei der auch ersichtlich ist, wie viele Teile noch auf Lager sind und wie hoch der Bedarf ist.

d Ergänzen Sie die Abfragen a) bis c) um sinnvolle Sortierungen. Begründen Sie Ihren Vorschlag.

Aufgabe – Grundwissen

5 Fuhrpark

In den Abbildungen rechts sehen Sie einen Lastwagenfuhrpark. Notieren Sie ein Klassendiagramm mit Beziehungen, das verdeutlicht, wie der Fuhrpark zusammengesetzt ist.

Hinweis:

- Es sind nicht die geometrischen Klassen wie KREIS und RECHTECK gesucht. Die Einzelteile eines LKW helfen, die Klassen zu finden.
- Attribute müssen nicht notiert werden.
- Einige Beziehungslinien sollten am Ende einen dicken Punkt haben. Welche Bedeutung hat dieser?

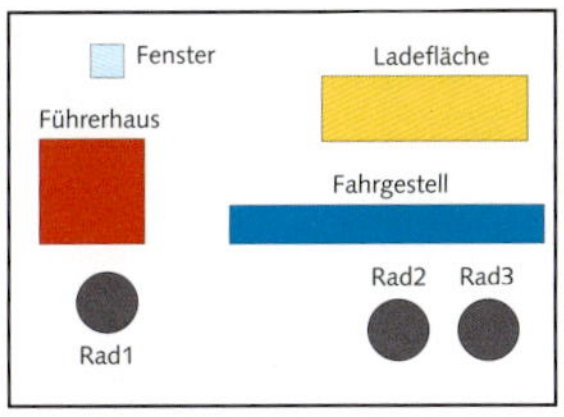

14 Fuhrpark

5 Einfache Beziehungen zwischen Klassen

In Kapitel 3 und 4 wurde jeweils nur eine einzige Tabelle betrachtet. In großen Datenbasen gibt es viele Klassen bzw. Tabellen, die auch in Beziehung zueinander stehen. Im Folgenden soll gezeigt werden, wie wir diese Beziehungen in einem Datenbanksystem realisieren können.

Mehr Informationen zum Verlag

Die Bibliotheksleiterin Frau Suchfix möchte von einem Buch neue Exemplare bestellen, da die vorhandenen schon sehr abgegriffen sind. Vorher möchte sie aber telefonisch beim Verlag nachfragen, ob sich gegenüber der letzten Auflage wesentliche Änderungen ergeben haben. Da solche Anrufe häufiger nötig sind, speichert sie die Telefonnummern der Verlage in einer Tabelle.

? Welche Informationen über Verlage könnte Frau Suchfix neben der Telefonnummer noch benötigen? Warum ist es nicht sinnvoll, die Verlagsinformationen in zusätzlichen Datenfeldern der Tabelle BUCH abzulegen?

Bisher wurde nur der Name des Verlags als Datenfeldinhalt zu jedem Buch gespeichert. Für die Bibliotheksverwaltung ist es aber sinnvoll, neben dem Namen und der Telefonnummer weitere Daten des Verlags zu kennen. Für die Anforderung von Informationsmaterial wird in der Regel die Postadresse des Verlags benötigt. Aktuelle Informationen können über die Internetpräsentation abgerufen werden. Vielleicht gibt es auch einen speziellen Ansprechpartner.

9 Alle Attributwerte jedes Verlagsobjektes bei jedem Buch mit zu speichern, ist wohl keine Lösung: Die Daten würden dann so oft in der Datenbasis stehen, wie Bücher dieses Verlags vorhanden sind. Das ist nicht nur Platz- und Zeitverschwendung. Bei der Dateneingabe müsste man sehr genau aufpassen, dass alle Verlagsdaten bei jedem Buch exakt gleich geschrieben sind. Nur so liefern Abfragen keine falschen Ergebnisse. Ändert sich ein Attributwert eines Verlags, wie die Telefonnummer, müsste diese Nummer bei allen Büchern korrigiert werden. Auch dabei könnten leicht Fehler entstehen. Man sagt: Diese Art der Datenspeicherung weist › **Redundanzen** (überflüssige Speicherungen) auf.

› lat.: redundo – überfließen

10 Aus diesen Gründen müssen wir unser Bibliotheksmodell erweitern. Wir bilden eine neue Klasse VERLAG, deren Attribute in einer eigenen Tabelle VERLAG gespeichert werden können. Abbildung 1 zeigt das Klassendiagramm für die Klasse VERLAG und die Vereinbarung für die Tabelle VERLAG. Da die vollständigen Namen der Verlage oft sehr lang sind, ist für das übersichtliche Ausgeben in Abfragen auch noch ein Kurzname jedes Verlags gespeichert. Als Schlüssel wird wie bei den Büchern ein künstlicher Schlüssel verwendet, da es Verlage mit identischen Namen gibt. Möglich wäre auch die Verlagsnummer aus der ISBN.

VERLAG
<u>verlagnr</u>
kurzname
langname
telefon
strasse
plz
ort
web
email

Klasse

	Feldname	Felddatentyp	
🔑	verlagnr	Zahl	int
	kurzname	Text	(30)
	langname	Text	(255)
	telefon	Text	(20)
	strasse	Text	(45)
	plz	Text	(5)
	ort	Text	(30)
	web	Text	(255)
	email	Text	(100)

Tabellendefinition

1 *Klasse VERLAG und Umsetzung als Tabelle*

Kein Buch ohne Verlag

Obwohl die Klasse VERLAG von der Klasse BUCH getrennt wurde, sind beide trotzdem nicht völlig unabhängig.

Welche Beziehung besteht zwischen den beiden Klassen?

?

Beziehungen zwischen Klassen sind nichts Neues. Typische Beispiele sind die vielfach vorkommende Enthält-Beziehung bei ABSATZ und ZEICHEN oder die Beziehung „verweist auf“ bei Internetdokumenten. Abbildung 2 zeigt die gesuchte Beziehung zwischen den Klassen BUCH und VERLAG.

2 Klassendiagramm für BUCH und VERLAG

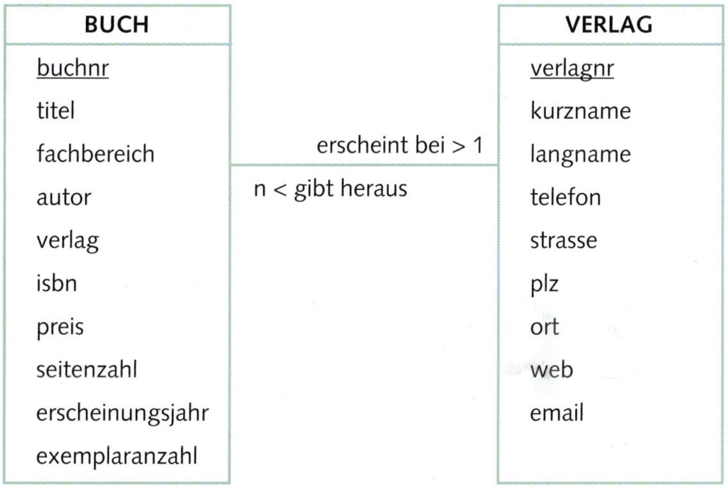

Neu in dem Klassendiagramm sind die beiden Angaben „1“ und „n“. Sie beschreiben, wie viele Objekte der einen Klasse (BUCH) mit wie vielen Objekten der anderen Klasse (VERLAG) in Beziehung treten können. Ein Buch erscheint immer bei genau einem Verlag. Daher steht „1“ nach der Pfeilspitze von „erscheint bei >“. Umgekehrt gibt ein Verlag mehrere Bücher heraus. Das wird durch die Angabe „n“ nach der Pfeilspitze von „< gibt heraus“ kenntlich gemacht. Die Beziehung im Klassendiagramm wird daher wie folgt gelesen: „Ein Buch erscheint bei genau einem Verlag“ und „Ein Verlag gibt (kein, ein oder) mehrere Bücher heraus“.

Die Angaben „1“ und „n“ nennt man den Typ (› Kardinalität) der Beziehung. Abgekürzt schreibt man den **Beziehungstyp** in der Form 1:n.

› lat.: cardinalis – wichtig, grundlegend, hauptsächlich

Die Übersicht zeigt mögliche Beziehungstypen zwischen Klassen in einer Datenbasis:

Beziehungstyp	Beschreibung der Beziehung
1:1	Jedem Objekt der Klasse 1 wird genau ein Objekt der Klasse 2 zugeordnet und umgekehrt.
1:n	Jedem Objekt der Klasse 1 können mehrere Objekte der Klasse 2 zugeordnet werden. Umgekehrt kann jedoch jedem Objekt der Klasse 2 nur genau ein Objekt der Klasse 1 zugeordnet werden.
m:n	Jedem Objekt der Klasse 1 können mehrere Objekte der Klasse 2 zugeordnet werden und umgekehrt

Eine vereinfachte Form der Darstellung der Beziehungen zwischen Klassen und ein Beispiel für die richtige Interpretation ist in Abbildung 3 gezeigt.

3 Vereinfachte Darstellung von Beziehungen

Leserichtung	
→	Ein Buch erscheint genau bei **einem** herausgebenden Verlag.
←	Ein Verlag gibt **mehrere** Bücher heraus.

Beziehungen und Tabellen

Das Buch „Grundlagen der Informatik II“ erscheint bei der „Oldenbourg Schulbuch Verlag GmbH“. Diese Information muss in der Datenbasis auffindbar sein. Bei den Attributen der Klasse BUCH wird das Attribut verlag entfernt, da die Verlage jetzt eine eigene Klasse bilden. Im Klassendiagramm ist die Information, welches Buch bei welchem Verlag erscheint, in der Beziehung „erscheint bei“ gespeichert.

?

Wie wird diese Information in der Datenbasis gespeichert?

Da jedes Buch bei genau einem Verlag erscheint, ist es nahe liegend, in der Tabelle BUCH ein Datenfeld einzuführen, das einen Hinweis auf den zugehörigen Verlag enthält. Dieser Hinweis muss den Datensatz des zugehörigen Verlags eindeutig identifizieren. Der früher beim Buch gespeicherte Verlagsname erfüllt diese Bedingung nicht. Mit dem Schlüssel hat jede Tabelle ein eindeutig identifizierendes Merkmal. Die Tabelle BUCH wird daher um ein Datenfeld verlagnr erweitert, das den Schlüssel des jeweils zugehörigen Verlags aufnimmt. Dieses Datenfeld bezeichnet man als **Fremdschlüssel.**

	Feldname	Felddatentyp	
🔑	buchnr	Zahl	int
	titel	Text	(255)
	fachbereich	Text	(3)
	autor	Text	(255)
	verlagnr	Zahl	int
	isbn	Text	(13)
	preis	Währung	Euro
	seitenzahl	Zahl	int
	erscheinungsjahr	Zahl	int
	exemplaranzahl	Zahl	int

	Feldname	Felddatentyp	
🔑	verlagnr	Zahl	int
	kurzname	Text	(30)
	langname	Text	(255)
	telefon	Text	(20)
	strasse	Text	(45)
	plz	Text	(5)
	ort	Text	(30)
	web	Text	(255)
	email	Text	(100)

buchnr	titel	facht	autor	verlagnr	isbn
1	Grundlagen der Informatik	INF	Brich:	1	9783486000986
2	Mathematik 9	MA	Aare,	2	9783237844470
3	Erlebnis Physik	PH	Ralbit	2	9783234545400
4	Grundlagen der Informatik II	INF	Fisch	1	9783486002287
5	Lesestoff Deutsch	DE	Jesev	3	9783123789885
6	Nathan der Weise	DE	Schill	2	9783235852675
7	Mathematik 9	MA	Kupa	3	9783123564369
8	Formelsammlung	MA	Pegai	2	9783234805993
9	Programmierung	INF	Nerch	4	9783887654351
10	Umweltphysik	PH	Gohri	2	9783233722888
11	Informatik	INF	Paar,	4	9783233368857
12	Mathematik kurz	MA	Aare,	2	9783233256741

verlagnr	kurzname
1	Oldenbourg
2	Kohlrabe
3	Meise
4	Bachstelze

4 Tabellen- und Datensatzbeziehung

Abbildung 4 zeigt, dass jedes Buch auf genau einen Verlag verweist („1“). Umgekehrt ist die Verlagsnummer bei mehreren Büchern enthalten („n“). Allgemein wird bei einer 1:n-Beziehungen der Schlüssel des auf der „1“-Seite stehenden Datensatzes in einem eigenen Feld des auf der „n“-Seite stehenden Datensatzes gespeichert.

> Eine **Beziehung** beschreibt die Abhängigkeit zwischen verschiedenen Datensätzen. Der **Typ** der Beziehung legt fest, wie viele Datensätze einer zweiten Tabelle zu einem Datensatz der ersten Tabelle gehören.

Hinweis: Fremdschlüssel müssen denselben Datentyp haben wie der Schlüssel, auf den sie sich beziehen.

Aufgaben – Einfache Beziehungen

1 Neue Tabelle

a Vereinbaren Sie die Tabelle VERLAG in Ihrer Datenbasis. Tragen Sie die Verlage aller von Ihnen gespeicherten Bücher ein.
b Realisieren Sie den Fremdschlüssel für die Beziehung „Buch erscheint bei Verlag". Tragen Sie bei allen Büchern die Verlagsnummer korrekt ein.
c Löschen Sie in der Tabelle BUCH das nicht mehr benötigte Datenfeld verlag.

2 Test

Prüfen Sie, ob alle Verlage, in denen eines Ihrer Bücher erscheint, auch wirklich in der Tabelle VERLAG auftreten. Überlegen Sie sich dazu zwei geeignete Abfragen an die Tabellen BUCH und VERLAG.

3 Fahrradladen – Bestellungen werden bearbeitet

Bei der Firma Rasant wird die Umstellung auf EDV weitergeführt. Herr Fahrviel möchte jetzt auch die Bestelldaten erfassen, um feststellen zu können, wie lange es zwischen Bestellung und Lieferung bzw. zwischen Lieferung und Bezahlung dauert. Die bestellte Ware möchte er erst später in die Bestellungen aufnehmen.

a Warum ist es nicht sinnvoll, die Bestelldaten als Attribute bei der Klasse KUNDE aufzunehmen?
b Entwerfen Sie eine Klasse BESTELLUNG so, dass die Fragen von Herrn Fahrviel beantwortet werden können. Welche Beziehung haben die Klassen KUNDE und BESTELLUNG zueinander?
c Vereinbaren Sie die Tabelle BESTELLUNG mit Ihrem DBS. Welcher Datentyp ist geeignet für Felder wie bestelldatum? Welche Beziehung besteht zwischen den Klassen KUNDE und BESTELLUNG? Muss die Tabelle KUNDE verändert werden?
d Geben Sie einige Bestellungen ein. Manche davon sind noch nicht geliefert, andere geliefert, aber noch nicht bezahlt. Die meisten sind bereits geliefert und bezahlt. Herr Fahrviel möchte nun wissen: „Welche Bestellungen sind noch nicht geliefert?"; „Welche Bestellungen sind noch nicht bezahlt?"; „Welche Bestellungen sind geliefert aber noch nicht bezahlt?"
Erstellen Sie dazu Abfragen.

Aufgabe – Beziehungstyp

4 Datenbasis einer Schulverwaltung

In den folgenden Teilaufgaben sind jeweils zwei Klassen (in informatischem Sinn) angegeben. Notieren Sie im Klassendiagramm die Beziehung und den Beziehungstyp. Achten Sie auf die beiden Leserichtungen.

a SCHUELER – SCHULKLASSE
b KLASSENSPRECHER – SCHULKLASSE
c RAUM – SCHULKLASSE
d SCHULKLASSE – KLASSENLEHRER
e SCHULKLASSE – STELLV_ KLASSENLEHRER
f UNTERRICHTSFACH – FACHBETREUER
g SCHULKLASSE – LEHRER
h UNTERRICHTSFACH – LEHRER

Aufgabe – Grundwissen

5 Aufgabengebiete der Informatik

a Welches sind grundlegende Fragestellungen, mit denen sich die Informatik beschäftigt? Woher kommt das Wort Informatik?

b Was fällt Ihnen noch zum Thema Informatik ein? Strukturieren Sie Ihre ersten Gedanken übersichtlich in einer Mindmap.

6 Abfragen über mehrere Tabellen

Nachdem im letzten Kapitel gezeigt wurde, wie sich einfache Beziehungen von Klassen ins Relationenmodell übertragen lassen, wird jetzt dargestellt, wie man diese bei Abfragen über mehrere Tabellen ausnutzt.

Bücher und Verlage in einer Frage

Auch nach der Speicherung der Verlage in einer eigenen Tabelle muss Frau Suchfix Fragen wie „Bei welchem Verlag erscheint das Buch mit dem Titel ‚Grundlagen der Informatik II'?" vom Bibliotheksdatenbanksystem beantwortet bekommen.
Für Ergänzungsbestellungen benötigt sie von jedem Buch neben der Buchnummer und dem Titel des Buchs den Namen des Verlags und die Telefonnummer, um die aktuellen Preise und Lieferbedingungen erfragen zu können.

Erster Versuch

Da das Prinzip an kleinen Tabellen einfacher zu erklären ist, schränken wir die Tabellen unserer Beispieldatenbasis auf die in Abbildung 1 angegebenen Zeilen und Spalten ein. Die Abbildung zeigt einen Ausschnitt der Daten mit nur zwei Verlagen und drei Büchern. Es sind auch nur die in der Abfrage angesprochenen Inhalte eingegeben.

buchnr	titel	verlagnr
6	Grundlagen der Informatik	1
49	Mathematik 9	2
50	Mathematik 10	2

verlagnr	langname	telefon
1	Oldenbourg Schulbuchverlag GmbH	+491805653362
2	Bayerischer Schulbuch Verlag GmbH	+4918056553362

1 Bücher und Verlage

Frau Suchfix weiß, dass in der Tabellenliste einer Abfrage mehrere Tabellen angegeben werden können. Daher versucht sie folgende Abfrage:

<Datenfeldliste>: buchnr, titel, langname, telefon
<Tabellenliste>: BUCH, VERLAG
<Bedingung>:

Feld:	buchnr	titel	langname	telefon
Tabelle:	BUCH	BUCH	VERLAG	VERLAG
Sortierung:				
Anzeigen:	☑	☑	☑	☑
Kriterien:				
oder:				

SELECT buchnr, titel, langname, telefon FROM BUCH, VERLAG

buchnr	titel	langname	telefon
50	Mathematik 10	Oldenbourg Schulbuchverlag GmbH	+491805653362
50	Mathematik 10	Bayerischer Schulbuch Verlag GmbH	+4918056553362
6	Grundlagen der Informatik	Oldenbourg Schulbuchverlag GmbH	+491805653362
6	Grundlagen der Informatik	Bayerischer Schulbuch Verlag GmbH	+4918056553362
49	Mathematik 9	Oldenbourg Schulbuchverlag GmbH	+491805653362
49	Mathematik 9	Bayerischer Schulbuch Verlag GmbH	+4918056553362

2 Erstes Abfrageergebnis

Von diesem Ergebnis ist sie doch überrascht.

Diese Ergebnistabelle enthält nicht das erwartete Resultat. Was ist hier passiert?

?

Ein genaueres Betrachten der Ergebnistabelle zeigt: In der Antwort wurde jedes Buch mit jedem Verlag zusammengeführt.

Das › kartesische Produkt

Wenn auch überraschend, so ist dieses Ergebnis eigentlich leicht erklärbar. Da keine Angabe gemacht wurde, welche Datensätze der Tabelle BUCH zu welchen Datensätzen der Tabelle VERLAG gehören, hat das Datenbankmanagementsystem alle möglichen Paare als Antwort gebildet.

Buch1	Verlag1
Buch2	Verlag1
Buch3	Verlag1
Buch1	Verlag2
Buch2	Verlag2
Buch3	Verlag2

› kartesisch: abgeleitet vom Namen R. Cartesius (=Descartes); berühmter Mathematiker

3 Prinzip des kartesischen Produkts

Dieses Ergebnis nennt man das kartesische Produkt (Kreuzprodukt) der beiden Tabellen. Werden keine einschränkenden Bedingungen festgelegt, so werden alle Datenfelder aller beteiligten Tabellen miteinander kombiniert und ausgegeben.

Wie viele Zeilen hat das kartesische Produkt bei 80 Büchern und 9 Verlagen?

?

Die Kombination der Datensätze wird noch deutlicher sichtbar, wenn man das Datenfeld verlagnr bei beiden Tabellen mit ausgibt, d. h. Fremdschlüssel und Schlüssel. Da der Datenfeldbezeichner verlagnr in beiden Tabellen vorkommt, muss durch die bekannte Punktnotation (Tabellenname.Datenfeldname) angegeben werden, zu welcher Tabelle das Feld gehört. Die dazu erweiterte Abfrage lautet:

<Feldliste>: buchnr, titel, BUCH.verlagnr, VERLAG.verlagnr, langname, telefon
<Tabellenliste>: BUCH, VERLAG
<Bedingung>:

Feld:	buchnr	titel	verlagnr	verlagnr	langname	telefon
Tabelle:	BUCH	BUCH	BUCH	VERLAG	VERLAG	VERLAG
Sortierung:						
Anzeigen:	☑	☑	☑	☑	☑	☑
Kriterien:						
oder:						

```
SELECT buchnr, titel, BUCH.verlagnr, VERLAG.verlagnr, langname, telefon FROM
BUCH, VERLAG
```

buchnr	titel	BUCH.verlagnr	VERLAG.verlagnr	langname	telefon
50	Mathematik 10	2	1	Oldenbourg Schulbucl	+491805653362
50	Mathematik 10	2	2	Bayerischer Schulbuc	+4918056553362
6	Grundlagen der Inforr	1	1	Oldenbourg Schulbucl	+491805653362
6	Grundlagen der Inforr	1	2	Bayerischer Schulbuc	+4918056553362
49	Mathematik 9	2	1	Oldenbourg Schulbucl	+491805653362
49	Mathematik 9	2	2	Bayerischer Schulbuc	+4918056553362

4 Zusammengehörende Datensätze

Farbig markiert sind die Paare von Datensätzen, bei denen Fremdschlüsselwert beim Buch und Schlüsselwert beim Verlag übereinstimmen. Dass das Feld verlagnr in der Tabelle BUCH aussagt, bei welchem Verlag dieses Buch erschienen ist, ist dem Datenbankmanagementsystem nicht von vornherein bekannt. Man muss dazu eine Bedingung formulieren.

? Wie kann Frau Suchfix ihre Abfrage so präzisieren, dass nur die drei farbig markierten Datensätze ausgegeben werden?

Zweiter Versuch – erfolgreich durch eine Bedingung

Bei zusammenpassenden Datensätzen ist der Inhalt des Feldes verlagnr in der Tabelle BUCH gleich dem Inhalt des Feldes verlagnr in der Tabelle VERLAG. Diese Aussage wird als Bedingung in die Abfrage aufgenommen. Die vollständige Abfrage lautet damit:

<Datenfeldliste>:	buchnr, titel, langname, telefon
<Tabellenliste>:	BUCH, VERLAG
<Bedingung>:	BUCH.verlagnr = VERLAG.verlagnr

Feld:	buchnr	titel	langname	telefon	verlagnr
Tabelle:	BUCH	BUCH	VERLAG	VERLAG	BUCH
Sortierung:					
Anzeigen:	☑	☑	☑	☑	☐
Kriterien:					[VERLAG].[verlagnr]
oder:					

```
SELECT buchnr, titel, langname, telefon FROM BUCH, VERLAG
WHERE BUCH.verlagnr = VERLAG.verlagnr
```

buchnr	titel	langname	telefon
50	Mathematik 10	Bayerischer Schulbuch Verlag GmbH	+4918056553362
6	Grundlagen der Informatik	Oldenbourg Schulbuchverlag GmbH	+491805653362
49	Mathematik 9	Bayerischer Schulbuch Verlag GmbH	+4918056553362

5 Ergebnis der verbesserten Abfrage

Die korrekte Verknüpfung der beiden Tabellen durch diese Zusatzbedingung nennt man den › **natural join** oder (natürlichen) **Verbund** aus den Tabellen VERLAG und BUCH.

› engl.: natural join – natürlicher Verbund

Zusätzliche Bedingungen

Frau Suchfix möchte die Anfrage noch weiter einschränken, da sie nur Bücher nachbestellen will, die nach 2000 erschienen sind. Diese zusätzliche Bedingung wird zusammen mit der Verknüpfungsbedingung im Bedingungsteil angegeben.

? Welche logische Funktion verknüpft die beiden Bedingungen korrekt?

Da beide Bedingungen gleichzeitig erfüllt sein müssen, werden sie mit der Funktion „UND" zusammengefügt.

<Datenfeldliste>:	buchnr, titel, langname, telefon
<Tabellenliste>:	BUCH, VERLAG
<Bedingung>:	BUCH.verlagnr = VERLAG.verlagnr UND erscheinungsjahr > 2000

Feld:	buchnr	titel	langname	telefon	erscheinungsjahr	verlagnr
Tabelle:	BUCH	BUCH	VERLAG	VERLAG	BUCH	BUCH
Sortierung:						
Anzeigen:	☑	☑	☑	☑	☐	☐
Kriterien:					>2000	[VERLAG].[verlagnr]
oder:						

```
SELECT buchnr, titel, langname, telefon FROM BUCH, VERLAG
WHERE BUCH.verlagnr = VERLAG.verlagnr AND erscheinungsjahr > 2000
```

buchnr	titel	langname	telefon
50	Mathematik 10	Bayerischer Schulbuch Verlag GmbH	+4918056553362
6	Grundlagen der Informatik	Oldenbourg Schulbuchverlag GmbH	+491805653362

6 Abfrage mit weiteren Bedingungen

Zur Formulierung einer Abfrage über mehrere Tabellen kann man wie folgt vorgehen:

1. Welche Datenfelder werden benötigt?
   (Ausgabebeschreibung, ergibt die <Datenfeld-liste>)
2. In welchen Tabellen sind diese Datenfelder enthalten?
   (Datenbestand, ergibt die <Tabellenliste>)
3. Wie ist die Beziehung zwischen den Tabellen gespeichert?
   Welche weiteren Bedingungen enthält die Abfrage? (ergibt die <Bedingung>)

> Bei Abfragen über mehrere Tabellen werden alle beteiligten Tabellen zu einem Verbund zusammengeführt, dem **kartesischen Produkt**.
> Um sinnvolle Resultate zu erhalten, müssen in der Abfrage **Bedingungen** zur Verknüpfung der Datensätze der verschiedenen Tabellen angegeben werden.

Aufgaben – Abfragen über mehrere Tabellen

1 Zur Wiederholung

a Lassen Sie sich alle Buchtitel in der Datenbasis anzeigen.

b Lassen Sie sich die Telefonnummern der Verlage aus München anzeigen.

2 Das Kreuzprodukt

a Lassen Sie sich das kartesische Produkt Ihrer Bücher und Verlage anzeigen.

b Wie hängt die Anzahl der Zeilen des kartesischen Produkts mit der Anzahl der Bücher und Verlage zusammen? Vergleichen Sie Ihre Überlegung mit Ihren Mitschülern.

3 Abfragen an mehrere Tabellen

Verwenden Sie für die folgenden Abfragen das Musterdatenbanksystem.

a Lassen Sie sich die Titel aller Bücher anzeigen, die in Stuttgart verlegt wurden.

b Lassen Sie sich zu jedem Buchtitel den Namen, die Adresse und den Ort des Verlags anzeigen.

c Lassen Sie sich Buchtitel und Telefonnummer des Verlags von den Büchern anzeigen, die 1995 erschienen sind.

d Welche Abfrage hilft Ihnen, die Datensätze mit fehlenden ISBN (Preisen usw.) zu erhalten?

e Formulieren Sie selbst weitere Abfragen an beide Tabellen.

4 Sortierung

Verwenden Sie für die folgenden Abfragen das Musterdatenbanksystem.

a Lassen Sie sich zu allen Büchern Titel und den Kurznamen des Verlags anzeigen. Sortieren Sie dabei auf drei Arten:
- zuerst nur nach dem Titel,
- dann nur nach dem Verlagskurznamen
- und als drittes nach dem Verlagskurznamen mit dem Zusatz, dass für jeden Verlag die Bücher nach dem Titel sortiert sind.

b Schränken Sie die Abfrage von a) weiter ein, dass nur die von 1990 bis 1999 erschienenen Bücher angezeigt werden.

5* Fehlersuche

In fast jede der folgenden SQL-Abfragen haben sich Fehler eingeschlichen. Suchen Sie die Fehler, nennen Sie den Grund des jeweiligen Fehlers (siehe Aufzählung einiger möglicher Fehler weiter unten) und stellen Sie die Abfrage richtig. Dabei können Sie das Musterdatenbanksystem zum Testen benutzen.

a SELECT strasse FROM VERLAG WHERE kurzname = bsv

b SELECT kurzname FROM VERLAG WHERE adresse

c SELECT * FROM BUECHER WHERE seitenzahl > 120

d SELECT BUCH.titel, VERLAG.kurzname, VERLAG.plz, VERLAG.ort FROM VERLAG WHERE BUCH.verlagnr = VERLAG.verlagnr AND VERLAG.telefon = "+4989126070"

e SELECT * FROM BUCH ORDER BY titel DESC

Möglicher Fehler: Schreibweise nicht korrekt, gewünschtes Datenfeld ist in keiner der angegebenen Tabellen vorhanden, falscher Tabellenbezeichner in der Tabellenliste angegeben, Bedingung nicht korrekt formuliert, der Vergleichswert eines Feldes vom Datentyp ZEICHEN wurde ohne Hochkommas angegeben, Verbund von Tabellen ohne Angabe der Beziehungs-Bedingung.

6 Fahrradladen – Zahlungsmoral bei Rasant

a Um offene Rechnungen anmahnen zu können, will sich Herr Fahrviel eine Liste aller Kunden ausgeben lassen, bei denen eine Lieferung, aber noch keine Zahlung erfolgt ist. Die Liste soll den Namen des Kunden, seine Anschrift, das Bestelldatum und das Lieferdatum enthalten. Sie soll nach dem Kundennamen alphabetisch sortiert sein. Hat eine Kunde noch mehrere unbezahlte Bestellungen, so soll die mit dem neuesten Lieferdatum oben stehen.

b Rasant ist ein großes Geschäft, bei dem jeden Tag mehrere hundert Kunden bedient werden. Auch wenn viele davon bar oder mit Karte bezahlen, so sind bei einer Zahlungsfrist von vier Wochen doch immer etwa 500 Rechnungen offen. Herr Fahrviel muss daher die Anfrage von a) weiter einschränken: Er möchte nur die unbezahlten Bestellungen sehen, bei denen die Lieferung mehr als 4 Wochen (28 Tage) zurückliegt.

W1
W2

Hinweis: Informieren Sie sich, welche Funktion Ihr Werkzeug zur Ermittlung des aktuellen Datums bereitstellt und wie man daraus das 28 Tage zurückliegende Datum berechnen kann.

Aufgabe – Grundwissen

7 Kalkulationen für Verkehrsteilnehmer

a Realisieren Sie in der Tabellenkalkulation die Berechnung der Fahrzeit in Abhängigkeit von der Strecke und der Geschwindigkeit. Berechnen Sie die Fahrzeit für die Strecken 26 km und 79 km mit einem Fahrrad (13 km/h) und einem Auto (56 km/h).

b Erweitern Sie Ihre Kalkulation so, dass Sie die Durchschnittsgeschwindigkeit frei von 0 bis 100 km/h eingeben können. Testen Sie Ihre Formeln mit den Werten aus Aufgabe a).

7 Mehr Beziehungen zwischen Klassen

In den Kapiteln 5 und 6 wurden Klassen betrachtet, zwischen denen eine 1:n-Beziehung besteht. Es gibt auch Klassen, die in anderen Beziehungstypen zueinander stehen. Im Folgenden wird gezeigt, wie man diese in einer Datenbasis umsetzen kann und wie dann die Abfragen formuliert werden müssen.

Autoren gesucht

5 6

Schülerin Tanja ist jetzt schon in der zehnten Klasse. In Informatik soll sie ein Referat halten. Ihr Informatiklehrer Herr Neupert empfiehlt, alle in der Schulbibliothek vorhandenen Bücher von Heinz Nerchau durchzuarbeiten. Die Abfrage nach dem Autor liefert jedoch kein Ergebnis.

Woran könnte das liegen? ?

Bisher wird bei jedem Buch der Name des Autors bzw. der Autoren in einem einzigen Feld gespeichert. Daher kann nur abgefragt werden, welche Bücher von der gleichen Autorengruppe geschrieben wurden. So kann Tanja höchstens die Autorengruppe „Nerchau, Heinz; Geyer, Sigfried; Paar, Fritz" finden und das auch nur dann, wenn sie den Suchtext in genau dieser Schreibweise eingibt.

Was muss an der Datenstruktur prinzipiell verbessert werden? ?

AUTORen, eine Klasse für sich

Kern des Problems ist, dass im Attribut autor zu viele Einzelinformationen zusammengefasst sind. Wie schon bei den Verlagen kann das Problem nur dadurch gelöst werden, dass die Information über die Autoren in einer eigenen Klasse beschrieben wird. In dieser neuen Klasse werden alle für Autoren kennzeichnenden Attribute festgelegt. Beispielhaft stehen hier Name und Vorname. Als Schlüssel für die Tabelle AUTOR wird wie bei den anderen Tabellen ein künstlicher Schlüssel (autornr) vereinbart, da selbst das Paar Name, Vorname nicht immer eindeutig ist.

AUTOR
<u>autornr</u>
name
vorname

Klasse

	Feldname	Felddatentyp	
🔑	autornr	Zahl	int
	name	Text	(50)
	vorname	Text	(20)

Tabellendefinition

1 *Tabellenvereinbarung Autoren*

Eine neuartige Beziehung

Wie viele Bücher kann ein Autor schreiben? Von wie vielen Autoren kann ein Buch geschrieben werden? ?

Zwischen den Klassen BUCH und AUTOR besteht die in Abbildung 2 dargestellte Beziehung.
Diese Beziehung wird wie folgt gelesen: „Ein Buch wird von m (einem oder mehreren) Autoren geschrieben" und „Ein Autor schreibt n (ein oder mehrere) Bücher".

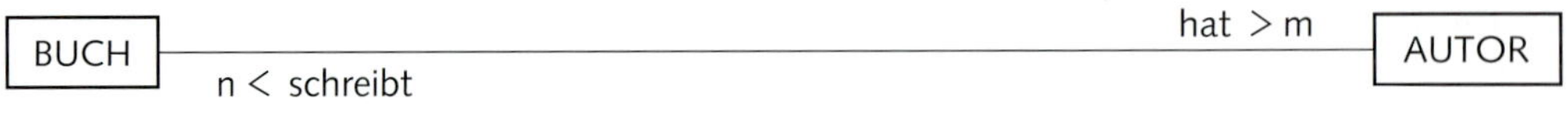

2 *Beziehung zwischen Autor und Buch*

Hier kann also jedes Objekt der Klasse BUCH mit beliebig vielen Objekten der Klasse AUTOR in Beziehung treten. Aber auch jedes Objekt der Klasse AUTOR kann mit beliebig vielen Objekten der Klasse BUCH in Beziehung treten. Der Typ dieser Beziehung ist n:m.

Speichern der n:m-Beziehung

? Warum ist es nicht möglich, die Information über die Beziehung zwischen Autoren und Büchern als Fremdschlüssel bei einer der beiden Tabellen zu speichern?

5 Um die Information dieser Beziehung zu speichern, hilft die Vorgehensweise wie bei der Beziehung zwischen Büchern und Verlagen nicht weiter. Weder kann beim Buch „der" Autor gespeichert werden, weil es ja mehrere Autoren eines Werkes geben kann, noch kann beim Autor „das" Buch gespeichert werden, weil jeder Autor mehrere Bücher schreiben kann. Es ist auch nicht sinnvoll, bei einem Buch mehrere Felder für Autoren vorzusehen. Selbst wenn man zehn Felder vorsieht, kann es sein, dass irgendwann ein Buch vorgelegt wird, das elf Autoren hat. Außerdem hätte man mit der Abfrageformulierung große Schwierigkeiten. Wenn es die Felder Autor1, Autor2, ..., Autor10 gäbe, müsste man bei einer Suchabfrage alle Felder mit der gleichen Bedingung umständlich prüfen.

? Wie kann die Information über die Zugehörigkeit von Büchern zu Autoren dann gespeichert werden?

Die Beziehung „hat / schreibt" besagt, dass es Paare von Büchern und Autoren gibt, die zusammen gehören. Da diese Paare in den existierenden Tabellen nicht untergebracht werden können, muss man für sie eine eigene Tabelle anlegen, in der sie gespeichert werden. Für diese Tabelle ist BUCH_ZU_AUTOR ein passender Name.
Durch jeden Eintrag in der Beziehungstabelle BUCH_ZU_AUTOR ist eines der Beziehungspaare von Büchern und Autoren eindeutig festgelegt. Da jedes Buch durch den Schlüssel buchnr und jeder Autor durch den Schlüssel autornr eindeutig identifiziert ist, genügt es also, die zusammengehörenden Paare buchnr und autornr in der Tabelle BUCH_ZU_AUTOR zu speichern.
Somit kann man durch die Verknüpfungsinformationen in der Tabelle BUCH_ZU_AUTOR genau zuordnen, welcher Autor bzw. welche Autoren zu welchem Buch gehören.

	Feldname	Felddatentyp	
🔑	buchnr	Zahl	int
🔑	autornr	Zahl	int

3 *Tabellendefinition BUCH_ ZU_ AUTOR*

titel	isbn	buchnr
Programmierung	9783887654351	9
Informatik	9783887368852	11

buchnr	autornr
9	1
9	3
11	3

autornr	name	vorname
1	Nerchau	Heinz
3	Paar	Fritz

4 *Beziehungstabelle und Ausriss aus Buch bzw. Autor*

Die drei Datensätze in der Beziehungstabelle von Abbildung 4 sagen aus, dass folgende Datensätze aus den Tabellen BUCH und AUTOR in Beziehung stehen:

- das Buch mit der buchnr 9 mit dem Autor mit der autornr 1
- das Buch mit der buchnr 9 auch mit dem Autor mit der autornr 3
- das Buch mit der buchnr 11 mit dem Autor mit der autornr 3

Was könnte der Schlüssel für die Tabelle BUCH_ZU_AUTOR sein? **?**

Der Schlüssel für diese Tabelle kann nicht das Datenfeld buchnr sein, da es in ihr mehrmals den gleichen Wert geben kann. Das gleiche gilt für das Datenfeld autornr. Jedoch ist das Paar aus buchnr und autornr eindeutig. Ein neuer, künstlicher Schlüssel ist somit unnötig. Man verwendet als Schlüssel die Kombination der beiden Datenfelder. 10

Abfragen bei einer n:m-Beziehung

Nach der Umstellung der Datenbasis hofft Tanja nun, auf ihre Anfrage eine brauchbare Antwort zu erhalten.

Wie muss sie nun die Frage „Welche Bücher hat der Autor Albert Wiedemann geschrieben?“ formulieren? **?**

Sicher muss neben den Tabellen BUCH und AUTOR auch die neue Tabelle BUCH_ZU_AUTOR in der Abfrage verwendet werden, da nur diese Tabelle die Zugehörigkeit von Büchern zu Autoren speichert. Wie schon bei Büchern und Verlagen werden hier ebenso die zusammengehörenden Datensätze durch Gleichheitsbedingungen identifiziert.

buchnr	titel	isbn	preis	seiten	ersch.jahr
9	Programmierung	9783887654351	24,50	87	2001

buchnr	autornr
9	3

autornr	name	vorname
3	Paar	Fritz

5 Zusammenspiel der Tabellen BUCH, AUTOR und BUCH_ZU_AUTOR

<Datenfeldliste>: titel
<Tabellenliste>: BUCH, BUCH_ZU_AUTOR, AUTOR
<Bedingung>: BUCH.buchnr=BUCH_ZU_AUTOR.buchnr
UND
BUCH_ZU_AUTOR.autornr=AUTOR.autornr
UND
name="Paar"

Feld:	titel	buchnr	autornr	name
Tabelle:	BUCH	BUCH	BUCH_ZU_AUTOF	AUTOF
Sortierung:				
Anzeigen:	☑	☐	☐	☐
Kriterien:		=[BUCH_ZU_AUTOR].[buchnr]	=[AUTOR].[autornr]	="Paar"
oder:				

```
SELECT titel FROM BUCH, BUCH_ZU_AUTOR, AUTOR WHERE
BUCH.buchnr = BUCH_ZU_AUTOR.buchnr AND BUCH_ZU_AUTOR.autornr =
AUTOR.autornr AND name = "Paar"
```

titel
Programmierung
Informatik

***6** Abfrage über drei Tabellen*

Hinweis: In der Abfrage muss der Name der Tabellen für die Datenfelder buchnr und autornr unbedingt mit angegeben werden, da diese Datenfelder in mehreren Tabellen den gleichen Bezeichner haben. Die Datenfelder name und vorname dagegen sind eindeutig, hier kann auf die Angabe der Tabelle verzichtet werden.

Eine **n:m-Beziehung** wird durch das Anlegen einer Beziehungstabelle in eine 1:n und eine m:1 Beziehung aufgelöst. Die Schlüssel der in Beziehung stehenden Tabellen bilden in der Beziehungstabelle ein Schlüsselpaar. Bei Abfragen müssen alle drei Tabellen über die Schlüssel verknüpft werden.

Aufgaben - Mehr Beziehungen zwischen Klassen

1 Neue Tabellen

a Legen Sie die neue Tabelle AUTOR an und füllen Sie diese mit Daten. Alle in der Tabelle BUCH vorkommenden Autoren müssen dort eingetragen werden.

b Legen Sie die Tabelle BUCH_ZU_AUTOR für die Beziehung zwischen Büchern und Autoren an. Tragen Sie die bisher in Tabelle BUCH erfassten Informationen dort ein.

c Löschen Sie anschließend das Feld autor in der Tabelle BUCH.

2 Abfragen bei den Autoren

Verwenden Sie das Musterdatenbanksystem für die folgenden Abfragen.

a Lassen Sie alle Autoren sortiert nach Namen und Vornamen auflisten.

b Fragen Sie die Autoren von „Grundlagen der Informatik" in alphabetischer Reihenfolge ab.

c Lassen Sie für jeden Autor (Name, Vorname) auch die Titel der von ihm geschriebenen Bücher auflisten.

d Ändern Sie die Abfrage c) durch geeignete Sortierangaben so, dass sie für jedes Buch seine Autoren in alphabetischer Reihenfolge sehen.

3 Abfragen an alle Tabellen

Verwenden Sie das Musterdatenbanksystem für die folgenden Abfragen.

a Erweitern Sie die Abfrage 2b) so, dass für jedes Buch auch der Verlag (Kurzname) ausgegeben wird.

b Formulieren Sie eine Abfrage nach den Verlagen der Bücher des Autors Klaus Reinold. Unterbinden Sie dabei Mehrfachnennungen.

c Lassen Sie sich Namen und Vornamen aller Autoren anzeigen, die für einen in München ansässigen Verlag geschrieben haben.

4 Fahrradladen – Räder, ganz individuell

Der Fahrradladen Rasant verkauft nicht nur Fahrradzubehör. Es bietet seinen Kunden einen besonderen Service an: Sie können sich ihr Wunschrad aus Baugruppen wie Rahmen, Rädern, Gangschaltungen, Bremsen usw. selbst zusammenstellen. Das Rad wird dann nach diesen Vorgaben montiert.

a Überlegen Sie sich Attribute einer Klasse FAHRRAD (z. B. Modellname) und die Beziehungen dieser Klasse zu den anderen vorhandenen Klassen.

b Vereinbaren Sie nach Ihren Überlegungen eine Tabelle FAHRRAD und eventuell nötige Beziehungstabellen.

c Geben Sie die Daten für wenigstens zwei verschiedene Fahrräder ein.

5 Fahrradladen – Die Datenbanklösung wird komplett

Felix Fahrviel hat sein Datenbanksystem schon viel genutzt. Deshalb fallen ihm immer mehr Möglichkeiten für Verbesserungen auf.

a Die Bestelldaten der Kunden werden schon gespeichert. Damit aus diesen Daten automatisch die Rechnungen erzeugt werden können, muss noch festgehalten werden, welche Teile und/oder ganze Fahrräder bestellt wurden.
Erweitern Sie die Klasse BESTELLUNG wenn nötig und geben Sie die Beziehungen von BESTELLUNG zu BAUTEIL und FAHRRAD an. Erweitern Sie Ihre Datenbasis entsprechend.

b Zur Qualitätskontrolle möchte Herr Fahrviel gespeichert haben, welche Bauteile er von welchem Lieferanten bekommen hat. Jede Lieferung umfasst ein Lieferdatum und die betroffenen Bauteile. Mengenangaben möchte Herr Fahrviel nicht verwalten, es genügt ihm, wenn er weiß, wann und von wem ein Bauteil das letzte Mal geliefert wurde.
Definieren Sie ein Klasse LIEFERUNG und geben Sie ihre Beziehungen zu den anderen Klassen an. Überführen Sie die Klasse LIEFERUNG in eine Tabellendefinition und implementieren Sie die Tabelle sowie eventuell nötige Beziehungstabellen.

Aufgabe – Grundwissen

6 Vordefinierte Funktionen in Tabellenkalkulationssystemen

In Tabellenkalkulationssystemen helfen Funktionen Aufgabenstellungen zu bearbeiten. In Abbildung 7 sind fünf mathematische Funktionen aufgelistet.
Finden Sie zu jeder Funktion ein sinnvolles Anwendungsbeispiel und beschreiben Sie es in ein bis zwei Sätzen. Notieren Sie die Formel mit dem entsprechenden Funktionsaufruf und das zugehörige Ergebnis.

Mathematische Funktionen
SUMME(Zahl1;Zahl2;...)
PRODUKT(Zahl1;Zahl2;...)
MAX(Zahl1;Zahl2;...)
MIN(Zahl1;Zahl2;...)
MITTELWERT(Zahl1;Zahl2;...)

7 *Vordefinierte Funktionen*

8 Der letzte Schliff für Abfragen

Komplizierte Aufgaben wie die Ermittlung des Gesamtpreises aller Bücher lassen sich mit den bisher vorgestellten Mitteln nur umständlich oder gar nicht durchführen. Deshalb werden wir im Folgenden Erweiterungen zu Abfragen und deren Anwendungsmöglichkeiten vorstellten.
Die Beispiele legen den Gesamtbuchbestand der Musterdatenbasis zu grunde.

Viel oder Wenig

Die Redaktion der Schülerzeitung der N.-J.-Lehmann Schule in Infohausen verfasst für ihre nächste Ausgabe einen Artikel über die Buchbestände in der Bibliothek. Weil in dem Artikel einige besondere Bücher genannt werden, soll Frau Suchfix folgende Fragen beantworten:

- „Welches Buch ist das älteste?",
- „Welches Buch ist das teuerste?"

? Mit welcher Abfrage an die Datenbasis könnte Frau Suchfix eine Antwort erhalten?

Um die erster Frage beantworten zu können, gibt Frau Suchfix die Abfrage „Zeige alle Titel aus der Tabelle BUCH geordnet nach dem Erscheinungsjahr" ein. Die erste Zeile der Ergebnistabelle enthält den Titel des gesuchten Buchs. Bei „SELECT titel FROM BUCH ORDER BY preis DESC" steht das teuerste Buch an erster Stelle. Diese Lösung ist korrekt, aber trotzdem nicht ganz zufrieden stellend, da sie mehr als nur das gewünschte Buch enthält.
Manchmal interessieren nur herausragende Werte aus den Tabellen der Datenbasis wie minimaler oder maximaler Wert in einem Datenfeld. Auch Zusammenfassungen wie Anzahl aller gefundenen Objekte oder Summe bzw. Durchschnitt der Werte eines Datenfeldes können interessant sein: „Wie viele Bücher sind in der Bibliothek?", „Was ist die durchschnittliche Seitenzahl der Bücher?". „Wie viel haben alle Bücher zusammen gekostet?". Da Fragen dieser Art immer wieder beantwortet werden müssen, bietet SQL eigene Funktionen zur Bestimmung dieser Größen an. Sie werden › **Aggregatfunktionen** genannten.

› Aggregat – soviel wie Zusammenfassung

Überblick über die Aggregatfunktionen

Abbildung 1 zeigt die wichtigsten Aggregatfunktionen:

Aggregatfunktion	Ergebnis
COUNT(<Datenfeld>)	Anzahl der Einträge in diesem Datenfeld
AVG(<Datenfeld>)	Durchschnitt aller Werte in diesem Datenfeld
MAX(<Datenfeld>)	Maximum aller Werte in diesem Datenfeld
MIN(<Datenfeld>)	Minimum aller Werte in diesem Datenfeld
SUM(<Datenfeld>)	Summe aller Werte in diesem Datenfeld

1 Aggregatfunktionen

Die Antwort auf die Frage: „Aus welchem Jahr ist das älteste Buch?" wird mit der folgenden Abfrage gefunden:

<Datenfeldliste>:	MIN (erscheinungsjahr)
<Tabellenliste>:	BUCH
<Bedingung>:	

Feld:	erscheinungsjahr
Tabelle:	buch
Funktion:	Min
Sortierung:	
Anzeigen:	☑
Kriterien:	
oder:	

SELECT MIN(erscheinungsjahr) FROM BUCH

Minvonerscheinungsjahr
1935

2 *Ältestes Buch*

Hinweise:
– NULL-Werte werden bei den Aggregatfunktionen übergangen.
– Das Ergebnis einer Abfrage mit Aggregatfunktionen ist ebenfalls eine Tabelle.
Mithilfe der Aggregatfunktionen lassen sich auch recht knifflige Fragen beantworten, wie zum Beispiel „Wie teuer sind alle Bücher des Fachbereichs Mathematik?"

Nicht alle Gruppierungen sind verdächtig ✶

Frau Suchfix erhält kurz vor der nächsten Sitzung vom Elternrat die Anfrage, wie hoch die gesamten Bücherausgaben für jeden Fachbereich der Schule waren. Mithilfe der Aggregatfunktionen lässt sich diese Frage beantworten. Um den Summenwert für jeden Fachbereich zu ermitteln, könnte sie die Frage der Reihe nach für jedes Fach ausführen. Diese Vorgehensweise ist aber sehr umständlich und mühsam. Außerdem ist sie fehleranfällig, da leicht Fachbereiche übersehen werden können. Benötigt wird eine Abfrage, die die Summen für alle Fachbereiche in einer Übersicht automatisch ermittelt und anzeigt.
Da solche Gruppierungen nach Werten bestimmter Datenfelder, wie hier nach dem Fachbereich, sehr oft benötigt werden (z. B. über Abteilungen in einer Firma, Schulklassen, Altersgruppen in der Bevölkerung usw.), gibt es eine Erweiterung der bisher verwendeten Abfrageform, die solche Gruppierungen erlaubt.
Frau Suchfix beginnt mit folgender Abfrage:

<Datenfeldliste>:	fachbereich, SUM (preis)
<Tabellenliste>:	BUCH
<Bedingung>:	
<Gruppierung>:	fachbereich

Feld:	fachbereich	preis
Tabelle:	BUCH	BUCH
Funktion:	Gruppierung	Summe
Sortierung:		
Anzeigen:	☑	☑
Kriterien:		
oder:		

SELECT fachbereich, SUM(preis) FROM BUCH GROUP BY fachbereich

fachbereich	Summevonpreis
GE	15.322,00 €
INF	1.275,00 €
MA	8.434,00 €
PH	12.958,00 €

3 *Versuch 1: Gruppierung*

Frau Suchfix stutzt beim Lesen der Ergebnistabelle über die niedrigen Summenwerte. Ihrer Meinung nach können sie nicht stimmen.

? Wo liegt der Fehler? Betrachte hierzu Abbildung 7 in Kapitel 3.

Frau Suchfix hat bei der Formulierung der Abfrage nicht berücksichtigt, dass es von jedem Buch mehr als ein Exemplar gibt. Deshalb korrigiert sie die Abfrage.

<Datenfeldliste>:	fachbereich, SUM (preis * exemplaranzahl)
<Tabellenliste>:	BUCH
<Bedingung>:	
<Gruppierung>:	fachbereich

Feld:	fachbereich	(preis*exemplaranzahl)
Tabelle:	BUCH	
Funktion:	Gruppierung	Ausdruck
Sortierung:		
Anzeigen:	☑	☑
Kriterien:		
oder:		

SELECT fachbereich, SUM(preis*exemplaranzahl) FROM BUCH GROUP BY fachbereich

fachbereich	Summevon(preis*exemplaranzahl)
GE	36.292,00 €
INF	3.195,00 €
MA	20.628,00 €
PH	31.905,00 €

4 Versuch 2: Gruppierung

Die **Gruppierungsanweisung** wird durch eine Funktion erledigt, die nach der eigentlichen Selektion ausgeführt wird. Sie bewirkt zunächst eine Einteilung aller Ergebnisse der eigentlichen Auswahlanweisung in Gruppen mit gleichen Werten in dem angegebenen Datenfeld. In der Beispielabfrage werden Gruppen über die Bücher mit gleichem Fachbereich gebildet. Alle Mathematikbücher befinden sich somit in einer Gruppe, alle Informatikbücher in einer anderen usw. Die Aggregatfunktion SUMME(preis*exemplaranzahl) berechnet dann die Summe der Produkte „Buchpreis mal Anzahl der Exemplare" einzeln für jede der Gruppen. Die Ergebnistabelle enthält für jede Gruppe eine eigene Zeile.

Neue Namen

Frau Suchfix stört sich noch an der Spaltenüberschrift in Abbildung 4. So will sie das Ergebnis dem Elternrat nicht vorlegen. In der folgenden Abfrage legt sie eine eigene Spaltenüberschrift in der Ergebnistabelle fest:

<Datenfeldliste>:	fachbereich, SUM (preis * exemplaranzahl) ALS Ausgaben je Fachbereich
<Tabellenliste>:	BUCH
<Bedingung>:	
<Gruppierung>:	fachbereich

Feld:	fachbereich	Ausgaben je Fachbereich: ([preis]*[exemplaranzahl])
Tabelle:	BUCH	
Funktion:	Gruppierung	Summe
Sortierung:		
Anzeigen:	☑	☑
Kriterien:		
oder:		

```
SELECT fachbereich, SUM(preis*exemplaranzahl) › AS [Ausgaben je Fachbereich]
FROM BUCH GROUP BY fachbereich
```

› engl.: as – als

fachbereich	Ausgaben je Fachbereich
GE	36.292,00 €
INF	3.195,00 €
MA	20.628,00 €
PH	31.905,00 €

5 *Ergebnistabelle mit eigenem Spaltennamen*

Gruppen mit Bedingungen ✶

Bei der letzten Abfrage erhält Frau Suchfix den Wert der Bücher je Fachbereich. Der Elternrat ist aber speziell an den Fachbereichen interessiert, deren Bücherpreis unter 5000,00 E liegt, um hier gezielt fördern zu können.
Jetzt werden also Bedingungen an die einzelnen Gruppen gestellt, genauer: an den Wert einer Aggregatfunktion über den festgelegten Gruppen. Eine einfache Bedingung kann hier nicht helfen, da sie nur bestimmt, welche Datensätze überhaupt für die Gruppierung zugelassen werden.
Um Bedingungen an die Ergebnistabelle von Abbildung 5 stellen zu können, ist nochmals eine Erweiterung der Abfrageanweisung nötig:

<Datenfeldliste>:	fachbereich, SUM (preis * exemplaranzahl) ALS Ausgaben je Fachbereich
<Tabellenliste>:	BUCH
<Bedingung>:	
<Gruppierung>:	fachbereich
<Einschränkung>:	Ausgaben je Fachbereich kleiner 5000

Feld:	fachbereich	Ausgaben je Fachbereich: (preis*exemplaranzahl)
Tabelle:	BUCH	
Funktion:	Gruppierung	Summe
Sortierung:		
Anzeigen:	☑	☑
Kriterien:		<5000
oder:		

```
SELECT fachbereich, SUM(preis*exemplaranzahl) AS [Ausgaben je Fachbereich]
FROM BUCH GROUP BY fachbereich HAVING [Ausgaben je Fachbereich]<5000
```

fachbereich	Ausgaben je Fachbereich
GE	36.292,00 €
INF	3.195,00 €
MA	20.628,00 €
PH	31.905,00 €

→

fachbereich	Ausgaben je Fachbereich
INF	3.195,00 €

6 *Eingeschränkte Ergebnistabelle*

Mit den **Aggregatfunktionen** in Abfragen lassen sich neue Informationen durch Berechnungen gewinnen.
Für Spalten der Ergebnistabelle können **eigene Namen** vereinbart werden.
Mit **Gruppierungen** lassen sich die Ergebnisse einer Abfrage nach bestimmten Datenfeldern zusammenfassen.
Die Ergebnistabelle einer Gruppierung kann noch einmal mit **Einschränkungen** gefiltert werden.

Aufgaben

1 Aggregatfunktionen

a Was kostet ein Buch in der Tabelle BUCH durchschnittlich?
b Bestimmen Sie den Preis des teuersten Buchs des Autors Oskar Glonn.
c Bestimmen Sie den durchschnittlichen Preis für die im Verlag Meise erschienenen Bücher.
d Geben Sie für die Tabelle BUCH aus, welchen Gesamtwert alle vom Verlag Kohlrabe stammenden Bücher haben.
e Geben Sie gleichzeitig die maximale, minimale und durchschnittliche Seitenzahl für alle Bücher in der Tabelle BUCH aus.

2* Gruppierungen

a Erweitern Sie die Abfrage aus Aufgabe 1b) so, dass eine Übersicht über die teuersten Bücher jedes Autors erstellt wird.
b Erweitern Sie die Anweisung aus Aufgabe 1c) so, dass eine Übersicht über die durchschnittlichen Preise der Verlage erstellt wird.
c Beantworten Sie die Frage 1d) für alle Verlage.

3* Zum Knobeln

Bei diesen Aufgaben können Sie auch mehrere Abfragen verwenden. Die Antwort darf auch mehr als die benötigte Ergebniszeile umfassen, so lange Sie wissen, welche Zeile die gesuchte Information enthält.
Für alle, die es genau wissen wollen: Eine einzige Abfrage zu finden, die nur die gesuchte Information liefert, ist sehr aufwändig.
a Finden Sie den Namen des Autors, der die meisten Buchseiten verfasst hat.
b Können Sie diese Frage auch für jeden Verlag einzeln beantworten?

Hinweis: Bei den folgenden inhaltlich aufeinander aufbauenden Aufgaben ist jeweils zu Beginn jeder Teilaufgabe angegeben, welche Inhalte über die Kerninhalte dieses Lehrbuches hinaus bekannt sein müssen. (G: Gruppierung; GE: Gruppierungseinschränkung)

4 Abfragen mit der Tabelle BUCH

a Geben Sie die minimale, maximale und durchschnittliche Seitenanzahl für alle Bücher der Tabelle BUCH aus.
b* (G) Erweitern Sie die Abfrage aus a) so, dass die Werte für jedes Erscheinungsjahr getrennt angezeigt werden.
c Erweitern Sie die Abfrage aus b) so, dass auch die Anzahl der im jeweiligen Jahr erschienenen Bücher und das Jahr mit angezeigt werden.

d Erweitern Sie die Abfrage aus c) so, dass das Ergebnis nach der Anzahl der im jeweiligen Jahr erschienenen Bücher absteigend sortiert wird. Bei gleicher Anzahl soll nach dem Erscheinungsjahr sortiert werden.

5* Abfragen mit den Tabellen BUCH und VERLAG

a (G) Geben Sie die minimale, maximale und durchschnittliche Seitenanzahl für alle Bücher der Datenbasis, getrennt nach Verlagen, aus. Dabei soll der Kurzname des Verlags mit angegeben werden.

b (GE) Ändern Sie die Abfrage von a) so, dass nur Münchner Verlage berücksichtigt werden.

c (G) Geben Sie für jeden Verlag (Kurzname) aus, wie viele Bücher von ihm in der Tabelle BUCH vorhanden sind.

d (GE) Schränken Sie die Abfrage für c) so ein, dass nur die Verlage aufgelistet werden, von denen mehr als fünf Bücher vorhanden sind.

6 Abfragen mit den Tabellen BUCH und AUTOR

Da zwischen Büchern und Autoren eine n:m-Beziehung existiert, muss bei Abfragen auch die Beziehungstabelle BUCH_ZU_AUTOR mit einbezogen werden.

a* (G) Geben Sie die minimale, maximale und durchschnittliche Seitenanzahl für alle Bücher, getrennt nach Autoren, aus. Dabei sollen Name und Vorname der Autoren mit aufgelistet werden.

b Sortieren Sie die Ausgabe von a) nach Name und Vorname der Autoren.

c Sortieren Sie die Ausgabe von a) nach der durchschnittlichen Seitenzahl.

d* (G) Geben Sie für jeden Autor (Name, Vorname) aus, an wie vielen Büchern er beteiligt war. Sortieren Sie die Ausgabe nach Name, Vorname.

e Sortieren Sie die Ausgabe von d) absteigend nach der Anzahl der Bücher (Hitliste!).

7 Abfragen mit den Tabellen BUCH, VERLAG und AUTOR

a Geben Sie für jeden Autor (Name, Vorname, sortiert nach diesen Attributen) aus, bei welchem Verlag jeweils sein Buch erschienen ist.

b* (G) Warum enthält die Abfrage aus a) sehr viele Doppelnennungen? Wie können Sie diese unterdrücken?

c Ermitteln Sie, in welcher Stadt die meisten Autoren veröffentlichen.

8 Fahrradladen – Rasant hat viele Fragen

Mithilfe der erweiterten Abfragemöglichkeiten kann Herr Fahrviel seine Buchhaltung nun noch viel weitgehender nutzen.

a Wie viele Bauteile hat „Rasant" im Lager?

b Erstellen Sie eine Abfrage, die den Gesamtwert der Lagerbestände ermittelt.

c Erstellen Sie je eine Abfrage, die für eine bestimmte Bestellung (Schlüssel ist gegeben) den Wert der bestellten Bauteile bzw. den Wert der bestellten Räder ermittelt.

d Ermittlen Sie das billigste und das teuerste Fahrrad sowie den durchschnittlichen Preis der Fahrräder.

e Erstellen Sie eine Liste, die zu jedem angebotenen Fahrrad den Namen und die Summe der Bauteilkosten ausgibt.

f Der „normale" Verkaufspreis für ein Fahrrad soll das 1,5-fache des Wertes der Bauteile betragen. Erstellen Sie eine Preisliste für alle Fahrräder.

9 Datenbasen gut designt

In diesem Kapitel erweitern wir das Schulbibliotheksdatenbanksystem um den Ausleihvorgang. Danach halten wir Rückschau, wie sich unsere Beispieldatenbasis entwickelt hat, um zentrale Aspekte herauszuarbeiten, die zum Gelingen eines Datenbanksytementwurfs und seiner Realisierung beitragen.

Mehrere Exemplare eines Buchs

Wichtig für Frau Suchfix ist, dass durch das Datenbanksystem nicht nur Bücher, sondern auch die Ausleihvorgänge verwaltet werden. In ihren Überlegungen dazu stößt sie auf folgendes Problem: Von den meisten Büchern gibt es viele gleiche Exemplare. Bisher gab es zu jedem Exemplar eines Buchs eine Entleihkarte, auf der nicht nur der Buchtitel, sondern auch die Nummer und der Zustand des entliehenen Exemplars vermerkt sind. Wichtig war diese Karte bei Verlust oder Beschädigung eines Buchs. War es noch neuwertig, musste der Entleiher den vollen Preis ersetzen. War es bereits genutzt oder beschädigt, war der Ersatz entsprechend billiger.

? Wie werden die einzelnen Exemplare verwaltet?

Sicher macht es keinen Sinn, jedes Exemplar als Objekt der Klasse BUCH anzulegen. Alle Informationen, die für die Exemplare eines Buchs gleich sind (also alle bisherigen Attribute außer dem Schlüssel und der Exemplaranzahl), müssten dann so oft gespeichert werden, wie Exemplare vorhanden sind. Bei dieser Art der Mehrfachhaltung von gleichen Daten sind Fehler vorprogrammiert. Wesentlich sinnvoller ist es, zusätzlich zur Klasse BUCH auch eine Klasse EXEMPLAR festzulegen.

? Welche Attribute sollte die Klasse EXEMPLAR haben? Welcher Schlüssel eignet sich für die Tabelle EXEMPLAR?

Als Attribut hat die Klasse EXEMPLAR insbesondere den Zustand des Buchs mit den möglichen Werten „neuwertig", „gebraucht" und „beschädigt". Solche Datentypen, die aus einer Aufzählung angegebener Werte bestehen, nennt man › **Aufzählungstypen**.

› engl.: enumeration types – Aufzählungstypen

Die Exemplare eines Buchs können einfach durchnummeriert werden. Der Schlüssel für die Tabelle EXEMPLAR kann dann durch Kombination aus Buchnummer und Exemplarnummer festgelegt werden.

Die Ausleihe

Schüler können Bücher ausleihen. Dazu müssen von jedem Entleiher zumindest Name, Vorname und Klasse bekannt sein. Um die Schülerdatensätze eindeutig zu identifizieren, ist ein künstlicher Schlüssel sinnvoll, die Schülernummer. Bei öffentlichen Bibliotheken kommen noch weitere Daten für den Ausleiher dazu, z. B. Adresse, Telefonnummer und Geburtsdatum.

Die Ausleihverwaltung einer Bibliothek kann sehr kompliziert sein. Frau Suchfix weiß aus Erfahrung, dass für die Schule eine deutlich einfachere Vorgehensweise ausreichend ist. Bisher wurde auf der Entleihkarte eines Buchs der ausleihende Schüler mit Bleistift eingetragen. Bei der Rückgabe des Buchs wurde der Name wieder ausradiert.

1 Ausleihkarte

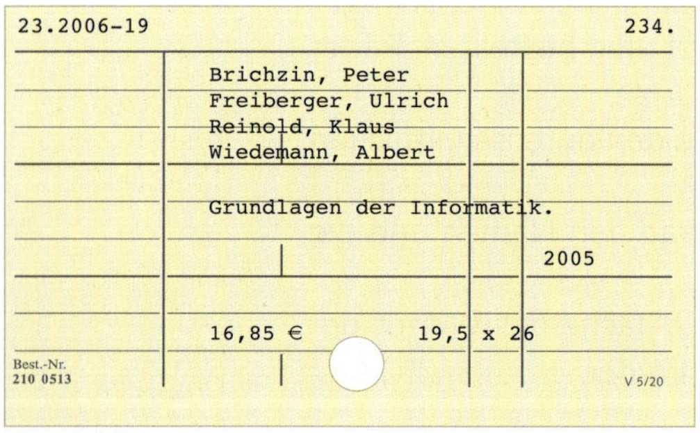
23.2006-19 234.
Brichzin, Peter
Freiberger, Ulrich
Reinold, Klaus
Wiedemann, Albert
Grundlagen der Informatik.
2005
16,85 € 19,5 x 26
Best.-Nr. 210 0513
V 5/20

Wie lässt sich diese Art des Ausleihvorgangs im Klassendiagramm modellieren? Welche Informationen sind bei einem Entleihvorgang wichtig? Welcher Klasse können sie als Attribute zugeordnet werden?

?

Das Ausleihen ist eine Beziehung zwischen einem Schüler und einem Exemplar eines Buchs. Ein Schüler kann mehrere Bücher gleichzeitig ausleihen. Ein Exemplar hingegen kann nur von einem Schüler zu einer Zeit ausgeliehen sein. Damit ist die Beziehung „ausgeliehen" eine 1:n-Beziehung. Diese lässt sich in der Datenbasis durch einen Fremdschlüssel in der Tabelle EXEMPLAR umsetzen.
Abbildung 2 zeigt das erweiterte Klassendiagramm der Schulbbibliothek der N.-J.-Lehmann-Schule in Infohausen.

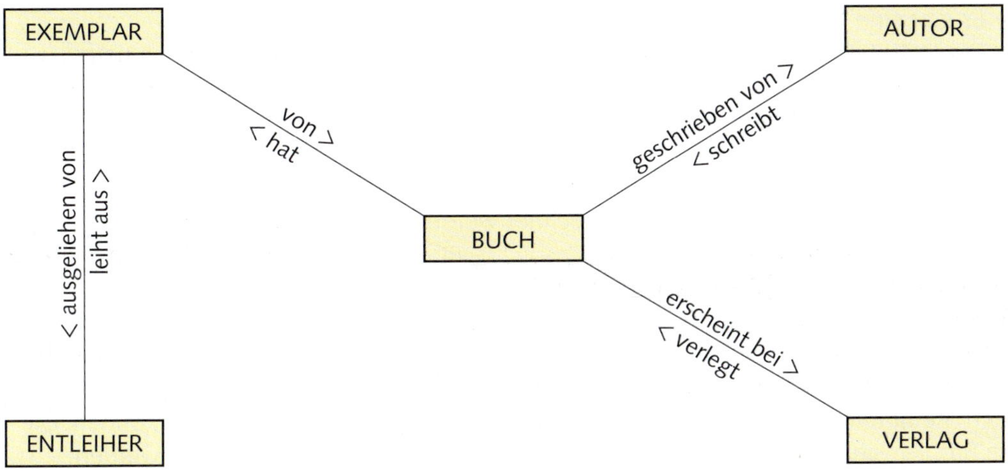

2 Klassendiagramm der Bibliotheksverwaltung

Die neuen Klassen und die zugehörigen Tabellendefinitionen haben dann folgendes Aussehen:

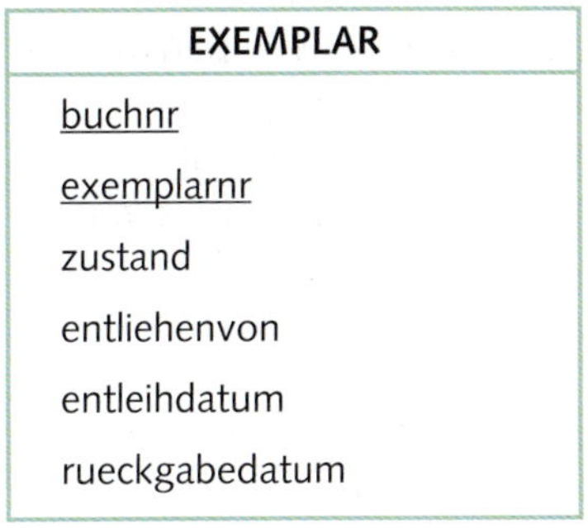

Klasse

	Feldname	Felddatentyp	
🔑	buchnr	Zahl	int
🔑	exemplarnr	Zahl	int
	zustand	Text	("neuwertig";"gebraucht";"beschädigt")
	entliehenvon	Zahl	int
	entleihdatum	Datum/Uhrzeit	
	rueckgabedatum	Datum/Uhrzeit	

Tabellendefinition

3 Die Klasse EXEMPLAR und ihre Umsetzung als Tabelle

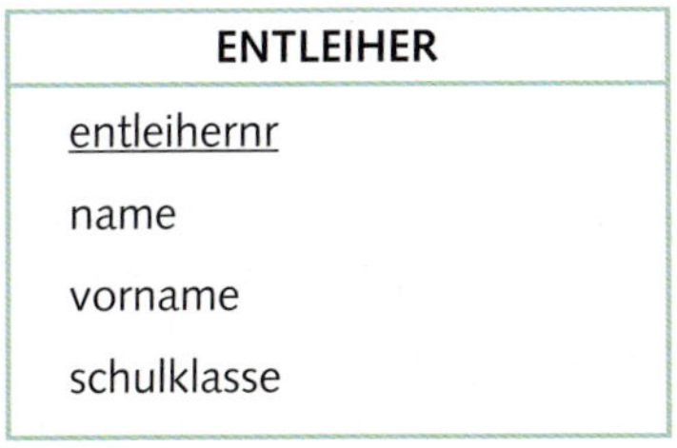

Klasse

	Feldname	Felddatentyp	
🔑	entleihernr	Zahl	int
	name	Text	(40)
	vorname	Text	(40)
	schulklasse	Text	(3)

Tabellendefinition

4 Die Klasse ENTLEIHER und ihre Umsetzung als Tabelle

Die Tabelle BUCH muss an die neue Situation angepasst werden. Das Feld exemplaranzahl ist durch die Beziehung „Buch hat Exemplar“ überflüssig geworden, da sich die Exemplaranzahl durch Zählen der Exemplare bestimmen lässt.

Datumsrechnungen

Jeden Montag kontrolliert Frau Suchfix, welche Bücher in der vorangegangenen Woche nicht zurückgegeben wurden, obwohl die Leihfrist abgelaufen ist. Damit das Datenbanksystem sie unterstützen kann, muss es mit Datumswerten rechnen können.
Der für Datumsverwaltungen zuständige Datentyp DATUM ist in der Art seiner Verwendung stark vom jeweiligen Werkzeug abhängig. Folgende grundlegenden Möglichkeiten sind aber immer vorhanden:

- Ein festes Datum lässt sich als Text angeben.
- Es gibt eine Funktion, die das aktuelle Tagesdatum liefert.
- Die Datumsbestandteile Tag, Monat und Jahr können aus einem Datum durch Funktionen ermittelt werden.
- Datumswerte können verglichen werden. Dazu nutzt man die bekannten mathematischen Vergleichsoperatoren.
- Von jedem Datum aus kann um eine bestimmte Anzahl von Tagen, Monaten oder Jahren voraus oder zurück gerechnet werden.

Eine „gute“ Datenbasis

Beim Erstellen der Bibliotheksdatenbasis wurden immer wieder neue Klassen identifiziert (Verlag, Autor, Exemplar). Jedesmal wurde dafür eine neue Tabelle angelegt, weil sonst Werte für ein Attribut eines Objekts an mehreren Stellen der Datenbasis gespeichert würden (**Redundanz**) oder nach bestimmten Daten nicht hätte gesucht werden können. Diese Problemsituationen können zu zwei typischen Fällen zusammengefasst werden:

1 Attributwerte von Objekten einer Klasse dürfen nicht als Teil der Felder einer Tabelle einer anderen Klasse gespeichert werden, da sie sonst mehrfach vorhanden wären. Für die Verlage muss eine eigene Tabelle angelegt werden, da sonst alle Verlagsdaten bei jedem Buch vorhanden wären. Auch für die Exemplare eines Buchs muss eine eigene Tabelle angelegt werden, da sonst bei jedem Exemplar alle Buchdaten wie Titel, ISBN usw. gespeichert werden müssten.
Forderung: Attributwerte von Objekten verschiedener Klassen müssen in eigenen Tabellen gespeichert werden.

2 Die Autoren eines Buchs können nicht beim Buch gespeichert werden, da man weder weiß, wie viele Autoren es gibt, noch nach ihnen suchen könnte, wenn sie in einem Feld zusammengefasst wären.
Forderung: Felder einer Tabelle dürfen nur elementare Daten enthalten.

Folgende Regeln helfen sicherzustellen, dass in einer Datenbasis die oben genannten Probleme nicht auftreten. Sie betreffen sowohl das Klassenmodell als auch seine Umsetzung in das Relationenmodell.

- Alle vorkommenden Klassen müssen identifiziert werden und zusammen mit ihren Beziehungen in einem Klassendiagramm festgehalten werden.
- Für alle in Abfragen wesentlichen Daten müssen eigene Attribute formuliert werden.
- Die Attributwerte der Objekte jeder Klasse werden in einer eigenen Tabelle gespeichert. Falls kein Attribut oder keine Gruppe von Attributen ein Objekt eindeutig identifiziert (natürlicher Schlüssel), muss ein künstlicher Schlüssel als weiteres Datenfeld angelegt werden.

- 1:1- oder 1:n-Beziehungen zwischen den Klassen werden gespeichert, indem man bei den Datensätzen der Objekte, die nur mit einem Objekt der anderen Klasse in Beziehung treten können, den Schlüssel des zugehörigen Datensatzes als Fremdschlüssel speichert. Bei 1:1-Beziehungen kann man den Fremdschlüssel beliebig einer der beiden Tabellen zuordnen.
- Für n:m-Beziehungen muss eine zusätzliche Tabelle angelegt werden. Diese enthält als Felder genau die Schlüssel (oder Schlüsselgruppen) der beiden zueinander in Beziehung tretenden Tabellen. Alle Felder zusammen bilden den Schlüssel dieser Beziehungstabelle.

Eine Datenbasis darf **keine Aufzählungen** innerhalb eines Datensatzes und **keine redundanten Daten** enthalten. Dazu müssen alle Klassen vollständig als eigene Tabellen umgesetzt werden. Die Beziehungen werden im relationalen Modell entsprechend ihrer Beziehungsart durch Fremdschlüssel oder als Beziehungstabellen gespeichert.

Aufgaben – Klasse EXEMPLAR

1 Neue Tabellen anlegen

a Legen Sie für die Klasse EXEMPLAR eine entsprechende Tabelle in Ihrem DBS an.

b Legen Sie für die Klasse ENTLEIHER eine entsprechende Tabelle in Ihrem DBS an.

c Vereinbaren Sie mindestens drei Schüler, die nicht alle in der gleichen Schulklasse sind, und erfassen Sie für mindestens drei Bücher mehrere Exemplare.

d Jeder Ihrer Schüler soll mindestens zwei Bücher ausgeliehen haben. Tragen Sie die entsprechende Information bei den Exemplaren ein.

2 Datenbestand kontrollieren

a Geben Sie für jedes Exemplar (buchnr, exemplarnr) an, von wem es gerade ausgeliehen ist (entleihernr). Was passiert mit den Büchern, die nicht ausgeliehen sind? Wie können Sie erreichen, dass nur die Bücher in Ihrer Ergebnistabelle erscheinen, die ausgeliehen sind?

b Erweitern Sie die Abfrage von a) so, dass für jedes entliehene Exemplar Titel des Buchs, Exemplarnummer sowie Name, Vorname und Schulklasse des Entleihers ausgegeben werden.

c Erstellen Sie eine Ergebnistabelle, die zu jedem Buch (Titel) anzeigt, wie viele Exemplare noch vorhanden, also nicht ausgeliehen sind.

Aufgabe – Datumsrechnung

3 Ausleihen überprüfen

a Informieren Sie sich, welche Funktionen für das Rechnen mit Datumswerten Ihr Datenbanksystem anbietet. Erstellen Sie für die wichtigsten eine Übersicht.

b Geben Sie für alle Bücher (buchnr, exemplarnr), die ausgeliehen sind und schon hätten zurückgegeben werden sollen, den Entleiher (entleihernr) und das eigentliche Rückgebedatum aus.

c Geben Sie alle Bücher (titel, exemplarnr) aus, die für länger als drei Wochen ausgeliehen wurden. Ordnen Sie die Ausgabe nach der Entleihzeit. (Tipp: Sie können zwei Datumswerte voneinander subtrahieren.)

Aufgaben – allgemein

4 Andere sind anderer Ansicht

Andere Bibliotheksverwalter als Frau Suchfix haben zum Teil andere Anforderungen an die Verwaltung des Ausleihvorgangs. Das erfordert eventuell ein anderes Klassendiagramm.

a Herr Ingenuo hat in seiner Bibliothek ein stark beschädigtes Buch. Deshalb will er die Frage beantworten können, welche Schüler dieses Exemplar in letzter Zeit ausgeliehen haben. Erweitern Sie das Klassendiagramm aus Abbildung 2 so, dass diese Information verwaltet werden kann.

b Erkundigen Sie sich über den Ausleihvorgang an Ihrer Schule und übertragen Sie ihn in ein Klassendiagramm wie in Abbildung 2. Für die Klassen müssen Sie auch deren Attribute angeben.

5 Redundanzen

Abbildung 6 in Kapitel 3 zeigt eine einfache Adressverwaltung mit einer Datentabelle. Wo sind hier redundante Daten? Finden Sie eine Stelle, wo sich dadurch ein Fehler eingeschlichen hat? Welche neuen Klassen bzw. Tabellen würden Sie einrichten, damit die Redundanzen vermieden werden?

Aufgabe – Grundwissen

6 Programmgrundstrukturen

Bereiten Sie einen Kurzvortrag über die Algorithmengrundstrukturen beim Programmieren vor. Wählen Sie zur Darstellung eine geeignete Form.

10 Datenkonsistenz

Die Datensätze einer Tabelle stehen meist in Beziehung zu Datensätzen anderer Tabellen. Deshalb kann unüberlegtes Ändern an einer Stelle fatale Folgen für die Brauchbarkeit der Datenbasis haben. Wie fehlerhafte Änderungen vermieden werden können, lernen wir in diesem Kapitel.

Ein Buch ohne Verlag

Frau Suchfix erfährt von einem anderen Bibliotheksverwalter, dass der Verlag Meise seinen Betrieb eingestellt hat und möchte deshalb den entsprechenden Datensatz in ihrer Tabelle VERLAG löschen.

? Welches Problem könnte nach einem Löschvorgang auftreten?

Es ist durchaus möglich, dass es in der Schulbibliothek ein Buch gibt, das im Verlag Meise erschienen ist. Nach dem Löschen des Verlags hat dieses Buch eine Verlagsnummer, zu der es keinen eingetragenen Verlag mehr gibt. Damit ist die Information in der Datenbasis fehlerhaft.

? Wie hätte dieser Fehler vermieden werden können?

Solche Fehler können sehr schnell passieren. Frau Suchfix hätte natürlich vor dem Löschen nachschauen können, ob es noch Bücher des Verlags Vogel in der Datenbasis gibt. Solche Überprüfungen werden aber in der Hektik des Arbeitsalltags nur zu oft vergessen. Besser wäre es daher, wenn das Datenbankmanagementsystem selber prüfen könnte, ob der Verlag ohne Probleme gelöscht werden darf.

Zu Fremdschlüsseln muss es Daten geben

Der oben beschriebene Fehler lässt sich leicht allgemein beschreiben. In einer Tabelle wurde ein Datensatz gelöscht, der in einer anderen Tabelle (oder auch in der gleichen Tabelle) als Fremdschlüssel verwendet (› **referenziert**) wird. Dadurch steht in einer Tabelle ein Bezug (eine Referenz) auf den gelöschten Datensatz (Abbildung 1). Das ist ein Fehler, denn jeder Fremdschlüsselwert muss in der angesprochenen Tabelle vorhanden sein. Diese Bedingung an die Daten in einer Datenbasis nennt man › **referenzielle Integrität**.
Eine wichtige Aufgabe bei der Datenpflege ist es, die referenzielle Integrität einer Datenbasis zu garantieren. Bücher können erst eingetragen werden, wenn der Verlag eingetragen ist. Bevor Exemplare angelegt werden, muss zuerst das Buch vorhanden sein. Ein Exemplar kann nur an Schüler ausgeliehen werden, die auch existieren usw. Umgekehrt darf kein Schüler gelöscht werden, der noch Bücher ausgeliehen hat, ein Verlag darf nicht gelöscht werden, wenn von ihm noch Bücher vorhanden sind.
Wie aber wird garantiert, dass diese Bedingungen eingehalten werden? Die einfachste aber unsicherste Lösung ist, dass der Benutzer selbst aufpassen muss, wenn er Änderungen wie das Löschen eines Verlags durchführt. Deutlich sicherer ist es, wenn das Datenbankmanagementsystem die referenzielle Integrität automatisch überwacht.

› Referenz = Beziehung

› Integrität = Makellosigkeit, Unverletzlichkeit, Unversehrtheit

Fremdschlüsselangaben

Bisher weiß nur der Ersteller der Datenbasis, welche Felder Fremdschlüssel darstellen. Damit das Datenbankmanagementsystem die referenzielle Integrität überwachen kann, muss angegeben werden, welche Datenfelder Fremdschlüssel enthalten und in welcher Tabelle sie Schlüssel sind. Diese Information kann bei der Tabellenvereinbarung angegeben, aber auch noch später hinzugefügt werden.

buchnr	titel	fachbereich	verlagnr	isbn
1	Grundlagen der Informatik	INF	1	978348600
2	Mathematik 9	MA	2	97832378
3	Erlebnis Physik	PH	2	97832345
4	Grundlagen der Informatik II	INF	1	978348600
5	Lesestoff Deutsch	DE	3	97831237
6	Nathan der Weise	DE	2	97832358

verlagnr	kurzname	
1	Oldenbourg	Oldenbourg
2	Kohlrabe	Kohlrabe Ve
3	Meise	Meise Verla
4	Bachstelze	Bachstelze

1 Existierende Referenzen

Wie soll das Datenbankmanagementsystem reagieren, wenn versucht wird, einen Datensatz zu löschen, der noch von einem Fremdschlüssel referenziert wird? Im Beispiel mit dem Verlag Meise ist diese Frage sehr einfach zu beantworten: Die Löschung muss unterbunden werden. Nicht so eindeutig ist die Situation, wenn ein Buch gelöscht wird, von dem noch Exemplare gespeichert sind. Hier ist es natürlich auch korrekt, wenn die Löschanweisung mit einer Fehlermeldung abgebrochen wird. Es macht aber auch Sinn, wenn mit dem Buch gleichzeitig alle dazu gehörenden Exemplare gelöscht werden. Welches Verhalten gewünscht ist, kann nur der Ersteller der Datenbasis entscheiden. Daher erlauben moderne DBMS eine Auswahl aus mehreren Möglichkeiten:

- Der Datensatz kann nicht gelöscht werden, wenn er noch referenziert ist,
- der referenzierende Datensatz wird ebenfalls gelöscht oder
- der Fremdschlüssel im referenzierenden Datensatz wird auf den Wert NULL gesetzt.

Die letzte Variante könnte z. B. dazu verwendet werden, dass beim Löschen von Entleihern automatisch bei allen von ihnen ausgeliehenen Büchern der Wert des Feldes „entliehenvon" wieder auf NULL gesetzt wird. Dies ist unter der Bedingung sinnvoll, dass sichergestellt ist, dass Schüler beim Abgang aus der Schule alle Exemplare zurückgegeben haben. In Beziehungstabellen werden ebenfalls Fremdschlüssel verwendet, sodass hier dieselben Überlegungen gelten. Zu beachten ist nur, dass es durch Setzen auf NULL schnell zu unerlaubten Schlüsseln in der Beziehungstabelle kommen kann.
Wenn der Schlüsselwert eines Datensatzes geändert wird, lassen sich in analoger Weise die drei beschriebenen Möglichkeiten für die Anpassung eventueller Fremdschlüsselwerte vereinbaren.
Viele Datenbankwerkzeuge erlauben es, die Tabellen zusammen mit den Fremdschlüsselbeziehungen grafisch darzustellen.

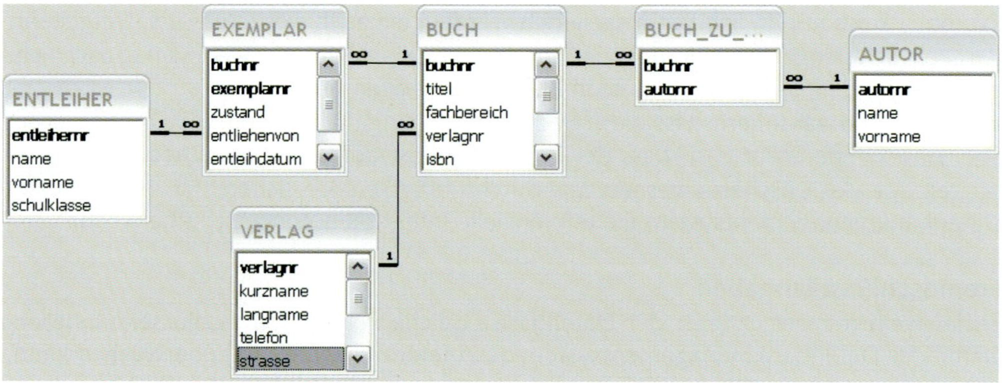

2 Fremdschlüsselbeziehungen der Schulbibliothek

Ein Datenbanksystem kann aber nicht alles

Außer der Überwachung der referenziellen Integrität der Daten kann ein Datenbanksystem auch in einigen Fällen den Wertebereich von Feldern überprüfen. Dies gilt insbesondere bei Aufzählungsfeldern wie dem Zustand eines Buchexemplars, der die Werte „neuwertig", „gebraucht" und „beschädigt" annehmen kann.

L2

Da es in DBMS aber keinen Datentyp für ISBN gibt, kann dieser auch nicht auf Korrektheit überprüfen werden. Diesen Test, für den jede ISBN eine Kontrollziffer hat, muss die Bedieneroberfläche durchführen. Ähnliche Probleme gibt es bei Postleitzahlen, Erscheinungsjahren der Bücher usw. Auch hier muss die Bedieneroberfläche › **Plausibilitätstests** durchführen, um zumindest grobe Tippfehler zu unterbinden.

› lat.: plausibilis – Beifall verdienend, für annehmbar geltend

Referenzielle Integrität der Daten bedeutet, dass für jeden Fremdschlüsselwert auch ein Datensatz mit diesem Schlüsselwert existiert.
Durch die Angabe von **Fremdschlüsselbedingungen** können Datenbanksysteme die referenzielle Integrität sicherstellen.
Beim Versuch, einen referenzierten Schlüssel zu löschen, kann das Datenbanksystem die Löschung verbieten, den referenzierenden Datensatz ebenfalls löschen oder den referenzierenden Fremdschlüssel auf den Wert NULL setzen.
Beim Ändern eines referenzierten Schlüssels bestehen ähnliche Möglichkeiten.

Aufgaben

1 Fremdschlüssel anlegen

Legen Sie die Fremdschlüssel gemäß den in Abbildung 2 eingetragenen Beziehungen an. Alle Schlüsseländerungen sollen dabei auf die Fremdschlüssel übertragen werden. Das Löschen referenzierter Schlüssel soll verboten sein; Ausnahme: Wird ein Schüler gelöscht, soll gegebenenfalls das Feld entliehenvon in der Tabelle EXEMPLAR auf NULL gesetzt werden.

W1
W2

2 Integritätskontrolle testen

a Löschen Sie einen Verlag, von dem Bücher eingetragen sind. Was geschieht?

b Löschen Sie einen Schüler, der Bücher entliehen hat. Was geschieht hier?

c Ändern Sie die Nummer eines Autors. Sie müssen dabei eine neue Nummer wählen. Überprüfen Sie die Änderungen in der Tabelle BUCH_ZU_AUTOR.

3 Fremdschlüssel gesucht

Eine Bücherei verwendet für die Verwaltung der Ausleihen eine zusätzliche Tabelle AUSLEIHE, um die Ausleihen gegebenenfalls zurück verfolgen zu können. Außerdem nutzt sie die ISBN als Schlüssel für die Bücher, da im Bestand keine älteren Bücher ohne ISBN vorhanden sind. Die Tabellenvereinbarungen in Abbildung 3 geben den für die Aufgabe wesentlichen Teil der Tabellen wieder. Die Schlüssel sind durch Unterstreichung gekennzeichnet.

LESER
lesernr
name
vorname
wohnort

BUCH
isbn
titel
verlag

EXEMPLAR
isbn
exemplarnr
standort

AUSLEIHE
lesernr
isbn
exemplarnr
datum

***3** Ausriss aus Tabellendefinitionen*

a Geben Sie an, welche Beziehungen zwischen den Klassen LESER, BUCH, EXEMPLAR und AUSLEIHE bestehen.

b Durch welche Fremdschlüssel werden diese Beziehungen in den Tabellen realisiert?

Aufgabe – Grundwissen

4* Klassendiagramme

Ordnen Sie folgende Begriffe in ein Klassendiagramm nach Ober- und Unterklassen: Mountainbike, Flugzeug, Cabriolet, Fahrrad, Transportmittel, Auto, Rennrad, Segelflugzeug, Fahrzeug.

11 Datensicherheit und Datenschutz

Bibliotheksverwaltungen an anderen Schulen

Letzte Woche hat Frau Suchfix eine Fortbildung für Bibliotheksverwalter besucht. Bei solchen Veranstaltungen lernt man auch immer viel durch Gespräche mit Kollegen. So unterhielt sich Frau Suchfix lange mit Herrn Ingenuo von der Nachbarschule. Dort haben sie schon vor einem Jahr ein Datenbanksystem eingeführt und er konnte ihr einige Tipps geben.
So lobte Herr Ingenuo den Internetanschluss seines Computers. Damit kann er auch von zu Hause noch Arbeiten erledigen, die er am Vormittag nicht geschafft hat. Im Moment gibt es nur einen Zugang mit vollem Zugriff auf das System, aber im nächsten Schuljahr soll es für Leser die Möglichkeit geben, über Internet abzufragen, welche Bücher verfügbar und welche entliehen sind. Herr Ingenuo gab Frau Suchfix die Zugangsdaten, damit sie sich selbst ein Bild machen kann. Gerne könne sie sich auch die Datenbasis herunterladen. Dort sieht man einige Details, die von Vorteil sind. Beispielsweise wird beim Entleiher gespeichert, ob er die Ausleihfrist für ein Buch um mehr als 10 Tage überzogen hat, oder ob er ein Buch beschädigt hat. Damit kann man diesen Entleiher bei der Häufung solcher Probleme vom Bibliotheksbetrieb ausschließen. Weiterhin wird festgehalten, ob ein Schüler durchgefallen ist. Dies lässt sich leicht am Schuljahresanfang feststellen, da sich ja die Klassenstufe nicht ändert. Sein Plan für die Zukunft ist es, das Bibliotheksdatenbanksystem mit der Schülerverwaltung zu vernetzen. Dann lassen sich die Informationen wie aktuelle Klasse oder Wiederholer automatisch übernehmen.
Mit dem Internetzugang hatte Herr Ingenuo vor vier Monaten ein Problem. Ein Virus wurde eingeschleppt, weil Herr Ingenuo die E-Mail eines Bekannten ohne Prüfung geöffnet hat. Leider hat der Virus einen Teil der Daten gelöscht. Mühselig musste Herr Ingenuo die Daten wieder ergänzen. Seitdem wird die Datenbasis alle 14 Tage auf einer CD gespeichert. So sammeln sich zwar im Laufe des Schuljahres einige CDs an, aber ganz hinten in der Bibliothek ist noch ein Regalfach frei, in dem der CD-Stapel abgelegt wird und wo er niemanden stört.

? Welche Maßnahmen von Herrn Ingenuo sind sinnvoll, welche sollten hinterfragt werden? Wäre ein ähnliches Vorgehen wie das von Herrn Ingenuo auch bei dem Datenbanksystem einer Versicherung möglich?

Schutz der persönlichen Daten

Einiges aus dem Gespräch mit Herrn Ingenuo erscheint Frau Suchfix seltsam. Deshalb unterhält sie sich mit dem Datenschutzbeauftragten ihrer Schule. Einen Datenschutzbeauftragten gibt es in jeder Organisation bzw. Firma mit mehr als vier Mitarbeitern, wenn eine elektronische Datenverarbeitung eingesetzt wird. Seine Aufgabe ist es, vor Missbrauch personenbezogener Daten zu schützen. Herr Ingenuo hat persönliche Daten über einige Schüler gespeichert, obwohl er als Bibliotheksverwalter dazu nicht befugt ist. Dies ist nach dem Bundesdatenschutzgesetz verboten und wird vom Gesetzgeber bestraft. Selbstverständlich können persönliche Daten auch gespeichert werden, aber die betreffenden Personen müssen darüber informiert werden. Jede Person hat das Recht zu kontrollieren, welche Daten über sie wo gespeichert werden.
Die Verwaltung jeder Schule speichert für sie notwendige persönliche Daten von Schülern wie Namen, Adressen, Telefonnummern usw. und jeder Erziehungsberechtigte darf die Daten einsehen. Jedoch dürfen Informationen wie das Einkommen der Eltern nicht gespeichert werden.

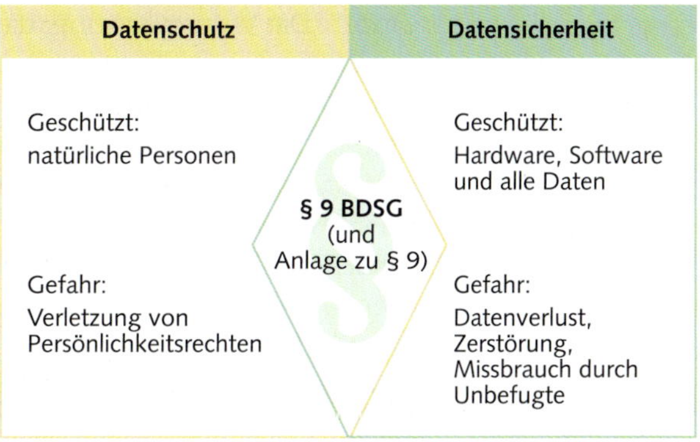

1 Datenschutz und Datensicherheit

Der **Datenschutz** ist eng verzahnt mit der **Datensicherheit**. Der Datenschutzbeauftragte ist somit auch für Maßnahmen verantwortlich, Daten vor unberechtigtem Zugriff zu schützen, d. h. zu verhindern, dass die Daten verfälscht, missbraucht oder zerstört werden können. Hier hat Herr Ingenuo erneut gegen das Bundesdatenschutzgesetz verstoßen. Zwar hat er durch die Datensicherung auf CD einen Verlust ausgeschlossen, aber da die CDs in der hintersten Ecke der Bibliothek liegen, könnten Schüler sich diese „ausleihen", die Daten kopieren und z. B. in der Schülerzeitung Namen der Schüler veröffentlichen, die häufig die Leihfrist überzogen haben. Weiterhin hat Herr Ingenuo Frau Suchfix, die nicht zu seiner Schule gehört, die Zugangsdaten zum Schulcomputer gegeben. Mit vollen Zugriffsrechten könnte Frau Suchfix Daten verfälschen oder löschen.
Selbstverständlich hat Frau Suchfix dies nicht im Sinn und teilt Herrn Ingenuo diese Mängel mit, damit er sie abstellen kann.

Benutzerrechte

Ein zentraler Mechanismus für den Schutz vor illegalem Zugriff auf Daten ist die Vergabe von **Zugriffsrechten** an bestimmte Benutzer / Benutzergruppen, d. h. eine Regelung, welcher Benutzer welche Daten sehen kann und welche er verändern darf.
So haben die Angestellten vom Fahrradverleih zwar die Möglichkeit, neue Kundendaten oder Fahrraddaten anzulegen bzw. zu löschen, aber z. B. die Veränderung der Preisgruppen ist nur dem Chef Herrn Fahrviel möglich. Auf die Daten der betriebsinternen Tabellen wie Angestelltendaten, Buchhaltungsdaten usw. dürfen nur Mitarbeiter der Personalabteilung zugreifen. „Normale" Angestellte sehen diese Tabellen nicht einmal.

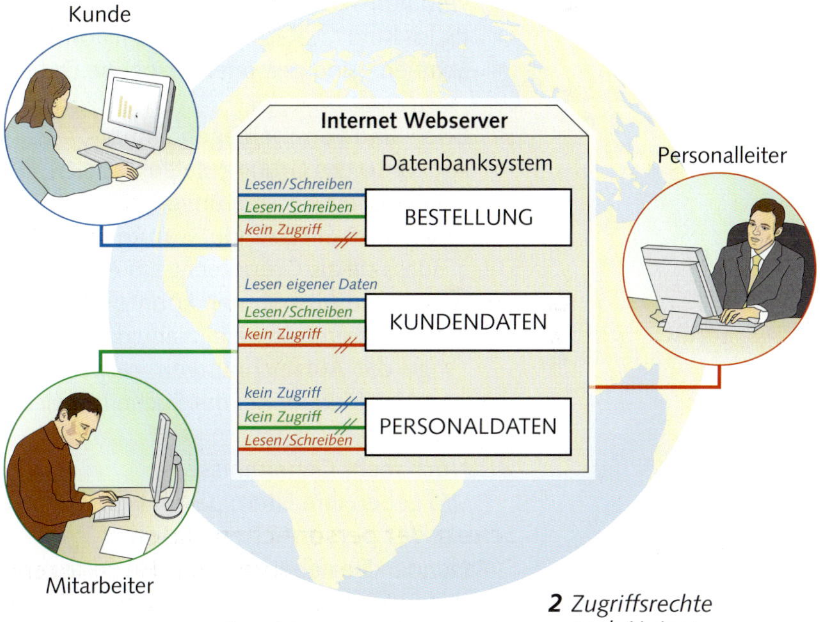

2 Zugriffsrechte nach Nutzer

Moderne Unternehmen erlauben den Kunden sogar den Zugriff auf ihre Datenbankrechner über das Internet, natürlich mit den passenden Einschränkungen. Nur ein › **Hacker**, der sich, nachdem er einen › Kundenaccount samt Passwort ausgespäht hat, direkten Zugang zum Serverrechner verschafft hat, könnte die Daten aller Kunden manipulieren oder auslesen.

› hacker – Computereindringling

› engl.: account – Konto

Benutzerrechte bei Computern

Die bisher für Datenbanken diskutierten Benutzerrechte gibt es bei vielen Betriebssystemen auch für jeden Computer. Damit kann verschiedenen Benutzern auf einem Rechner immer nur ein Teil des Dateisystems zugänglich gemacht werden.
Zur Verwaltung der Computer gibt es in jedem Betriebssystem einen „Superbenutzer", der auf diesem Computer alles darf. Dieser Benutzer heißt oft **„Administrator"** oder

> › engl.: root – Wurzel, Superbenutzer

› **„root"**. Die Verantwortung, die man hat, wenn man als „root" angemeldet ist, ist natürlich sehr groß. Vor allem, wenn auf diesem Rechner ein Datenbanksystem installiert ist, kann es leicht passieren, dass es durch unsachgemäßes Vorgehen auf der Betriebssystemebene durch den Administrator zerstört wird.

> Ziel des **Datenschutzes** ist der Schutz der Person vor unbefugter Erhebung, Speicherung und Weiterleitung ihrer personengebundenen Daten.
> Ziel der **Datensicherheit** ist es, das System und alle gespeicherten Daten vor Verlust oder Missbrauch zu schützen
> **Benutzerrechte** in Informatiksystemen schützen vor illegalen Zugriffen auf Daten.

Aufgaben – Datenschutz, Datensicherheit

1 Personenbezogene Daten

Nennen Sie Beispiele, in denen personenbezogene Daten von Ihnen oder Ihren Eltern gespeichert werden. Beachten Sie: Zu den personenbezogenen Daten gehören nicht nur Informationen zur Person wie Name, Alter und Einkommen. Auch Eigentumsverhältnisse wie Kraftfahrzeug der Marke xy oder Kosumverhalten wie „Geht häufig ins Kino", „Kauft Science-Fiction-Romane" oder „Fährt häufig zum Klettern nach Spanien" sind personenbezogene Daten.

2 Brief- und Fernmeldegeheimnis

Artikel 10 des Grundgesetzes lautet: „Das Briefgeheimnis sowie das Post- und Fernmeldegeheimnis sind unverletzlich."

a Nennen Sie Gründe, warum diese „Geheimnisse" als so wichtig erachtet werden, dass sie als Grundrecht am Anfang des Grundgesetzes verankert sind.
b Welche Ausnahmen könnte es geben diese Grundrechte aufzuheben?
c Informieren Sie sich, wann die Polizei Telefongespräche abhören darf und wie lange die Aufzeichnungen gespeichert werden dürfen. (Das Stichwort „Lauschangriff" kann bei der Suche hilfreich sein.)

3 Noch mehr Geheimnisse

Wo geben Ihre Eltern persönliche Daten an, die nicht für die Öffentlichkeit bestimmt sind?
Nennen Sie neben dem Briefgeheimnis weitere Regelungen, die die Weitergabe bzw. das Ausspähen von personenbezogene Daten verbieten.

4 Der gläserne Mensch

a „Statt Geheimhaltung sollte jederzeit Offenheit herrschen und ich kann mir gut den Tag vorstellen, an dem zwei Menschen keinerlei Geheimnisse mehr voreinander haben, weil sie vor niemanden mehr Geheimnisse haben werden, weil das subjektive Leben, genau wie das objektive, völlig offen geworden sein wird."
Diskutieren Sie diese Aussage des französischen Schriftstellers und Philosophen Jean Paul Sartre.
b Viele Kaufhäuser, Supermärkte und andere Handelsunternehmen bieten Kundenkarten an, mit denen man beim Einkauf Bonuspunkte sammeln kann. In den Werbeunterlagen preisen die Unternehmen die Vorteile für den Kunden an, denn bei genügend Punkten erhält man Artikel geschenkt.

Welche datenschutzrechtlichen Bedenken könnte man bei solchen Kundenkarten haben? Folgende Hinweise können Ihnen bei der Suche nach einer Antwort helfen:

- Um eine Bonuskarte zu erhalten, muss man den vollständigen Namen, Adresse, Geburtsdatum und E-Mail-Adresse angeben. Darüber hinaus können freiwillig weitere Angaben wie Familienstand, Anzahl der Kinder, Nettoeinkommen usw. angegeben werden.
- Bei jedem Einkauf werden die Daten über das Produkt und den Einkaufsort zur Gutschrift der Punkte an eine Sammelstelle übermittelt.
- Im Sammelsystem einer Bonuskarte sind in der Regel mehrere Unternehmen vertreten, teilweise auch Dienstleiser, die Werbekampagnen durchführen.

5 Technische und organisatorische Maßnahmen zum Datenschutz

a In „Zum Weiterlesen 4" ist das Bundesdatenschutzgesetz zitiert. Suchen Sie dort technische und organisatorische Maßnahmen, die Betriebe zum Datenschutz und zur Datensicherheit durchführen sollen. Nennen Sie die acht Maßnahmen und beschreiben Sie diese jeweils kurz.

b Begründen Sie, warum die in a) beschriebenen Maßnahmen nicht in jedem Betrieb mit der gleichen Strenge bzw. Intensität durchgeführt werden.

c Stellen Sie sich vor, Sie sind der Datenschutzbeauftragte in einer Schule. Welche Maßnahmen aus a) würden Sie Frau Suchfix und Herrn Ingenuo vorschreiben? Verwenden Sie folgende Grundsätze in der Begründung zu Ihrer Maßnahmen:

- Grundsatz der Verhältnismäßigkeit: Die Maßnahmen zur Datensicherheit sollten in einem angemessenen Verhältnis zum Schutzzweck stehen.
- Grundsatz der Datensparsamkeit: Die Gestaltung und Auswahl von Datenverarbeitungssystemen muss sich an dem Ziel ausrichten, keine oder so wenig personenbezogene Daten wie möglich zu erheben, zu verarbeiten oder zu nutzen. Soweit es möglich ist, sollten Daten pseudonymisiert werden.

Aufgaben – Benutzerrechte

6 Superbenutzer

Warum hat jeder Systembetreuer zusätzlich zum „root"-Benutzerkonto fast immer auch ein „normales" Benutzerkonto mit eingeschränkten Rechten?
Warum gibt es nur wenige Leute, die das „root"-Passwort eines Systems kennen?

7 Hackerangriff

Das Ziel eines jeden Hackers ist es, „root"-Rechte auf dem von ihm angegriffenen System zu erlangen. Was sind mögliche Folgen, wenn dies z. B. bei einem Krankenhausdatenbanksystem, beim Kontoverwaltungsrechner einer Bank oder beim Verwaltungsrechner eines Betriebs passiert?

8 Betriebssystemschwächen

Bei den Windows-Betriebssystemen bis einschließlich Windows ME gibt es keine Benutzerrechte. Jeder ist quasi „root", jeder darf alles. Auch unter Windows XP (das Benutzerrechte kennt) arbeiten fast alle Heimbenutzer als „Computeradministrator". Welche Auswirkungen hatte und hat dies auf die Verbreitung von Schadprogrammen wie Viren und Würmern?

9 Schutz vor Datenverlust

a Nennen Sie Situationen, in denen der Verlust von gespeicherten Daten problematisch sein kann.

b Nennen Sie vier Möglichkeiten, wie man Daten einer Festplatte sichern kann, um bei einem Defekt der Festplatte die Daten nicht zu verlieren.

Hinweis: Für die Datensicherung verwendet man oft den engl. Ausdruck › **Backup**.

› engl.: Backup; Datensicherung

c Backups sollte man regelmäßig durchführen. Nennen Sie Ihrer Meinung nach sinnvolle Zeitintervalle von einem zum nächsten Backup für Daten auf einem Privatrechner, Daten auf dem Schulserver, Daten einer Bank, Daten des Fahrradladens. Erkundigen Sie sich bei Ansprechpartnern in Ihrer Umgebung.

Aufgabe – Grundwissen

10 Austausch von Information – E-Mail

Wie funktioniert der Versand einer E-Mail? Erklären Sie möglichst anschaulich, welche Stationen eine elektronische Nachricht auf dem Weg vom Sender zum Empfänger passieren muss.

12 Anwendungsbeispiel

Zur Vertiefung der erworbenen Kenntnisse und Übung der erlernten Fähigkeiten soll nun eine Datenbanklösung vollständig entwickelt werden. Die Wahl des Themas kann von den Wünschen und Ideen der Schüler geprägt sein. Im Folgenden ist ein Beispiel näher aufgeführt. Es eignet sich auch für eine zusammenfassende selbständige Arbeit.

Design von Anfang bis zum Ende

Bei den beiden bisher verwendeten Beispielen „Schulbibliotheksverwaltung“ und „Fahrradladen“ wurden die Möglichkeiten des Datenbankdesigns schrittweise anhand kleiner, klar umrissener Problemstellungen erkundet. Gleichzeitig wurden mit der detaillierteren Datenhaltung immer feingliedrigere Abfragen an die Datenbasis möglich.

In diesem Kapitel ist eine Situationen beschrieben, bei deren Bearbeitung aus den bekannten Möglichkeiten gezielt die für die Umsetzung sinnvollen Verfahren ausgewählt werden müssen. Dabei ist zu beachten, dass es an vielen Stellen mehrere, gleich „sinnvolle“ Lösungsvarianten gibt. Man sollte sich nicht sofort mit der ersten gefundenen Lösung zufrieden geben, sondern Vor- und Nachteile verschiedener Lösungsmöglichkeiten vergleichen und diskutieren.

Beispiel: Sport im Zeitalter der EDV

Ein Sportverein möchte seine Mitgliederverwaltung auf EDV umstellen, um den Verwaltungsaufwand zu reduzieren. Speziell soll zur Einsparung von Druck- und Portokosten jedem Mitglied nur die Information zugesandt werden, die für die von ihm betriebenen Sportarten von Bedeutung ist. Eine spätere Umstellung auf elektronischen Postversand soll möglich sein. Auch lässt sich damit leichter der seit langem geplante, gestaffelte Mitgliedsbeitrag einführen.

Der Vorstand analysiert die Vereinsstrukturen und kommt dabei zu folgendem Klassendiagramm:

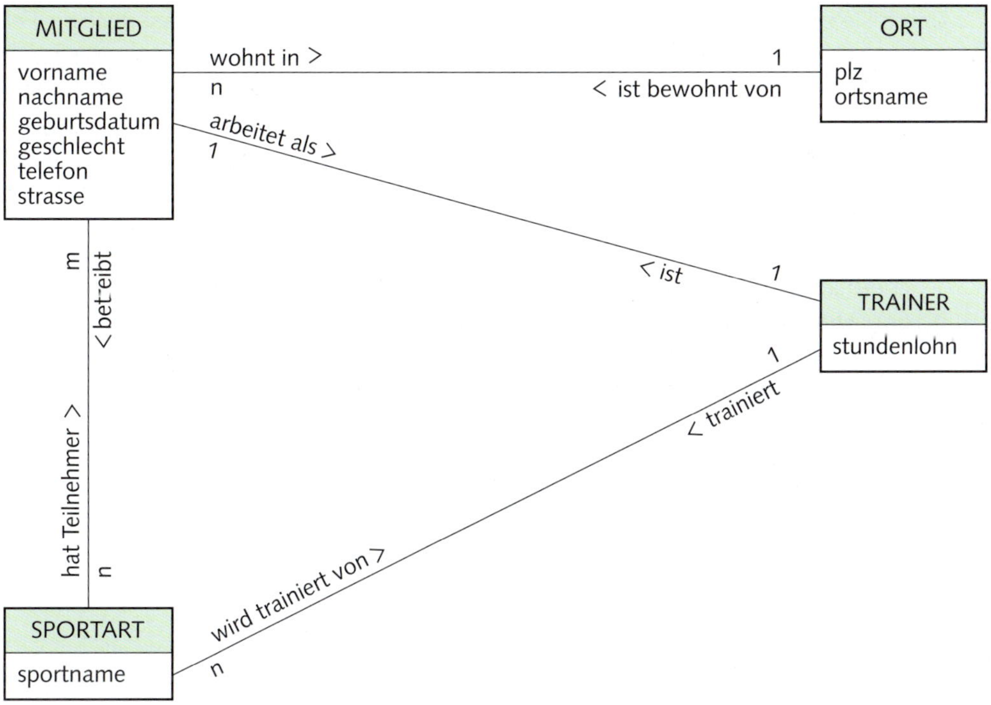

1 Klassendiagramm

Dazu gelten folgende Zusatzinformationen:

- Jeder Trainer muss aus versicherungstechnischen Gründen ein Vereinsmitglied sein.
- Der jährliche Vereinsbeitrag errechnet sich aus einem Grundbetrag von 25,00 € zuzüglich dem speziellen Beitrag für die einzelnen Sportarten, die das Mitglied betreibt.

Umsetzung in die Datenbasis

Der beauftragte Informatiker hat sich für die Umsetzung des Klassendiagramms in die Datenbanktabellen schon einige grundsätzliche Gedanken gemacht:

- Bei der Umsetzung werden für alle Tabellen künstliche Schlüssel angelegt.
- Für die Datenfelder sind geeignete Datentypen festzulegen, sodass das Datenbanksystem Eingaben zumindest grob prüfen kann. Die Beziehungen sind wie gewohnt zu realisieren.
- Die 1:1-Beziehung „arbeitet als" zwischen Mitgliedern und Trainerposten bedeutet umgangssprachlich formuliert: „Ein Vereinsmitglied kann Trainer sein (oder auch nicht)." Für die Übertragung dieser Beziehung ins Tabellenschema muss der Fremdschlüssel beim Trainer gespeichert werden.

Hinweis: Bei der Beziehung MITGLIED – TRAINER kann der Fall 0:1 auftreten.

Aufgaben – Sportverein

1 Relationenmodell

Entwerfen Sie ein Relationenmodell zum Klassendiagramm in Abbildung 1 und zu den sonstigen Vorgaben. Achten Sie dabei auf die Bemerkungen unter „Umsetzung in die Datenbasis". Tragen Sie in Ihr Modell die Fremdschlüsselbeziehungen und die Datentypen für die Tabellenfelder ein.

Damit Sie die Beispieldaten (siehe Aufgabe 3) verwenden können, müssen Sie die Felder in der richtigen Reihenfolge anlegen. Zuerst den Schlüssel, dann die angegebenen Attribute in der Reihenfolge des Klassendiagramms und schließlich die Fremdschlüssel zu Realisierung der Beziehungen. Bei der n:m-Beziehung steht zuerst das Mitglied.

2 Datenbasis definieren

a Vereinbaren Sie die Tabellen zur Vereinsdatenbasis in Ihrem Datenbankmanagementsystem. Überlegen Sie dabei insbesondere, wie Sie in der Datenbasis speichern können, dass eine Sportart zurzeit keinen Trainer hat.

b Ergänzen Sie die Tabellendefinition durch die Vereinbarung der Fremdschlüsselbeziehungen. Überlegen Sie dabei, wie das Datenbanksystem auf den Versuch des Änderns oder Löschens eines referenzierten Datensatzes reagieren soll.

3 Jede Menge Abfragen

Den folgenden Abfragen liegen die in dem Musterdatenbanksystem definierten Daten zu Grunde. Sie können entweder auf das Musterdatenbanksystem zugreifen oder sich von Ihrem Lehrer die passende Datei mit den Daten geben lassen. Voraussetzung dafür ist, dass Sie das gleiche Modell wie die Musterdatenbasis verwenden (siehe auch Aufgabe 1).

a Welche Postleitzahlen hat Dresden?
b Welche Sportarten gibt es in dem Verein?
c Wie viele Mitglieder hat der Verein im Moment?
d Wie viele Mitglieder davon sind männlich (m), wie viele weiblich (w)?
e Welche Sportarten treibt Albert Loy?
f Welchen Stundenlohn bekommt der Handball-Trainer?
g Wie heißt er?
h Welche Sportarten trainiert Herr Maier?
i Erstellen Sie eine alphabetische Liste aller Sportarten mit ihren Trainern (Name der Sportart, Vor- und Nachname des Trainers).
j In welcher Sportart bekommt der Trainer 150 € Stundenlohn oder mehr?
k Welche Sportart unterrichtet die Aerobic-Trainerin noch?
l Geben Sie Namen und Adresse der Mitglieder der Karate-Gruppe an.
m Welche Mitglieder, die Huber heißen, wohnen in derselben Straße?
n Welche Mitglieder kommen aus Freiberg?
o Gibt es in Pirna einen Fußball-Spieler?
p Bei welchem Trainer bzw. welchen Trainern treibt Fridolin Sport?
q Welche Mitglieder sind älter als 50 Jahre?
r Gibt es Mitglieder, die jünger als 5 Jahre sind?
s Welcher Vorname kommt am häufigsten vor?
t Welchen Beitrag muss Klaus Manny zahlen (Grundbetrag)?
u Geben Sie eine Liste aus, die für jedes Mitglied Vorname, Name, Straße, PLZ, Ortsname und Jahresbeitrag enthält (Grundbetrag).
v Geben Sie die Liste von u) für Beiträge über 400 € nach dem Beitrag sortiert aus.
w Erzeugen Sie eine Liste mit Vorname, Nachname und Geburtstag aller Vereinsmitglieder, die in den nächsten vier Wochen Geburtstag haben.
x Sortieren Sie die Liste von w) so, dass die Mitglieder in der Reihenfolge ihrer Geburtstage genannt werden.
y Löschen Sie die Datenbasis.
z Beginnen Sie wieder bei a).

Zum Weiterlesen

1 Aus der Praxis: Große Datenbanksysteme

Wenn mehr als überschaubar viele Daten gespeichert sind oder die Strukturen der Datenbasis sehr komplex sind, werden die Vorteile eines Datenbanksystems richtig deutlich. Leider ist die Erstellung solch großer DBS für Unterrichtszwecke sehr aufwändig und an „originalen" Datenbeständen darf verständlicherweise kein Schüler „spielen". Aus diesem Grund stellen wir hier zwei Beispiele zur Nutzung im Unterricht vor.

Sächsische Schuldatenbank

Das Sächsische Staatministerium für Kultus stellt öffentliche Informationen zu allen staatlichen und freien sächsischen Bildungseinrichtungen in einer einheitlichen Datenbasis (http://www-db.sn.schule.de) über das Internet bereit. In der Datenbasis sind Informationen zu über 2500 Einrichtungen gespeichert. Über eine Nutzeroberfläche kann jeder in der Datenbasis suchen oder vordefinierte Abfragen ausführen.

1 Startseite sächsische Schuldatenbank

Diese gepflegte Datenbasis eignet sich sehr gut, um Auswerteaufgaben online zu üben. Solche oder ähnliche Aufgaben sind möglich:

a Welche öffentliche Mittelschulen gibt es in Leipzig?
b Welche Schulen haben den Namen „Goethe"?
c Welche Schulen in Sachsen liegen an einer Schulstraße?
d Welche Schulen haben keine E-Mail-Adresse?
e Wie heißt die Schule mit der Telefonnummer 512266?
f Wie viele Gymnasien gibt es im Mittleren Erzgebirgskreis?

Terra – Datenbanksystem

Die Terra-Datenbasis (http://www.sn.schule.de/terra) stammt aus dem Werk Dürr, M., Radermacher, K.: „Einsatz von Datenbanksystemen – Ein Leitfaden für die Praxis". Berlin u. a.: Springer-Verlag 1990. Sie dient ausschließlich zu Lehrzwecken der Informatik – nicht der Geografie! Der Datenbestand wird in unregelmäßigen Abständen gepflegt, aber auch aus Fehlern in einer Datenbasis kann man viel über die Funktionsweise eines DBS lernen.

Die Terra-Datenbasis besteht aus rund 20 Tabellen, die in zwei Gruppen unterteilt werden können. Einerseits gibt es Tabellen wie LAND, STADT, BERG usw. Diese enthalten eigenständige, von anderen unterscheidbare Objekte. Anderseits stellen Tabellen wie GEO_BERG, IST_MITGLIED_VON und LIEGT_AN Beziehungen zwischen zwei oder mehreren Objekten dar. Zentraler Schlüssel ist die Ländernummer L_ID.

Objekttabellen von Terra	Beziehungstabellen von Terra
LAND	IST_BENACHBART_ZU IST_MITGLIED_VON
LANDTEIL	
STADT	
BERG	GEO_BERG
EBENE	GEO_EBENE
FLUSS	GEO_FLUSS, LIEGT_AN
INSEL	GEO_INSEL
MEER	GEO_MEER, LIEGT_AN
SEE	GEO_SEE, LIEGT_AN
WUESTE	GEO_WUESTE
KONTINENT	UMFASST
ORGANISATION	HAT_SITZ_IN

2 Struktur der Terra-Datenbasis

Online können drei Möglichkeiten genutzt werden:
- Die SQL-Abfrage über die Terra-Datenbasis zum Training der SQL-Kenntnisse in einer Online-Umgebung.
- Die Nutzung der grafischen Oberfläche zur Erkundung der Struktur der Datenbasis und zum Üben von Abfragen in einer grafischen Oberfläche.
- Der Export der gesamten Datenbasis, um in einem lokalen Datenbanksystem arbeiten zu können.

Terra I: SQL-Abfrage an die Datenbasis
In ein Eingabefenster kann eine SQL-Abfrage eingetragen werden. Nach dem Absenden wird die Ergebnistabelle angezeigt. Folgende Aufgabe ist zu lösen:
Welche Inseln gehören zur Inselgruppe der Philippinen?

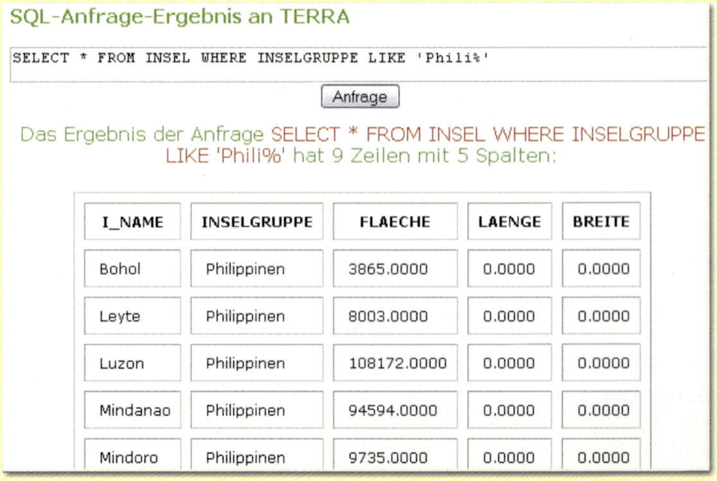
SQL-Anfrage-Ergebnis an TERRA

```
SELECT * FROM INSEL WHERE INSELGRUPPE LIKE 'Phili%'
```

Anfrage

Das Ergebnis der Anfrage SELECT * FROM INSEL WHERE INSELGRUPPE LIKE 'Phili%' hat 9 Zeilen mit 5 Spalten:

I_NAME	INSELGRUPPE	FLAECHE	LAENGE	BREITE
Bohol	Philippinen	3865.0000	0.0000	0.0000
Leyte	Philippinen	8003.0000	0.0000	0.0000
Luzon	Philippinen	108172.0000	0.0000	0.0000
Mindanao	Philippinen	94594.0000	0.0000	0.0000
Mindoro	Philippinen	9735.0000	0.0000	0.0000

3 Abriss der Ergebnistabelle einer SQL-Abfrage

Weitere Aufgaben:
a Ermitteln Sie die Namen aller Kontinente.
b Gesucht ist die Einwohnerzahl der deutschsprachigen Länder (D, A, CH).
c Gesucht ist die Summe der Stadteinwohner je Land.
d Gesucht sind alle Berge der Alpen (Beachten Sie, dass die Alpen in Teilgebirge aufgegliedert sind).
e Gesucht sind alle Hochgebirge (Gebirge mit Bergen über 3000 m Höhe).
f Gesucht sind alle Flüsse (Name), die in die Ostsee oder Nordsee münden und über 1000 km lang sind.
g Gesucht sind alle Wüsten (Name) der Art "Sandwueste" mit einer Fläche größer als 25000 km².

Terra II: › GUI

Wir können die Datenbasis über eine webbasierte Bedienoberfläche mit folgenden Möglichkeiten nutzen:
- Untersuchen der Struktur der Tabellen der Datenbasis
- Inhalte von Tabellen anzeigen
- Sortieren und Filtern in Tabellen
- Tabellen abfragen
- Abfragen über zwei Tabellen

Hier eine Aufgabe zur Abfrage über zwei Tabellen:
Durch welche Länder fließt der Amazonas? Mit der grafischen Oberfläche kann man die Abfrage unter Nutzung der Schritt-für-Schritt-Anleitung wie folgt erstellen.

› engl.: Grafical User Interface – grafische Benutzeroberfläche

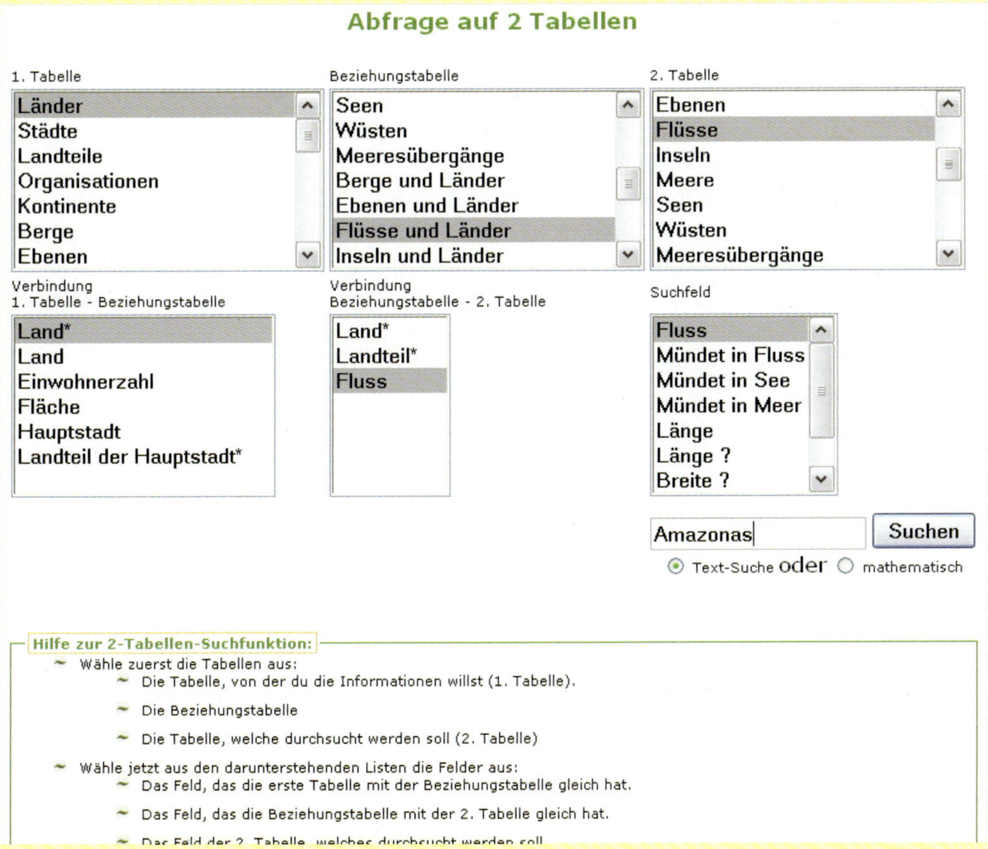

4 *Beispielabfrage Terra-GUI*

Mit dieser Abfrage erhält man folgendes Ergebnis:

Flüsse und Länder:

Feld einfügen: Feld zum Einfügen auswählen | Hinzufügen

Nr.	Land* Ausblenden - Sortierung umkehren	Land Ausblenden - Sortieren	Einwohner Ausblenden - Sortieren	Fläche Ausblenden - Sortieren	Hauptstadt Ausblenden - Sortieren	Landteil* Ausblenden - Sortieren	Fluss Ausblenden - Sortieren	Flussmündung Ausblenden - Sortieren	See Aus - S
1	PE	Peru	25230000	1285216	Lima	PE	Amazonas		
2	CO	Kolumbien	29730000	1140000	Santafé de Bogotá	CO	Amazonas		
3	BR	Brasilien	167988000	8511965	Brasilia	FED	Amazonas		

5 Ergebnistabelle Terra-GUI

Weitere Aufgaben für Abfragen in der Terra-GUI sind:
a Suchen Sie den größten Kontinent der Erde.
b Suchen Sie den längsten Fluss der Erde.
c Wie heißt die Hauptstadt von Ecuador?
d Finden Sie den Landteil, in dem der Mount McKinley liegt.
e Wie viele und welche Wüsten gibt es in Australien?
f Wie viele und welche Länder liegen in zwei Kontinenten?
g In welchen Bundesstaaten der USA und Kanadas liegen die Rocky Mountains (Rocky_Mountains)?
h Welche Länder grenzen an die Anden?

Mit einigen Abfragen kann man die Grenzen von Datenbanksystemen erfahren. Bei der Suche nach dem höchsten Berg Afrikas kennt man zwar die Antwort, kann sie aber mit unseren Mitteln in der Datenbasis nicht finden. Suchen Sie mithilfe der Struktur der Terra Datenbasis eine Begründung.
Da der Datenbestand entweder unvollständig oder in Entwicklung ist, kann man nicht gespeicherte Informationen auch nicht abfragen (Wie hoch ist der Fichtelberg?).
Stehen falsche Inhalte in der Datenbasis, erhalten wir auch falsche Ergebnisse. Vorsicht ist bei Internetanwendungen immer geboten: Nicht immer sind die gefundenen Daten auch richtig.

Terra III: Export
Der Datenbestand und die Tabellenstrukturen der jeweils aktuellen Datenbasis kann über eine XML-Schnittstelle exportiert und in moderne lokale Datenbankmanagementsysteme wieder eingelesen werden. Damit kann jeder sein „eigenes" Terra-DBS pflegen.

2 EAN und ISBN

EAN

In vielen Supermärkten kommen Computer zum Einsatz. Besonders durch die Einführung von Scannerkassen kann die Erfassung der Waren schnell geschehen. Dabei wird von jedem Artikel die › EAN (Europäische Artikelnummer) mit dem Strichcode eingescannt. Im angeschlossenen Computersystem, verbunden mit einem zentralen Datenbanksystem, ist der Preis gespeichert. Dieser kann sofort ausgegeben und die Gesamtsumme ermittelt werden.

› Abkürzung für European Article Number

Damit das Computersystem die Preise richtig zuordnen kann, müssen gleiche Artikel die gleiche Nummer besitzen. Es dürfen beim Scannen keine Verwechselungen mit anderen Artikeln auftreten. Die EAN muss eindeutig sein: Jeder Artikel hat genau eine EAN und zu jeder Artikelnummer gehören immer nur gleichartige Artikel.
Die EAN bestehen aus 13 Stellen mit den Ziffern 0 bis 9, die in drei Blöcke aufgeteilt sind. Die ersten zwei Ziffern bezeichnen das Herkunftsland, die nächsten fünf Ziffern die Herstellerfirma und die nächsten fünf Ziffern den Artikel. Die letzte Ziffer ist eine Prüfziffer.
Eine 1,0-Liter-Flasche Mineralwasser „medium" von Margon im Müglitztal zwischen Dresden und Pirna hat die abgebildete EAN. Die Ziffern habe die folgende Bedeutung:

41	in Deutschland hergestellt
05460	Margon Brunnen GmbH Burkhardswalde
00044	Margonwasser medium
0	Prüfziffer

4 105460 000440

1 Beispiel EAN

Die EAN wurde 1977 von zwölf Staaten in Europa eingeführt. Diese Einführung verlief sehr erfolgreich, so dass das Nummernsystem der EAN auch auf anderen Kontinenten z. B. von den USA, Kanada oder Japan übernommen wurde. So hatte die EAN ihren Ursprung in Europa, wird aber heute weltweit verwendet.
Die Einführung der EAN mit dem Strichcode brachte viele Vorteile. So müssen an der Kasse keine Preise mehr eingegeben werden. Dadurch werden Tippfehler vermieden. Für die Angestellten der Supermärkte ist es jetzt auch von Vorteil, dass nicht mehr jeder Artikel mit einem Preisschild ausgezeichnet werden muss. Die Preisauszeichnung kann auf die Regale beschränkt werden, da der Preis für den Artikel nach dem Scannen an der Kasse vom Datenbanksystem zur Verfügung gestellt wird.

ISBN
Bereits im Jahr 1972 wurde die Kennzeichnung von Büchern mit einer verschlüsselten Nummer, der internationalen Standardbuchnummer (ISBN), eingeführt. Dafür wurde eine zehnstellige Verschlüsselung (ISBN10) verwendet. Sie besteht aus den Ziffern 0 bis 9 und dem Zeichen X. Auch die ISBN gewährleistet eine eindeutige Zuordnung. Nur Bücher mit gleichem Titel und Verlag haben die gleiche ISBN.

Bestandteil	Bedeutung	Beispiel	
Gruppennummer	nationale, geografische oder Sprachgruppe	3	deutschsprachiger Raum
Verlagsnummer	Kennzahl für einen Verlag	486	Oldenbourg Verlag
Titelnummer	vom Verlag frei wählbare Kennzahl für ein Buch; bei unterschiedlichen Produkten muss diese Nummer verschieden sein; beispielsweise gilt ein Taschenbuch als ein anderes Produkt als ein Buch mit festem Einband.	00098	Grundlagen der Informatik
Prüfziffer	dient zum Erkennen von Tippfehlern; wird aus den neun vorangehenden Ziffer berechnet	5	

In der ISBN sind die verschiedenen Informationen zum Buch wie Sprache, Verlag oder Buchtitel verschlüsselt. Die letzte Ziffer ist wiederum eine Prüfziffer.

Da die Länge der ISBN immer gleich ist, es aber sehr viele Sprachen, Verlage und Bücher gibt, muss man die Länge der einzelnen Teile geschickt variieren.

a Je größer der Sprachraum, desto weniger Stellen hat die Gruppennummer, da dann mehr Stellen für die Verlags- und Titelnummer bleiben. Beispielsweise
   3 Deutschland, Schweiz, Österreich (für Verlag und Titel bleiben acht Ziffern)
   88 Italien (für Verlag und Titel bleiben sieben Ziffern)
   9986 Litauen (für Verlag und Titel bleiben fünf Ziffern)
b Je größer der Verlag, desto weniger Stellen hat die Verlagsnummer, denn so bleiben mehr Stellen für die Titelnummer. Beispielsweise

486 Oldenbourg Verlag in Deutschland	Muss fünfstellige Titelnummern aus dem Bereich 00000 bis 99999 vergeben.
7782 Salini Verlag in Italien	Muss dreistellige Titelnummern aus dem Bereich 000 bis 999 vergeben.
9809471 Heike Werner Verlag in Deutschland	Muss einstellige Titelnummern aus dem Bereich 0 bis 9 vergeben.

Ab dem 1.1. 2007 darf keine ISBN10 mehr verwendet werden. Sie wird durch eine 13-stellige Nummer (ISBN13) ersetzt. Dabei kommt ein einfacher Trick zum Einsatz: Die Nummern für die Sprache, die Verlage und die Buchtitel bleiben erhalten. Vor diese neun Ziffern werden entweder die 978 oder die 979 geschrieben. Die letzte Stelle der ISBN13 ist wieder eine Prüfziffer, die aus den ersten zwölf Ziffern berechnet wird. Dadurch wird eine spezielle EAN für Bücher erzeugt. EAN und ISBN13 werden mit demselben Verfahren geprüft.

Prüfverfahren für EAN und ISBN

Manchmal geschieht es, dass beim Scannen die EAN oder ISBN nicht richtig erkannt wird. Dann muss die Verkäuferin oder der Kassierer die Nummer ablesen und in das Kassensystem eintragen. Ein Kontrollverfahren verhindert Falscheingaben. Das Kontrollverfahren wird vom Kassensystem selbstständig durchgeführt, kann aber von jedem nachgerechnet werden. Dazu werden nur die Grundrechenarten benötigt.
Das Kontrollverfahren berechnet die Prüfziffer aus den zwölf ersten Ziffern und vergleicht sie mit der gedruckten Prüfziffer. Stimmen beide überein, ist alles in Ordnung.

Der Algorithmus lautet:

› Gewichte sind verschiedene Zahlen – hier abwechselnd 1 und 3.

Zuordnung eines › Gewichtes zu jeder Ziffer
Multiplikation der Ziffer mit dem Gewicht
Addition aller Ergebnisse
Ergänzung der Zahl zum Vielfachen der Zehn
Vergleich des Ergebnisses mit der Prüfziffer

Das Verfahren errechnet für die EAN aus Abbildung 1 die Prüfziffer wie folgt:

$(4\cdot1)+(1\cdot3)+(0\cdot1)+(5\cdot3)+(4\cdot1)+(6\cdot3)+(0\cdot1)+(0\cdot3)+(0\cdot1)+(0\cdot3)+(4\cdot1)+(4\cdot3)=$

$4+3+0+15+4+18+0+0+0+0+4+12$

$=60$

Übersichtlicher lässt sich die Berechnung in Tabellenform durchführen

EAN	4	1	0	5	4	6	0	0	0	0	4	4	
Gewichte	1	3	1	3	1	3	1	3	1	3	1	3	
	4	3	0	15	4	18	0	0	0	0	4	12	60

Die Zahl 60 ist bereits ein Vielfaches der Zehn. Es muss nicht mehr ergänzt werden. Dem entsprechend ist die Prüfziffer die 0. Die 0 steht als letzte Ziffer in der EAN. Errechnete und vorgegebene Prüfziffer stimmen überein. Die EAN wurde richtig erkannt bzw. eingegeben.

Bei Fehlern kommt es am häufigsten vor, dass eine Ziffer falsch erkannt und eingegeben wird (Einzelfehler), oder dass zwei benachbarte Ziffern vertauscht werden (Vertauschungsfehler).

Wird eine Ziffer falsch eingegeben, so wird das mithilfe der Prüfziffer immer erkannt.

EAN	4	1	0	6	4	6	0	0	0	0	4	4	
Gewichte	1	3	1	3	1	3	1	3	1	3	1	3	
	4	3	0	18	4	18	0	0	0	0	4	12	63

Als Prüfziffer wird in diesem Fall die 7 ermittelt. Diese stimmt nicht mit der vorgegebenen Prüfziffer überein. Das System meldet den Fehler.

Auch Vertauschungsfehler werden durch das Verfahren erkannt:

EAN	4	1	0	5	6	4	0	0	0	0	4	4	
Gewichte	1	3	1	3	1	3	1	3	1	3	1	3	
	4	3	0	15	2	12	0	0	0	0	4	12	52

Als Prüfziffer wird in diesem Fall die 8 ermittelt. Diese stimmt nicht mit der gegebenen Prüfziffer überein. Das System meldet einen Fehler.

Achtung: Nicht jeder Vertauschungsfehler wird erkannt:

EAN	4	1	5	0	4	6	0	0	0	0	4	4	
Gewichte	1	3	1	3	1	3	1	3	1	3	1	3	
	4	3	5	0	4	18	0	0	0	0	4	12	50

Das Ergebnis 50 unterscheidet sich vom Ergebnis der richtigen EAN, aber als Prüfziffer wird in diesem Fall ebenfalls die 0 errechnet. Der Fehler wird diesmal nicht erkannt. Das geschieht immer bei der Vertauschung von 0-5; 1-6, 2-7, 3-8, 4-9. Das verwendete Verfahren erkennt 10% der Vertauschungsfehler nicht.

Trotzdem gilt das beschriebene Verfahren als sehr sicher:

1. Die meisten Fehler beim Scannen sind Einzelfehler. Einzelfehler werden immer erkannt.
2. Vertauschungsfehler kommen beim Scannen praktisch nur sehr selten vor.

2 ISBN und EAN

Ein Verfahren, das alle Einzelfehler und alle Vertauschungsfehler erkennt, wird bei der ISBN10 verwendet. Das Verfahren arbeitet mit dem gleichen Algorithmus wie bei der EAN, es unterscheidet sich aber in den Gewichten und der Bestimmung der Prüfziffer.

ISBN10	3	4	8	6	0	0	0	9	8	
Gewichte	10	9	8	7	6	5	4	3	2	
	30	36	64	42	0	0	0	27	16	215

Die Prüfziffer wird hier ermittelt, indem das Ergebnis zum Vielfachen von 11 ergänzt wird. In diesem Fall ist das die 220 ($20 \cdot 11=220$; $215+5=220$), die Prüfziffer lautet 5.

Das Verfahren erkennt alle Einzel- und Vertauschungsfehler, weil die Gewichte anders gewählt wurden und weil die 11 eine Primzahl ist.
Bei diesem Verfahren wird auch klar, warum manche ISBN10 ein X als Prüfziffer haben: Bei der ISBN

ISBN10	3	4	8	6	0	0	2	9	7	
Gewichte	10	9	8	7	6	5	4	3	2	
	30	36	64	42	0	0	8	27	14	221

entsteht als Ergebnis die 221. Zu dieser Zahl muss man 10 addieren, um die 231 als das Vielfache der 11 zu erreichen. Die Zahl 10 selbst besteht aber aus zwei Ziffern. Da für die Prüfziffer aber nur eine Stelle zur Verfügung steht, wird wieder ein Trick angewandt: Die Zahl 10 wird durch das römische Zahlzeichen für die 10 – das X – ersetzt. Da es aber zu Verwirrungen kommen kann, sind die Verlage angehalten, solche ISBN zu vermeiden.

3 Einige Aufgaben eines Datenbankmanagementsystems

Index als schnelle Suchhilfe

Datenbankmanagementsysteme verwenden Indizes, um Datensätze schneller finden zu können. Den Vorteil eines Index bei einer Suche lässt sich am Beispiel Telefonbuch leicht erklären. Wird die Telefonnummer von Frau Suchfix gesucht, muss man nicht bei Seite 1 beginnen und viele Namen wie Aare, Abel, Abeth, usw. prüfen, bis man dann unter Umständen nach mehreren hundert Seiten bei dem gesuchten Namen ankommt. In jedem Telefonbuch sind alle Buchstaben als Register gekennzeichnet. So kann man mit der Suche bei S einsteigen und damit viele Seiten überspringen.
In einer Millionenstadt mag es sogar sinnvoll sein, für häufige Anfangsbuchstaben von Namen das Register noch feiner zu unterteilen, sodass es nicht nur ein Register für S gibt, sondern darin noch Register für Sa, Se, Si, So, Su sind.
Das Erstellen und Pflegen eines Index hat einen gewissen Aufwand zur Folge. Man muss also abschätzen, ob der Gewinn beim Suchen größer ist als der Pflegeaufwand. Diese Abschätzung muss der Entwickler treffen.

Vorsicht beim Ändern

In einem Reisebüro können in der Regel nicht nur Flugtickets gebucht werden, auch die Sitzreservierung kann hier durchgeführt werden. Dazu lässt man sich den Bestuhlungsplan am Bildschirm anzeigen, sucht sich die Sitze aus, markiert sie und schickt die Reservierung ab. Was passiert aber, wenn in einem anderen Reisebüro jemand zur gleichen Zeit für den gleichen Flug die gleichen Sitze reserviert? Besonders unangenehm wäre es für einen anderen Reisenden, wenn der Flug ausgebucht wäre und für ihn trotz Flugticket kein Platz mehr im Flugzeug ist.

Wie kann verhindert werden, dass es zu einer Doppelbelegung kommt?

?

Möchte Herr Freundlich im Reisebüro Infohausen den Flug IKARUS307 von München nach Dresden am 15.4.2018 um 8.30 Uhr reservieren, dann wird zuvor vom Datenbankmanagementsystem geprüft, ob ein anderer Nutzer für diesen Flug gerade Buchungen vornimmt. Ist dies nicht der Fall, wird der Flug für alle anderen Reisebüros gesperrt. Fragt nun ein anderes Reisebüro an, erhält es die Meldung, dass im Moment keine Buchung durchgeführt werden kann. Nun kann die Buchung im Reisebüro Infohausen durchgeführt werden. Hat Herr Freundlich seinen Sitzplatz erhalten und sind die Daten in der Datenbasis entsprechend geändert, werden sie wieder freigegeben. Ein anderes Reisebüro kann nun für sich eine Sperre der Daten beantragen und dann eine Buchung vornehmen.

4 Gesetzesauszüge

Viele Gesetze und Regelungen

Im Kapitel 11 wurde die Notwendigkeit von Datenschutz und Datensicherheit an Beispielen begründet. Grundlagen aller Regelungen zu diesen Themen in der Gesellschaft sind Gesetze. Im Grundgesetz ist das Recht auf Information für jeden Bürger verankert. Darauf bauen weitere Gesetze und Regelungen auf (siehe Abbildung 1).

Gesetze, Verordnungen und Vorschriften unterliegen natürlich einer ständigen Aktualisierung und Anpassung, besonders im so genannten Informationszeitalter. Ihr Lehrer wird Ihnen helfen, die benötigten aktuellen Gesetzestexte zu erhalten um beim Entwurf von Datenbanklösungen keine Verstöße zu begehen. Im Freistaat Sachsen regeln unter anderem folgende Gesetze und Vorschriften den Umgang mit personenbezogenen Daten an Schulen:

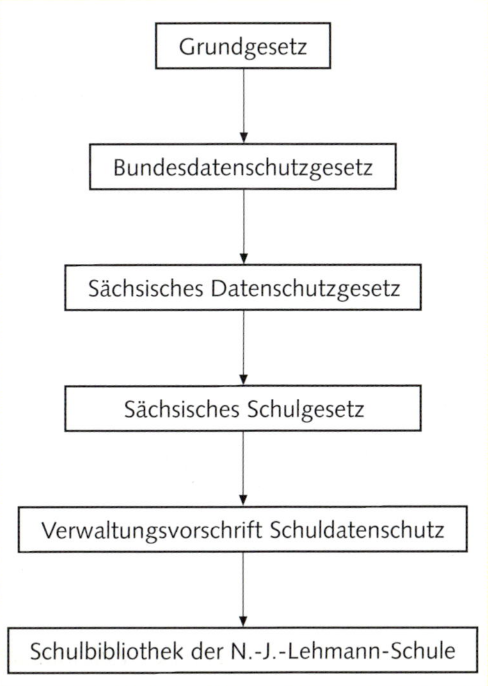

1 Vom Grundgesetz zur Schulbibliotheksverwaltung

- Gesetz zum Schutz der informationellen Selbstbestimmung im Freistaat Sachsen (**Sächsisches Datenschutzgesetz** – SächsDSG) vom 25. August 2003 (SächsGVBl. S. 330; 8. September).
- **Schulgesetz** für den Freistaat Sachsen (SchulG), vom 16. Juli 2004 (SächsGVBl, S. 298, 20. August)
- Verordnung des Sächsischen Staatsministeriums für Kultus über Mittelschulen im Freistaat Sachsen und deren Abschlussprüfungen (**Schulordnung Mittelschulen** Abschlussprüfungen – SOMIAP) vom 3. August 2004
- Verordnung des Sächsischen Staatsministeriums für Kultus über allgemein bildende Gymnasien im Freistaat Sachsen (**Schulordnung Gymnasien** – SOGY) vom 3. August 2004
- Datenschutz an Schulen und Schulaufsichtsbehörden des Freistaates Sachsen (**SchulDatenschutzVwV**), VwV vom 15. Juli 1992 (ABl SMK Nr. 10, S. 41), geändert durch VwV vom 6.1.1993 (ABl SMK S. 83)

Zur Beantwortung der Fragen aus Kapitel 11 sind folgend einige Auszüge aus dem Bundesdatenschutzgesetz aufgeführt:

Bundesdatenschutzgesetzes (BDSG)
(vom 20. Dezember 1990, zuletzt geändert am 18.05.2001)

§ 1 Zweck und Anwendungsbereich des Gesetzes

1 Zweck dieses Gesetzes ist es, den Einzelnen davor zu schützen, dass er durch den Umgang mit seinen personenbezogenen Daten in seinem Persönlichkeitsrecht beeinträchtigt wird.

2 Dieses Gesetz gilt für die Erhebung, Verarbeitung und Nutzung personenbezogener Daten (...)

§ 3 Weitere Begriffsbestimmungen

1 Personenbezogene Daten sind Einzelangaben über persönliche oder sachliche Verhältnisse einer bestimmten oder bestimmbaren natürlichen Person (Betroffener).

2 Automatisierte Verarbeitung ist die Erhebung, Verarbeitung oder Nutzung personenbezogener Daten unter Einsatz von Datenverarbeitungsanlagen. Eine nicht automatisierte Datei ist jede nicht automatisierte Sammlung personenbezogener Daten, die gleichartig aufgebaut ist und nach bestimmten Merkmalen zugänglich ist und ausgewertet werden kann.

3 Erheben ist das Beschaffen von Daten über den Betroffenen.

4 Verarbeiten ist das Speichern, Verändern, Übermitteln, Sperren und Löschen personenbezogener Daten. (...)

5 Nutzen ist jede Verwendung personenbezogener Daten, soweit es sich nicht um Verarbeitung handelt.
(...)

§ 3a Datenvermeidung und Datensparsamkeit

Gestaltung und Auswahl von Datenverarbeitungssystemen haben sich an dem Ziel auszurichten, keine oder so wenig personenbezogene Daten wie möglich zu erheben, zu verarbeiten oder zu nutzen. (...)

§ 4 Zulässigkeit der Datenerhebung, -verarbeitung und -nutzung

1 Die Erhebung, Verarbeitung und Nutzung personenbezogener Daten sind nur zulässig, soweit dieses Gesetz oder eine andere Rechtsvorschrift dies erlaubt oder anordnet oder der Betroffene eingewilligt hat. (...)

§ 4f Beauftragter für den Datenschutz

1 Öffentliche und nichtöffentliche Stellen, die personenbezogene Daten automatisiert erheben, verarbeiten oder nutzen, haben einen Beauftragten für den Datenschutz schriftlich zu bestellen. Nichtöffentliche Stellen sind hierzu spätestens innerhalb eines Monats nach Aufnahme ihrer Tätigkeit verpflichtet. Das Gleiche gilt, wenn personenbezogene Daten auf andere Weise erhoben, verarbeitet oder genutzt werden und damit in der Regel mindestens 20 Personen beschäftigt sind. Die Sätze 1 und 2 gelten nicht für nichtöffentliche Stellen, die höchstens vier Arbeitnehmer mit der Erhebung, Verarbeitung oder Nutzung personenbezogener Daten beschäftigen. (...)

2 Zum Beauftragten für den Datenschutz darf nur bestellt werden, wer die zur Erfüllung seiner Aufgaben erforderliche Fachkunde und Zuverlässigkeit besitzt. (...)

§ 5 Datengeheimnis

Den bei der Datenverarbeitung beschäftigten Personen ist untersagt, personenbezogene Daten unbefugt zu erheben, zu verarbeiten oder zu nutzen (Datengeheimnis). Diese Personen sind, soweit sie bei nichtöffentlichen Stellen beschäftigt werden, bei der Aufnahme ihrer Tätigkeit auf das Datengeheimnis zu verpflichten. Das Datengeheimnis besteht auch nach Beendigung ihrer Tätigkeit fort.

§ 6 Unabdingbare Rechte des Betroffenen

1 Die Rechte des Betroffenen auf Auskunft (§§ 19, 34) und auf Berichtigung, Löschung oder Sperrung (§§ 20, 35) können nicht durch Rechtsgeschäft ausgeschlossen oder beschränkt werden. (...)

§ 9 Technische und organisatorische Maßnahmen

Öffentliche und nichtöffentliche Stellen, die selbst oder im Auftrag personenbezogene Daten erheben, verarbeiten oder nutzen, haben die technischen und organisatorischen Maßnahmen zu treffen, die erforderlich sind, um die Ausführung der Vorschriften dieses Gesetzes, insbesondere die in der Anlage zu diesem Gesetz genannten Anforderungen, zu gewährleisten. Erforderlich sind Maßnahmen nur, wenn ihr Aufwand in einem angemessenen Verhältnis zu dem angestrebten Schutzzweck steht.

Anlage (zu § 9 Satz 1)

Werden personenbezogene Daten automatisiert verarbeitet oder genutzt, ist die innerbehördliche oder innerbetriebliche Organisation so zu gestalten, dass sie den besonderen Anforderungen des Datenschutzes gerecht wird. Dabei sind insbesondere Maßnahmen zu treffen, die je nach der Art der zu schützenden personenbezogenen Daten oder Datenkategorien geeignet sind,

1 Unbefugten den Zutritt zu Datenverarbeitungsanlagen, mit denen personenbezogene Daten verarbeitet oder genutzt werden, zu verwehren (Zutrittskontrolle),

2 zu verhindern, dass Datenverarbeitungssysteme von Unbefugten genutzt werden können (Zugangskontrolle),

3 zu gewährleisten, dass die zur Benutzung eines Datenverarbeitungssystems Berechtigten ausschließlich auf die ihrer Zugriffsberechtigung unterliegenden Daten zugreifen können, und dass personenbezogene Daten bei der Verarbeitung, Nutzung und nach der Speicherung nicht unbefugt gelesen, kopiert, verändert oder entfernt werden können (Zugriffskontrolle),

4 zu gewährleisten, dass personenbezogene Daten bei der elektronischen Übertragung oder während ihres Transports oder ihrer Speicherung auf Datenträger nicht unbefugt gelesen, kopiert, verändert oder entfernt werden können, und dass überprüft und festgestellt werden kann, an welche Stellen eine Übermittlung personenbezogener Daten durch Einrichtungen zur Datenübertragung vorgesehen ist (Weitergabekontrolle),

5 zu gewährleisten, dass nachträglich überprüft und festgestellt werden kann, ob und von wem personenbezogenen Daten in Datenverarbeitungssysteme eingegeben, verändert oder entfernt worden sind (Eingabekontrolle),

6 zu gewährleisten, dass personenbezogene Daten, die im Auftrag verarbeitet werden, nur entsprechend den Weisungen des Auftraggebers verarbeitet werden können (Auftragskontrolle),

7 zu gewährleisten, dass personenbezogene Daten gegen zufällige Zerstörung oder Verlust geschützt sind (Verfügbarkeitskontrolle),

8 zu gewährleisten, dass zu unterschiedlichen Zwecken erhobene Daten getrennt verarbeitet werden können.

II Projekte

13 Tag der offenen Tür in der neuen Schule in Infohausen

L5

Mit einem „Tag der offenen Tür" möchte sich die N.-J.-Lehmann-Schule der Öffentlichkeit vorstellen. Die Deutschlehrerin Frau Schiller bekommt die Aufgabe, diesen Tag vorzubereiten. U. A. soll ein Flyer entstehen, der die neue Schule vorstellt. Dafür braucht die Schule ein neues Logo.

Die To-do-Liste

Frau Schiller stellt sich als Erstes eine Liste mit allen anstehenden Aufgaben zusammen. So eine Liste nennt man „To-do-Liste".

Tag der offenen Tür - N.-J.-Lehmann-Schule

- ☐ Logo der Schule entwerfen und fertig stellen
- ☐ Text für Flyer schreiben
- ☐ Fotos für Flyer aufnehmen und bearbeiten
- ☐ Layout des Flyers planen und vorbereiten
- ☐ Papier, Druck, Kosten des Flyers klären
- ☐ Flyer fertig stellen
- ☐ Verteilung des Flyers organisieren
- ☐ Programm für den Ablauf des Tages vorgeben und vorbereiten
- ☐ ...

1 Entwurf einer To-do-Liste für den Tag der offenen Tür

Die To-do-Liste muss gepflegt, also regelmäßig aktualisiert und erweitert werden. Dazu gehört auch die Einteilung der Liste in die Bereiche „Noch zu erledigende Aufgaben" und „Schon erfüllte Aufgaben".
Eine To-do-Liste ist meistens der erste Schritt für die Erstellung eines Pflichtenheftes.

Die To-do-Liste macht Frau Schiller deutlich, dass sie die Aufgaben nicht allein bewältigen kann. Der Zeitrahmen bis zum Tag der offenen Tür ist viel zu kurz. Sie ist aber auch mit einigen Aufgabenstellungen, wie der Bearbeitung der Fotos, fachlich nicht vertraut. Deswegen muss sie sich Hilfe bei Anderen holen.
Der „Tag der offenen Tür" ist ein typisches Beispiel für die Vorbereitung und Durchführung eines Projektes.

Eine **To-do-Liste** ist eine Sammlung von Aufgaben.

? Wer kann Frau Schiller bei der Erstellung des Flyers unterstützen?

Zur besseren Übersicht fertigt sich Frau Schiller eine Mindmap mit möglichen Mitstreitern für die Arbeit am Flyer an.

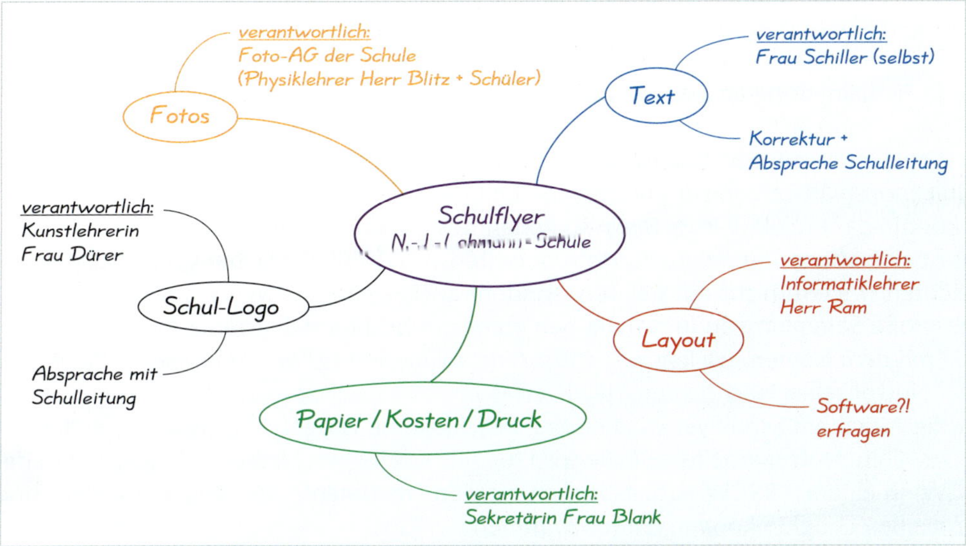

2 Mindmap zum Projektteam

Mithilfe von Mindmaps kann man eine komplexe Aufgabe in Arbeitspakete gliedern und Zusammenhänge zwischen diesen Teilaufgaben darstellen. War die To-do-Liste der erste Schritt auf dem Weg zum Projekt Schulflyer, so kann man die Mindmap als den zweiten Schritt betrachten. Mindmaps können auch in späteren Projektphasen nützlich sein.
Man kann Mindmaps auch mit geeigneter Software auf dem Computer erstellen. Dadurch ist es möglich, sie während der Projektarbeit ständig zu ergänzen, zu ändern und zu aktualisieren.

W5

Start mit dem Kick-off-Meeting

Alle Mitarbeiter am Projekt, die in der Mindmap aufgeführt sind, bilden das Projektteam. Frau Schiller lädt alle Mitglieder zu einer ersten Teamsitzung ein. In der Fachsprache der Projektarbeit heißt diese Sitzung „Kick-off“.

Kick-off nennt man die erste Sitzung des Projektteams. In dieser Teamsitzung werden Verantwortlichkeiten innerhalb des Projektes und die Regeln der Teamarbeit festgelegt.

Sehr wichtig für die Projektarbeit ist die Kommunikation innerhalb des Projektteams. Um eine ständige und unabhängige Erreichbarkeit aller Teammitglieder zu gewährleisten, tauschen sie ihre E-Mail-Adressen aus.
Das Versenden von E-Mails ist aber nur eine Möglichkeit des Austauschs von Informationen und Unterlagen.

Vorteile von E-Mail:
- E-Mail-Adressen sind meist bei allen Teammitgliedern schon vorhanden oder lassen sich leicht einrichten.
- E-Mail ermöglicht den schnellen Austausch von Informationen und Unterlagen zwischen allen Teammitgliedern.
- Die Handhabung von E-Mail-Programmen ist den Teammitgliedern in der Regel geläufig.

Nachteile von E-Mail:
- Bei speicherintensiven Anhängen stößt die E-Mail schnell an Grenzen. Ein Anhang mit einer Speichergröße über 10 MByte ist meist nicht möglich.
- Die gemeinsame Arbeit an verschiedenen Dokumenten, das Anlegen und die Pflege von To-do-Liste von allen Teammitgliedern ist schwierig zu organisieren. So müsste jede Aktualisierung an jedes Teammitglied per E-Mail verschickt werden.

Für eine effektivere Arbeitsweise von Projektteams gibt es verschiedene technische Kommunikationsplattformen zur Zusammenarbeit im WWW.

› Wiki, hawaiianisch – schnell

So könnte das Projektteam z. B. ein so genanntes › **WiKi** als Austauschplattform nutzen. Das ist eine offene Sammlung von Internetseiten im WWW. Die Seiten können von angemeldeten Nutzern nicht nur gelesen, sondern auch verändert werden. So kann schnell eine große Sammlung an Informationen zu einem bestimmten Thema entstehen. Beim Wiki mit dem Namen „Wikinews" (http://de.wikinews.org/wiki/Hauptseite) kann z. B. jeder Nutzer selbst Nachrichtenartikel verfassen.

› BSCW – **B**asic **S**upport for **Co**operative **W**ork

Für die Arbeit am Schulflyer ist eher eine geschlossene Umgebung geeignet, in der nur ausgewählte Nutzer arbeiten. Ein Beispiel für eine solche geschlossene Umgebung ist der BSCW. In einem › **BSCW**-Arbeitsbereich werden Dokumente nur einmal abgelegt und nur die Berechtigten können darauf zugreifen.
Ein Wiki ist also eine Art große Truhe, in die jeder etwas hineingeben und herausnehmen kann. Der BSCW ist eher ein Schrank mit vielen Schubladen, von denen es zu den meisten jeweils Schlüssel gibt. Und nur wer den jeweiligen Schlüssel besitzt, kann die Schublade auch benutzen.

Frau Schiller meldet sich im BSCW zuerst selbst an. Danach hat sie einen Ordner „schulflyer" angelegt. Dort legt Frau Schiller die To-do-Liste ab. Auch die Mindmap zur Organisation des Projektteams wird in diesen Arbeitsbereich gespeichert.

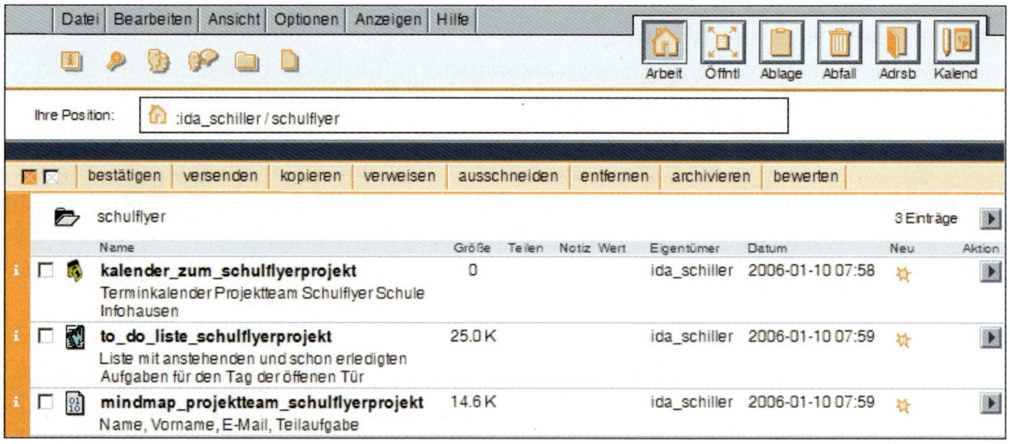

3 Der Ordner „schulflyer" im BSCW

Zusätzlich erzeugt Frau Schiller einen Kalender. Damit lassen sich alle Termine innerhalb des Projektes bekannt machen und verwalten.
Zum Schluss lädt Frau Schiller alle Teammitglieder als Nutzer für diesen Ordner in den BSCW ein.

Die Nutzung von **webbasierten Kommunikationsplattformen** ist eine wesentliche Arbeitsmethode innerhalb eines Projektes. Sie ermöglicht die rasche und effektive Kooperation der Nutzer.

Damit sind die Kommunikation und der Datenaustausch innerhalb des Projektteams organisiert. Für eine effektive Zusammenarbeit empfiehlt sich die Festlegung von Regeln zur Vereinbarung von
- Dateinamen,
- Ordnerbezeichnungen,
- verwendeten Dateitypen (Austauschformate).

Jetzt kann Frau Schiller die eigentliche Planung des Projektes beginnen.

Aufgaben – To-do-Liste

1 Projekt „Betriebspraktikum"
Jedes Jahr gehen Schüler für eine oder zwei Wochen in ein Betriebspraktikum. Es ist immer wieder schwierig, einen geeigneten Praktikumsplatz zu finden. Innerhalb eines Projektes soll ein Informations- und Kontaktsystem für Betriebspraktika entstehen. Erstellen Sie eine To-do-Liste mit ersten Gedanken zu dieser Projektidee.

2 Projekt „Schlemmerpalast"
In der N.-J.-Lehmann-Schule ist die Schülerfirma „Schlemmerpalast" für die Pausenversorgung von Schülern und Lehrern verantwortlich. Innerhalb eines Informatikprojektes soll ein rechnergestütztes Bestell- und Abrechnungssystem entstehen. Erstellen Sie eine To-do-Liste mit Ideen und Ansätzen für das geplante System.

3 Projektwoche „Wasser – Quell des Lebens"
Die N.-J.-Lehmann-Schule führt in diesem Jahr eine Projektwoche zum Thema „Wasser – Quell des Lebens" durch. Alle Fächer bearbeiten dieses Thema in verschiedenen Projekten. In einem Projekt soll eine Internetpräsentation zur Begleitung und Dokumentation der Projektwoche entstehen. Erstellen Sie eine To-do-Liste mit wichtigen Aufträgen und Fragen zur Realisierung dieses Projektes.

4 Projekt „Orientierungssystem für eine Schule"
In der N.-J.-Lehmann-Schule soll ein Orientierungssystem für Hausfremde installiert werden. Als Wegweiser sollen Piktogramme dienen. Innerhalb eines Projektes soll dieses System in Zusammenarbeit mit dem Kunstunterricht entstehen. Planen Sie eine To-do-Liste mit wichtigen Aufgaben und Eckpunkten für die Projektdurchführung.

5 Projekt „Bildarchivsystem"
An der N.-J.-Lehmann-Schule leitet der Physiklehrer Herr Blitz eine Arbeitsgemeinschaft Digitalfotografie. Innerhalb eines Informatikprojektes soll für diese AG ein Archivierungssystem mit Vorschau und Suchfunktion entstehen. Erstellen Sie eine To-do-Liste mit ersten Gedanken zu dieser Projektidee.

Aufgabe – Grundwissen

6 Methode Mindmapping
Wiederholen Sie Begriffe zum Grundaufbau eines Computersystems. Erstellen Sie mit den Begriffen eine Mindmap zum Grundaufbau eines Computersystems.

14 Das Projekt und seine Arbeitsphasen

Das Wort „Projekt" stammt vom lateinischen Wort „proicere" = „vorwerfen", „entwerfen" oder „hinauswerfen" und kann in unserem Sprachgebrauch mit „Plan", „Entwurf" oder „Vorhaben" übersetzt werden. Alle Übersetzungen finden sich bei der Realisierung von Projekten in der Schule wieder.

? Was stellen Sie sich unter einem Projekt vor?

Sechs Kriterien bestimmen jede Projektarbeit. Sie charakterisieren zugleich den gesamten Projektverlauf.

Ein Projekt
- ist ein Problemlösungsprozess mit praktischer Tätigkeit.
- verlangt die Planung, Leitung und Ausführung durch ein Projektteam.
- verwendet verschiedenste Hilfsmittel.
- führt zu einem präsentierbaren Ergebnis.
- bereichert die Erfahrungswelt der Teilnehmer.
- erzeugt Wissenszuwachs.

Projektarten und Projektbegriff

Im Projektunterricht finden sich Schüler in Gruppen zusammen, die an einem gemeinsamen Thema arbeiten. Die Gruppe plant, organisiert und verteilt die Aufgaben selbstständig und präsentiert zum Abschluss das Ergebnis. Der Lehrer wirkt dabei als Berater und Beobachter des Projektablaufes mit.

? Welche Arten von Projekten können Sie sich vorstellen?

Bei **Projekten im Fachunterricht** ergibt sich die Aufgabenstellung direkt aus den vermittelten Unterrichtsstoff des jeweiligen Faches. Es bestehen keine Beziehungen zu anderen Unterrichtsfächern.

Bei **fachübergreifenden Projekten** steht die Aufgabe des einzelnen Faches im Mittelpunkt. Von dort ausgehend wird die Aufgabenstellung so erweitert, dass Inhalte anderer Fächer mit einfließen können.

Fächerverbindende Projekte stellen immer ein Thema in den Mittelpunkt. Um diese formieren sich verschiedene Fächer, um mit ihren Inhalten und Möglichkeiten die Problemstellung zum Thema bestmöglich zu lösen.

Die Durchführung eines Projektes birgt stets auch ein gewisses Risiko. Anders und deutlich ausgedrückt heißt das: „Projekte können auch scheitern!" Das hat verschiedene Ursachen. So kann z. B. das Projektteam wegen Meinungsverschiedenheiten auseinander brechen oder der Aufwand des Projektes wird so groß, dass es nicht mehr realisiert werden kann.

Ein **Projekt** ist eine besondere Arbeitsmethode, bei der mehrere Teilnehmer mit verschiedenen Aufgabenstellungen an einem gemeinsamen Ziel arbeiten.

Eine gute Vorbereitung und Planung kann das Risiko des Scheiterns eines Projekts reduzieren. Deshalb werden als nächstes die einzelnen Arbeitsphasen des Projektes genauer betrachtet.

Die Arbeitsphasen eines Projektes

Viele Tätigkeiten und Arbeiten sind notwendig um ein Projekt erfolgreich zu realisieren. Es hat sich als sinnvoll erwiesen, diese Arbeiten in einzelne Schritte zu gliedern. Jedes Projekt lässt sich prinzipiell in vier Arbeitsphasen einteilen.

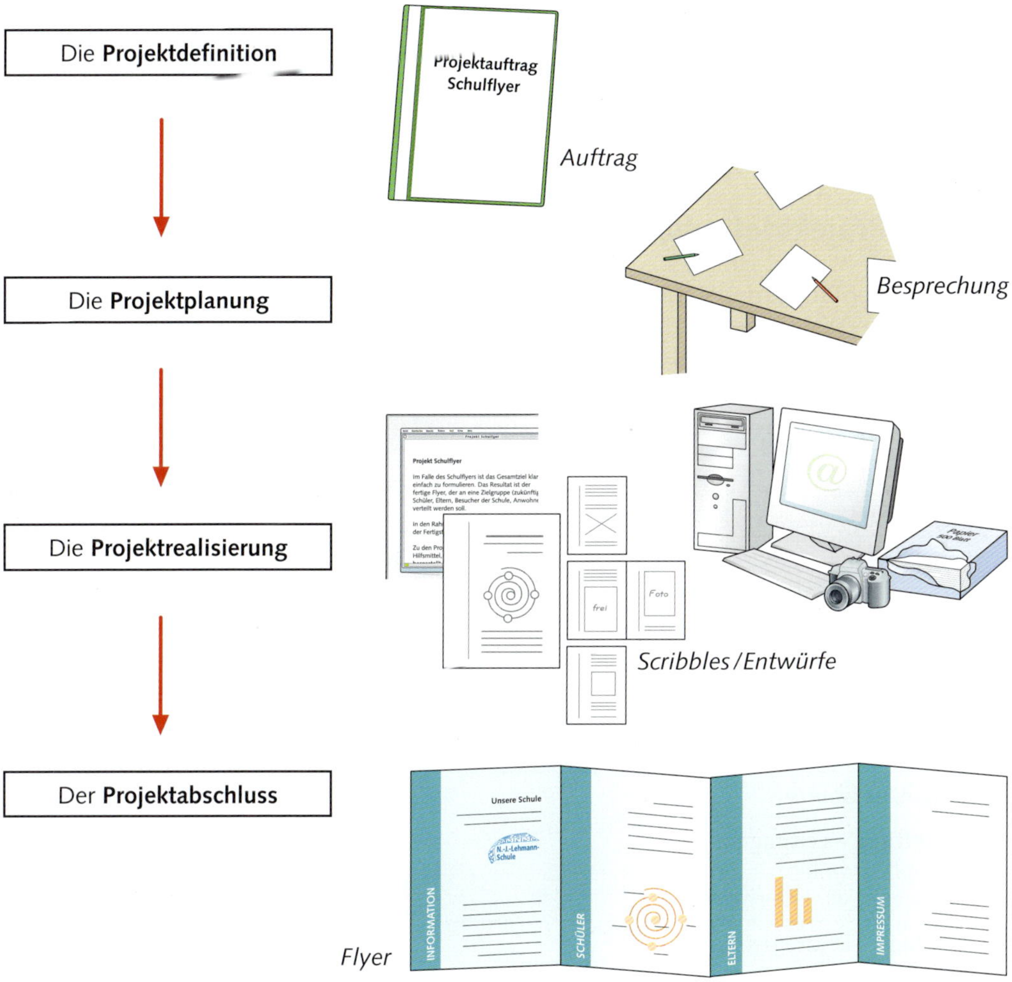

1 *Die Arbeitsphasen eines Projekts*

Alle Arbeitsphasen eines Projektes sind gleich wichtig. Jede einzelne Phase bereitet die nächste vor und sichert deren Erfolg. Deshalb müssen alle Phasen mit der gleichen Sorgfalt durchlaufen werden.

Aufgaben – Projektarten/Projektideen

1 Beispiele für Projekte

Formulieren Sie Problemstellungen, die mithilfe eines Projektes lösbar sind. Finden Sie vier Beispiele.

2 Einordnung durchgeführter Projekte
Erinnern Sie sich an durchgeführte Projekte und ordnen Sie diese den unterschiedlichen Projektarten zu. Überprüfen Sie, ob die Kriterien der Projektarbeit erfüllt wurden.

Aufgabe – Grundwissen

3 Recherche
Recherchieren Sie mithilfe des Internets verschiedene Ideen für Projekte im Fachunterricht Informatik. Fertigen Sie dazu eine Übersicht mit Angabe des Projektnamens, einer kurzen Beschreibung der Projektidee, der Projektart und der beteiligen Unterrichtsfächer an.

15 Die Projektdefinition

Die Phase der Projektdefinition stellt die Weichen für einen erfolgreichen Start. Schwerpunkte dieser Phase sind
- das Abstecken des konkreten Ziels,
- die Festlegen der Rahmenbedingungen,
- die Klärung wichtiger Voraussetzungen.

Projektteam	
Projektleitung	
Beginn	
Ende	
Meilensteine	· ·
Budget/Ressourcen	
Zielsetzung – Leitfragen: Wo wollen wir hin? Was wollen wir erreichen?	· ·
IST-Stand – Leitfragen: Wie ist es im Moment? Welche Probleme gibt es?	· ·
Aufgabenstellung Was soll getan werden?	· ·
Ergebnisse – Leitfragen: Was soll am Ende als Ergebnis herauskommen?	· ·
Ideen für die Auswertung Wie stellen wir fest, ob wir die Ziele erreicht haben?	· ·

1 Vorlagen für einen Projektauftrag

Diese Schwerpunkte werden in einem Dokument, dem **Projektauftrag**, festgeschrieben.

Im Falle des Schulflyers ist das Gesamtziel klar und einfach zu formulieren. Das Resultat ist der fertige Flyer, der an eine Zielgruppe (zukünftige Schüler, Eltern, Besucher der Schule, Anwohner) verteilt werden soll.
In den Rahmenbedingungen wird z. B. der Zeitpunkt der Fertigstellung festgelegt.
Zu den Projektvoraussetzungen gehören technische Hilfsmittel, z. B. der Computer, mit dem der Flyer hergestellt wird. Hier spielen auch die Ressourcen und des Budget eine nicht unbedeutende Rolle. So muss die Fragen nach dem Geld für Papier und Druck geklärt werden. Daraus ergibt sich, mit wie vielen Farben (Schwarzweiß, Zweifarbdruck, Vierfarbdruck) der Flyer gedruckt werden kann.

Meilensteine

Ein weiterer Inhalt des Projektauftrages sind die Meilensteine. Sie strukturieren ein Projekt in Teilaufgaben und gestalten es so überschaubar. Mit ihrer Hilfe lässt sich ein Projekt terminieren, d. h. zeitlich planen. Die Festlegung von Meilensteinen ermöglicht eine Koordination und Kontrolle des Projektablaufs in der Phase der Projektdurchführung. Die Meilensteine müssen sorgfältig ausgewählt und festgelegt werden. Dabei leistet die To-do-Liste gute Dienste.

Meilensteine bei der Schulflyerherstellung sind z. B.
- das Schullogo,
- die Flyertexte,
- die Fotos für den Flyer,
- das Layout des Flyers,
- der fertige Flyer.

Meilensteine sind klar formulierte Teilaufgaben innerhalb eines Projektes.

Der fertige Projektauftrag ist der Schlüssel für eine detaillierte Projektplanung. Er wird jedem Teammitglied ausgehändigt und ist Orientierung und Maßstab während des gesamten Projektes.

16 Die Projektplanung

Teamsitzungen

„Gut geplant, ist halb gewonnen!“ sagt eine alte Volksweisheit. Die konkrete Planung eines Projektes wird heute oft unterschätzt. Sie muss auf alle Fälle vor der eigentlichen Projektrealisierung erfolgen. Geplant wird mit allen Teammitgliedern. Dazu werden Teamsitzungen durchgeführt. Dort treffen sich alle Teammitglieder und beraten die anstehenden Aufgaben, sprechen über Probleme und vereinbaren Termine und Festlegungen.

Regeln für eine gute Teamsitzung sind:
- Jede Sitzung gut vorbereiten!
  Die Tagesordnung ist allen vor Beginn der Sitzung bekannt.
- Leitung (Moderation) vorher festlegen!
  Bewährt hat sich dabei der genau festgelegte Wechsel der Teamsitzungsmoderation innerhalb des gesamten Teams.
- Immer Protokoll führen!
  Auch der Protokollführer muss vorher festlegen werden. Für das Protokoll sollte eine Vorlage erstellt werden
- Alle beteiligen sich! Keiner redet zu lange!
- Die To-do-Liste ist Tagesordnungspunkt!
- Geplante Zeit einhalten!

Die Durchführung einer **Teamsitzung** ist eine wichtige Arbeitsmethode in allen Projektphasen. Sie dient der Planung, Steuerung, Koordination, Abstimmung und Kontrolle innerhalb des Projektes.

Teamsitzungen sind auch in allen anderen Projektphasen eine wichtige Arbeitsmethode. In der ersten Teamsitzung der Planungsphase müssen mehrere Planungsdokumente erstellt werden. Das sind

- der **Projektstrukturplan** (**PSP**),
- der **Projektablaufplan** (**PAP**) und
- der **Aktionsplan** (**AP**).

Grundlage aller dieser Planungsdokumente ist der Projektauftrag.

Der Projektstrukturplan (PSP)

Ausgangspunkt für die Erstellung eines Projektstrukturplanes (PSP) sind die im Projektauftrag festgelegten Meilensteine. Die Teilziele werden nun weiter in einzelne Arbeitspakete und Aktivitäten gegliedert. Hier könnte sowohl die Arbeitsmethode **Brainstorming** als auch das **Mindmapping** genutzt werden.

Beim Brainstorming werden zuerst alle Ideen unkommentiert gesammelt. Dabei schreibt jedes Teammitglied seine Gedanken und Ideen zum Thema auf eine Karte. Diese werden dann an eine Tafel geheftet. Wichtig ist, dass die Ideen und Lösungsansätze erst einmal weder bewertet noch verteidigt oder erklärt werden dürfen. Beim Brainstorming sollen die Ideen so spontan wie nur irgend möglich fließen. Deshalb dürfen keine Ideen und Gedanken kommentiert, verteidigt oder bereits diskutiert werden – egal wie verrückt oder absurd sie auch sein mögen. So ist gewährleistet, dass unter den vielen Ansätzen auch für die Problemlösung brauchbare sind.

Nach einer Pause des Lesens, Wirkens und Durchdenkens ist das eigentliche Brainstorming abgeschlossen.

Nun erfolgt die Bewertung, Strukturierung und Diskussion der Vorschläge. Dabei können die Ideen und Gedanken auch verändert, weiterentwickelt oder, wenn notwendig, verworfen werden.

Die Unterteilung der Meilensteine „Flyertexte" und „Schullogo" im Projektstrukturplan könnte nach der Erarbeitung z. B. so aussehen:

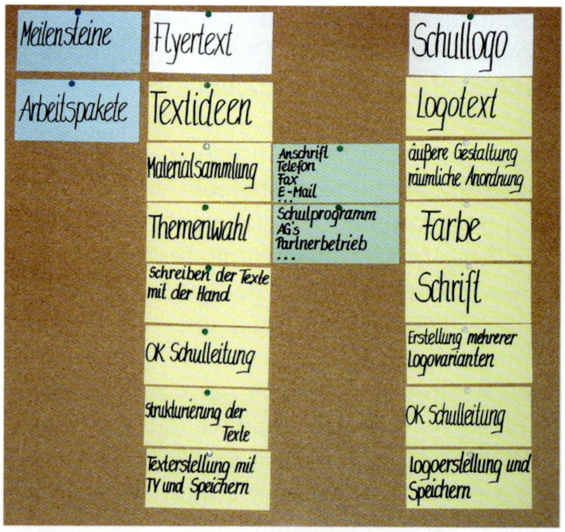

1 Resultat des Brainstormings

Alle Meilensteine und die zu ihnen gehörenden Arbeitspakete werden im Projektstrukturplan zusammengefasst. Es sei nochmals darauf hingewiesen, dass der Projektstrukturplan nur das „*WAS*" an Aufgaben und Aktivitäten planen soll. Ein allgemeiner Aufbau würde also so aussehen:

<Meilenstein 01>	**<Meilenstein 02>**	**<...>**	**<Meilenstein n>**
<Arbeitspaket 01>	<Arbeitspaket 01>	<...>	<Arbeitspaket 01>
<Arbeitspaket 02>	<Arbeitspaket 02>		<Arbeitspaket 02>
<Arbeitspaket 03>	<...>		<Arbeitspaket 03>
<...>			<Arbeitspaket 04>
			<...>

2 Vorlage für einen Projektstrukturplan

Der **Projektstrukturplan (PSP)** legt fest, welche Aufgaben und Aktivitäten im Projekt zu leisten sind.

Alle Aufgaben und Aktivitäten, die für eine erfolgreiche Projektdurchführung benötigt werden, sind nun genauer beschrieben und die Arbeit könnte beginnen.

Hinweis: Eine Planung der Arbeitspakete alleine reicht nicht aus. Eine Reihe von weiteren Fragen sind noch ungeklärt.

Der Projektablaufplan (PAP)

Als Nächstes muss das Team die Arbeitspakete in eine zeitliche Abfolge ihrer Abarbeitung bringen. Dazu wird der so genannte Projektablaufplan (PAP) aufgestellt. Dabei sind folgende Fragestellungen zu beachten:

- In welcher Reihenfolge müssen die Arbeiten und Aktivitäten durchgeführt werden?
- Gib es zwischen bestimmten Arbeitspaketen Abhängigkeiten oder Beziehungen? (Was kann zeitgleich und was muss nacheinander passieren?)
- Wie viel Zeit ist für die einzelnen Arbeiten und Aktivitäten jeweils einzuplanen?

Das Aufstellen und die Pflege eines Projektablaufplanes geschehen heute meist mithilfe des Computers. Dafür gibt es professionelle Anwendungen zur Projektverwaltung. Einfacher, aber genauso funktional, ist die Aufstellung und Pflege des PAP mit der Tabellenkalkulation.

In der ersten Spalte stehen alle Arbeitspakete und Aktivitäten, geordnet nach Meilensteinen, untereinander. Die weiteren Spalten bilden eine Zeitleiste. In einer Zeile wird dann die geplante Dauer einfach durch Einfärben der entsprechenden Zellen dargestellt. Hier hat es sich als sinnvoll erwiesen, für ein Arbeitspaket oder eine Aktivität jeweils zwei Zeilen einzurichten. In der ersten Zeile markiert man den geplanten Zeitraum. In der zweiten Zeile wird dann während des Projektes der tatsächlich benötigte Zeitumfang gekennzeichnet. Dies ist eine wichtige Kontrollfunktion der dritten Projektphase – der Projektdurchführung. So können schnell Schwierigkeiten und Risiken, die einen erfolgreichen und termingerechten Projektabschluss gefährden, erkannt und behoben werden.

Die Abarbeitung der Meilensteine „Flyertext" und „Schullogo" können weitgehend parallel verlaufen. Der zeitliche Aufwand der einzelnen Arbeitspakete ist natürlich unterschiedlich. Dies muss bei der Planung im PAP berücksichtigt werden. Dagegen kann der Meilenstein „Der Flyer" mit seinen Arbeitspaketen erst dann in Angriff genommen werden, wenn die Meilensteine „Layout des Flyers" und „Flyertext" fertig gestellt sind. Später können in diese Arbeitsphase das Schullogo und die Fotos eingebracht werden. Die Fertigstellung des Flyers ist also von der Erledigung anderer Arbeitspakete abhängig.

	13. Kalenderwoche					14. Kalenderwoche					15. Kalenderwoche				
Meilensteine - Arbeitspakete	Mo	Di	Mi	Do	Fr	Mo	Di	Mi	Do	Fr	Mo	Di	Mi	Do	Fr
Flyertext															
Ideen- und Materialsammlung															
Themenwahl															
Schreiben der Texte von Hand															
…															
Schullogo															
Logotext															
äußere Gestaltung / räumliche Anordnung															
Farbe / Schrift															
…															
Flyer															
Anlegen der Flyerdatei															
Einfügen der Texte															
Einfügen der Fotos															
…															

***3** Projektablaufplan zum Projekt Schulflyer*

Der **Projektablaufplan (PAP)** beschreibt, in welcher zeitlichen Reihenfolge die Aufgaben und Aktivitäten im Projekt zu leisten sind.

Der Aktionsplan (AP)

Durch die bisherige Projektplanung weiß jeder im Team, *was* an Aufgaben und Aktivitäten innerhalb des Projektes erledigt werden muss. Auch *wann* welche Aufgabe abgearbeitet wird, ist nun bekannt. So bleibt eigentlich nur noch eine offene Frage. Wer macht was wann mit wem? Die Verantwortlichkeiten jedes einzelnen Teammitgliedes werden im Aktionsplan (AP) festgelegt. Die Aufstellung des Aktionsplans ist meist der schwierigste Teil der Projektplanung. Auf alle Fälle sollten hier die Neigungen, Stärken und auch die Schwächen der einzelnen Teammitglieder berücksichtigt werden.

Folgende Vorlage dient zur Erstellung eines Aktionsplanes:

WER	WAS	mit WEM	WANN
…	…	…	…

***4** Vorlage für einen Aktionsplan*

Wenn es um Verantwortlichkeiten innerhalb des Projektes geht, ist es an der Zeit, auch über wichtige Funktionen innerhalb des Teams zu sprechen.
Jedes Projekt braucht einen Projektleiter und für den Fall seiner Abwesenheit einen Stellvertreter. Dies bedeutet aber in keinem Fall, dass sie alle organisatorischen und fachlichen Aufgaben zu erledigen haben. Wie im Falle der Moderation von Teamsitzungen schon erwähnt, soll jedes Teammitglied Verantwortung und Funktion im Team übernehmen.

Dem Projektleiter kommt z. B. die Koordination der Teamsitzungsmoderation zu.
Eine ebenso wichtige Funktion innerhalb des Projektteams hat der „Hüter der Zeit". Sein wichtigstes Arbeitsmittel und Dokument ist der Projektablaufplan. Er ist verantwortlich für die termingerechte Abarbeitung aller Arbeitspakte. Diese sollte er gewissenhaft im PAP vermerken. Kommt es zu Verspätungen, informiert der „Hüter der Zeit" den Projektleiter. Dieser kann, wenn es notwendig ist, z. B. eine Teamsitzung einberufen, um die Krisensituation zu beraten und zu meistern.

Der **Aktionsplan** (**AP**) verteilt die Zuständigkeiten und Verantwortlichkeiten im Projekt. Hier werden auch die Funktionen innerhalb des Projektteams festgelegt.

Eine intensive und umfangreiche Planungsphase liegt hinter allen Teammitgliedern. Doch es hat sich gelohnt. Keiner im Team geht unvorbereitet in die Phase der Projektrealisierung. Dies war und ist das wichtigste Ziel der Phase der Projektplanung.

Aufgaben – Projektplanung

1 Projekt „Betriebspraktikum"
Ein Meilenstein des Projektes ist das Erstellen eines Adressendatenbanksystems zu den Praktikumsbetrieben. Formulieren Sie zu diesem Meilenstein einzelne Arbeitspakete für einen Projektstrukturplan.

2 Projekt „Schlemmerpalast"
Ordnen Sie dieses Projekt einer Projektart zu. Was soll das rechnergestützte Bestell- und Abrechnungssystem leisten?

3 Projektwoche „Wasser – Quell des Lebens"
Formulieren Sie Meilensteine für das Projekt einer Internetpräsentation zur Begleitung und Dokumentation der Projektwoche.

4 Projekt „Orientierungssystem für eine Schule"
Ordnen Sie dieses Projekt einer Projektart zu. Die Piktogramme sollen auf selbstklebendem Papier im Schulhaus angebracht werden. Recherchieren Sie nach notwendigen Materialien und fertigen Sie eine Aufstellung der Ressourcen und des notwendigen Budgets an.

5 Projekt „Bildarchivsystem"
Erstellen Sie einen vollständigen Projektauftrag und einen Projektstrukturplan für das Projekt Bildarchivsystem.

Aufgaben – Grundwissen

6 Tabellenkalkulation
Realisieren Sie den Projektauftrag, den Projektstrukturplan und den Projektablaufplan des Projekts „Flyer" mit einem Tabellenkalkulationsprogramm. Sorgen Sie dabei durch die Formatierung von Zellen und Zelleninhalten für ein ansprechendes Erscheinungsbild.

7 Suchen im Internet

Beschreiben Sie die Funktionsweise von Suchmaschinen und nennen Sie verschiedenen Suchstrategien. Wählen sie ein beliebiges Thema aus dem Alltag und versuchen Sie mithilfe von verschiedenen Suchstrategien Informationen zu sammeln. Vergleichen Sie die Ergebnisse nach Aktualität, Glaubwürdigkeit und Wichtigkeit.

17 Die Projektrealisierung

Auch die Phase der Projektrealisierung startet mit einer kurzen Teamberatung. Diese kann und sollte nicht länger als drei bis fünf Minuten dauern. Zu beantwortende Fragestellungen in dieser Teamsitzungen sind:

- Weiß jeder, was er zu tun hat?
- Gibt es offene Fragen?
- Fehlt jemand und müssen Arbeitsaufgaben umgeplant werden?
- Was ist das Tages- bzw. Stundenziel?
- Wann treffen wir uns wieder?

Selbstverständlich wird auch zu dieser Teamsitzung ein Protokoll angefertigt, um Versäumnisse oder Missverständnisse zu vermeiden.
Nun beginnt die eigentliche Arbeit an den Aufgaben. Dabei gilt es zuerst, einen Anfang oder den berühmten „roten Faden" zu finden. Dafür kommen verschieden Arbeitstechniken in Frage. Benutzt man für die Ideenfindung meistens das Brainstorming und für die Strukturierung von Gedanken und Informationen die Methode des Mindmapping, so werden Informationen mittels einer gewöhnlichen, sachlichen Recherche z. B. in Nachschlagewerken oder dem Internet beschafft.
Bei kreativen Aufgaben kann der Zugang oder die Inspiration aber genauso durch Betrachten eines Bildbandes, Beobachtung der Natur, Besichtigung eines Museums oder dem Hören von Musik gefunden werden.

Die Projektrealisierung am Beispiel des Meilensteins „Schullogo"

Die Erstellung des Schullogos ist eine Aufgabe, bei der sowohl die sachliche Informationssuche als auch die kreative Inspiration eine entscheidende Rolle spielen.
Die Recherche zur Person von N. J. Lehmann ergab, dass er ein Informatikpionier der ersten Stunde war. Zu seiner Zeit steuerten Lochkarten und Lochstreifen die Rechentechnik.

L5 L6

Die Idee des Lochstreifens ist der kreative Ansatz zur Gestaltung des Schullogos. Es soll ein kombiniertes Zeichen werden und aus dem Schriftzug „N.-J.-Lehmann-Schule" sowie einem Stück Lochstreifen als grafischem Element bestehen.
Die Kunstlehrerin Frau Dürer beschäftigt sich mit dem Grundaufbau und der äußeren Gestalt des Logos. Sie fertigt ein Layout an.

Der Layoutprozess durchläuft mehrere Stufen:

- **Scribble** – erste intuitive Einfälle als Skizzen ohne Farbe und Format.
- **Rohlayout** – Umsetzung einer Scribble-Idee im geplanten Format auf Hilfslinienraster mit Verwendung von Farben und Schriften.
- **Reinlayout** – Umsetzung gemäß einer exakten Druckvorlage für das eigentlichen Endprodukts.

Das Scribble ist eine schnelle Freihandskizze, die den ersten optischen Eindruck vom Aussehen des Logos vermittelt. Das Wort klingt so ähnlich wie „Skizze" oder „Gekritzel", und so ist es auch zu verstehen. Hier werden die ersten intuitiven Einfälle noch ohne Farbe und exaktes Format, ohne Details skizziert. Fünf bis zehn verschiedene solcher Skizzen wären für ein effektives Weiterarbeiten von Nöten.

Bevor das Rohlayout erstellt wird, sollten die Scribble-Entwürfe ein bis zwei Tage ruhen und „reifen". Dann wählt man zwei bis drei aus und zeichnet dazu ein Rohlayout. In dieser Layoutstufe wird das Logo in der geplanten Größe hergestellt. Auch Schriften und Farben werden so dargestellt, wie sie im späteren Logo erscheinen sollen. Meist wird das Rohlayout wegen der größeren Genauigkeit auf einem Raster gezeichnet. Besonders gut eignet sich hier Millimeterpapier.

Das Reinlayout, also die mit einer geeigneten Grafikanwendung hergestellte, exakte Druckvorlage für die Zeichnung des Schullogos, kann schon als Vorlage zur Abstimmung mit der Schulleitung dienen.

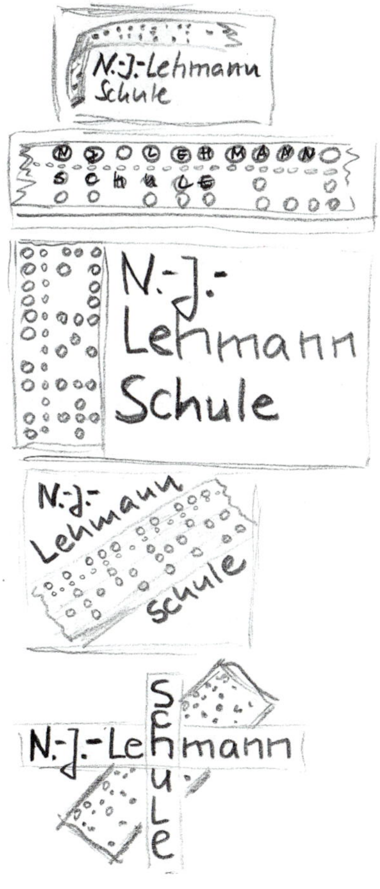

Scribble des Logos

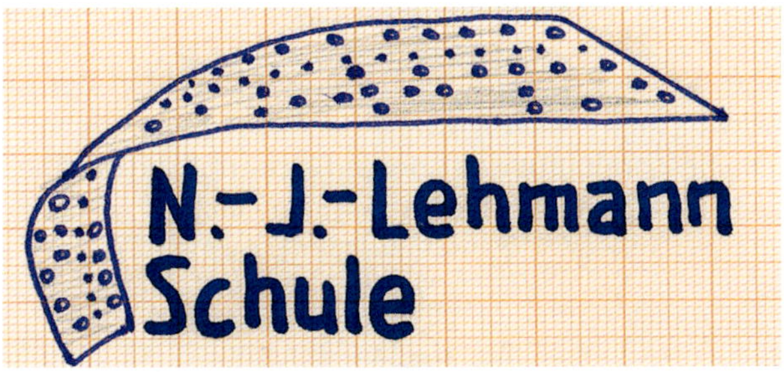

Rohlayout des Logos

Reinlayout des Logos

1 *Vom Scribble zum Reinlayout*

Das **Layout** ist die Planung der Anordnung aller Elemente eines Logos oder einer Veröffentlichung. Es umfasst auch die Auswahl der Schriften und die Farbgestaltung.

Logos werden meist mit Vektorgrafikprogrammen erstellt und bestehen aus verschiedenen Elementen wie Linien, Flächen und Textfeldern. Diese haben ganz spezifische Eigenschaften. In der Vektorgrafik werden diese Elemente durch mathematische Funktionen beschrieben. Dadurch ist es möglich, Grafiken stufenlos und verlustfrei zu vergrößern und zu verkleinern (skalieren). So können verschiedene Versionen eines Logos in beliebiger Größe und stets gleich bleibender Qualität erzeugt werden.
In der Vektorgrafik gibt es somit die Klassen LINIE, FLAECHE und TEXT. Der Umfang der Attribute ist stark abhängig von dem verwendeten Programm. Eine mögliche Darstellung der Klassen wäre z. B.:

LINIE	FLAECHE	TEXT
linienstaerke: Haarlinie, 1pt, ...	linienstaerke: Haarlinie, 1pt, ...	inhalt: ...
linienfarbe: gelb, grün, ...	linienfarbe: gelb, grün, ...	schriftart: Frutiger, FF Meta, ...
linienart: normal, gestrichelt, ...	linienart: normal, gestrichelt, ...	schriftschnitt: normal, kursiv, ...
linienenden: ohne, Pfeile, ...	linienstil: normal, kalligrafisch, ...	schriftfarbe: gelb, grün, ...
linienstil: normal, kalligrafisch, ...	fuellfarbe: gelb, grün, ...	schriftposition: normal, hochgestellt, ...
...	fuellmuster: ohne, karriert, ...	ausrichtung: links, rechts, ...
	farbverlauf: ohne, radial, ...	zeilenabstand: normal, doppelt, ...
	...	...

2 Die Klassen LINIE, FLAECHE und TEXT der Vektorgrafik

Das Schullogo besteht aus mehren Objekten der Klasse LINIE und der Klasse FLAECHE sowie einem Textobjekt.
Die Beschreibung des oberen Flächenobjektes sähe so aus:

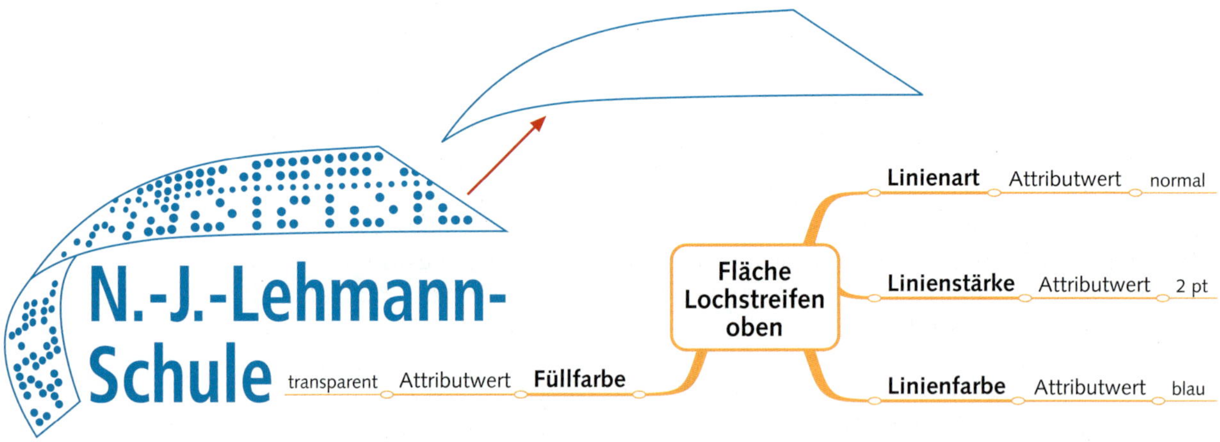

3 Objektbeschreibung eines Grafikelements des Schullogos

Schwierigkeiten und Probleme während der Projektrealisierung

Eine Krisensituation ist entstanden. Herr Blitz, der Physiklehrer und Leiter der Foto-AG, wurde an eine andere Schule versetzt. Die Foto-AG musste leider aufgelöst werden. Frau Schiller entschließt sich kurzerhand, die Schulbilder selber zu fotografieren. Sie besorgt sich eine schon etwas ältere, aber leicht zu bedienende Digitalkamera und legt los. Am heimischen Computermonitor ist sie mit den Ergebnissen ihre Bemühungen auch recht zufrieden.

So werden die ausgewählten Bilder in die auf dem Rechner vorbereiteten Flyerdatei eingefügt. Dabei müssen sie noch vergrößert werden, weil sie zu klein sind. Der Flyer wird zur Probe ausgedruckt. Das Ergebnis ist nicht verwertbar. Die Fotos sehen eher aus wie Mosaike. Man sagt, sie sind sehr pixelig.

4 Foto für Flyer in der Bildschirmdarstellung (links) und nach dem Druck (rechts)

Die Krise hat sich verschlimmert. Die Zeit für die Fertigstellung des Flyers rückt immer näher: Frau Schiller hat falsch reagiert!
Projekte sind Teamarbeit und Schwierigkeiten und Krisen können und müssen im Team besprochen und gelöst werden. Die Kontrolle des reibungslosen Projektablaufes liegt in der Verantwortung des Projektleiters, seines Stellvertreters und des „Hüters der Zeit". Jedoch sollte jedes Teammitglied in seinem Bereich an der Projektkontrolle aktiv teilnehmen. Dabei gilt der Grundsatz: „So viel Selbstkontrolle wie möglich, so viel Fremdkontrolle wie nötig!"

Was muss kontrolliert werden?

?

Es müssen „feste Faktoren" und „weiche Faktoren" kontrolliert werden. Feste Faktoren sind beispielsweise Termine, Zeiten, Kosten, Qualität. Die Kontrolle dieser Faktoren geschieht periodisch und könnte z. B. zusätzlich im Projektablaufplan vermerkt werden. Nicht zu unterschätzen ist in jedem Fall die Kontrolle der „weichen Faktoren". Das sind u. A. die Leistungsbereitschaft der Mitarbeiter, die Teamstimmung, die Motivation und die Effektivität der Arbeit. Ihre Kontrolle sollte ständig erfolgen.

Die ständige **Kontrolle** des Projektablaufes ist eine wichtige Arbeitsmethode zum Vermeiden von Krisensituationen während der Projektrealisierung.
Dabei unterscheidet man zwischen der Kontrolle von „festen Faktoren" und „weichen Faktoren".

Spät, aber nicht zu spät, beruft Frau Schiller eine Teamberatung ein. Haupttagesordnungspunkt ist die Erstellung der Fotos. Schneller als gedacht findet sich eine Lösung. Die Frau von Herrn Ram ist Berufsfotografin und übernimmt kurzfristig die Aufgaben der Foto-AG.

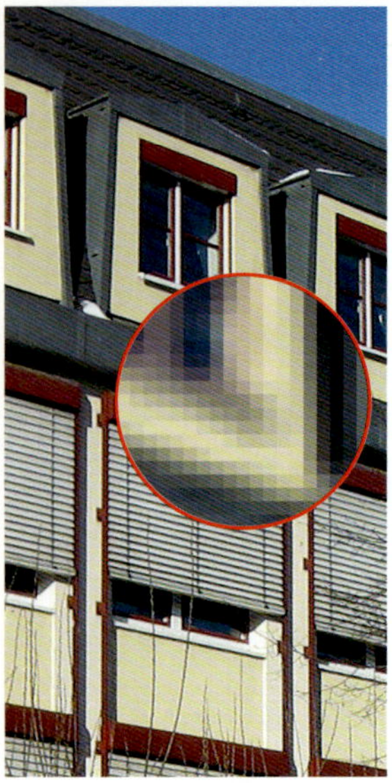

5 Fotos setzen sich aus Pixeln zusammen

Fotos von Digitalkameras liegen im Computer als Pixelgrafiken vor. Sie bestehen aus vielen kleinen Bildpunkten, den Pixeln. Jedem einzelnen Bildpunkt ist genau eine Farbe zuzuordnen. Deshalb gehen bei der Überlagerung von zwei Bildern die untere Farbinformation verloren. Das ist ein wesentlicher Unterschied zur Vektorgrafik. Bei dieser Grafikart kann man beliebig viele Objekte übereinander legen und ohne Verlust wieder trennen. Zwar arbeiten heute auch die meisten Pixelgrafikanwendungen mit verschiedenen Ebenen und erhalten beim Abspeichern im programmeigenen Format auch übereinander gestapelte Bildinformationen. Wird das Bild aber in einem nicht programmeigenen Format gespeichert, gehen die Ebeneninformationen in der Regel wieder verloren.

Die Klassen einer Pixelgrafik sind der BILDPUNKT und das GRAFIKDOKUMENT. Ein Bildpunkt oder Pixel hat nur die zwei Attribute Farbe und Position. Die Position wird als geordnetes Paar P(x;y) von x- und y-Koordinaten in einem Koordinatensystem angeben. Die Lage des Koordinatenursprungs ist abhängig von der verwendeten Software. Sie befindet sich oft in der linken oberen oder unteren Ecke des Bildes. Der Ursprung kann aber auch in der Mitte des Bildes sein.
Das Grafikdokument hat die Attribute Farbtiefe, Auflösung, Dimension und Farbmodell.

Die **Farbtiefe** einer Pixelgrafik ist die Anzahl der zur Speicherung der Farbinformation pro Pixel zur Verfügung stehenden bits. Sie legt damit fest, wie viele verschiedene Farben im Bild maximal zur Verfügung stehen. Typisch sind heute Farbtiefen von 16, 24 und 32 bit. Die Anzahl der möglichen Farbtöne berechnet sich mit der Formel

$$\text{Anzahl der Farbtöne} = 2^{\text{Farbtiefe}}.$$

Die **Auflösung** gibt den Grad der Genauigkeit oder Feinheit einer Wiedergabe der jeweiligen Pixelgrafik an. Sie ist somit ein Maß für die Qualität der Pixelgrafik. Sie wird in ppi, dpi oder lpi angegeben.

› engl.: inch – Zoll; 1 Zoll ≈ 2,54 cm

- ppi steht für pixel per › inch – Bildpunkte pro Zoll
  Die Auflösung von Fotos und Bildern in Pixelgrafikprogrammen wird in ppi angegeben.
- dpi steht für dots per inch – Druckpunkte pro Zoll
  Die Auflösung von Druckern und Scannern wird in dpi angegeben.
- lpi steht für lines per inch – Linien pro Zoll
  Die Auflösung von Scannern wird oft in lpi angegeben.

Welche Auflösung für ein Bild verwendet wird, hängt vom vorgesehenen Ausgabegerät ab.

Ausgabegerät	Auflösung
Bildschirm oder Beamer (Mac)	72 ppi
Bildschirm oder Beamer (Windows)	96-100 ppi
Drucker	ab 300 dpi

Die **Dimension** einer Pixelgrafik beinhaltet die Breite und die Höhe der Grafik. Diese können in Bildpunkten (Pixel mit Abkürzung px), in Millimetern oder Zentimetern, aber auch in inch angegeben werden.

L15

Das **Farbmodell** gibt den verwendeten Farbraum an. Die Wahl des Farbraumes ist abhängig davon, ob das Bild am Bildschirm angezeigt oder ausgedruckt werden soll.

Eine vereinfachte UML-Darstellung der beiden Klassen könnte so aussehen:

BILDPUNKT
farbe: gelb, grün, ... position: (0;0), (0;1), (1;0), (1;1), ...

GRAFIKDOKUMENT
farbtiefe: 1 bit, 2 bit, ... aufloesung: 72 ppi, 100 ppi, 300 ppi, ... dimension: (b=100 px, h=50 px), ... farbmodell: Graustufen, RGB, CMYK, ...

6 Die Klassen BILDPUNKT und GRAFIKDOKUMENT

Pixelgrafiken können in verschiedenen Grafikformaten gespeichert werden. Welches Grafikformat zum Einsatz kommt, ist abhängig davon, wofür die Pixelgrafik verwendet werden soll. In der folgenden Übersicht sind einige bekannte Grafikformate, ihre Eigenschaften und Einsatzbereiche aufgelistet:

Name des Grafikfomates	Datei-Endung	Einsatz/Verwendung	max. Farbtiefe	notwendige Auflösung	Zusatzinformation
Graphic Interchange Format	*.gif	Internetpräsentationen Bildschirmpräsentationen	bis 8 bit	72-100 ppi	verlustfreie Komprimierung, animationsfähig
Joint Photography Experts Group	*.jpg	Internetpräsentationen Bildschirmpräsentationen	bis 24 bit	72-100 ppi	verlustbehaftete Komprimierung
Portable Network Graphics	*.png	Internetpräsentationen Bildschirmpräsentationen	bis 24 bit	72-100 ppi	verlustfreie Komprimierung
Tagged Image File	*.tif	zum Drucken	bis 32 bit	ab 300 ppi	universelles Austauschformat für fast alle Rechnerplattformen
Windows Bitmap Graphic File	*.bmp	zum Drucken	bis 24 bit	ab 300 ppi	Hausformat der Windowssysteme
Mac-Paint Format	*.mac	zum Drucken	bis 32 bit	ab 300 ppi	Hausformat des Apple-Macintosh-Systems

7 Grafikformate

Ein Foto, das mit einem traditionellen Fotoapparat aufgenommen wurde, kann mit einem Scanner digitalisiert werden. Dabei entsteht eine Pixelgrafik. Werden Bilder mit einer digitalen Kamera fotografiert, gelangen sie schon als Pixelgrafikdatei auf den Rechner.

Frau Ram entschließt sich, wegen des Zeitdrucks eine Digitalkamera für die Aufnahme der Schulfotos zu verwenden.

Ganz gleich, welcher Weg beschritten wird, bei allen Fotos ist die Nachbearbeitung in einer Pixelgrafikanwendung erforderlich. Bei der Bearbeitung und Korrektur der Bilder sollte eine bestimmte Reihenfolge des Arbeitsablaufes beachtet werden. Sicher gibt es dafür kein Patentrezept. Eine mögliche und sinnvolle Bearbeitungsreihenfolge ist:

- Farbraumumwandlung (RGB für Monitor oder Beamer, CMYK für Drucker)
- Kontrastabstimmung, Farbkorrekturen
- Bildausschnitt festlegen
- Fleckenretusche
- Ausgabeauflösung und Bildgröße einstellen
- Grafikformatkonvertierung
- Schärfenkorrektur

L 20

Durch den Einsatz der professionellen Digitalkamera und der Hilfe von Frau Ram konnten alle Bilder für den Flyer noch im Zeitplan erstellt und nachbearbeitet werden.
Genau wie die Arbeitspakete zu den Meilensteinen Schullogo und Flyerfotos werden auch alle anderen Meilensteine mit Elan und Engagement vom Projektteam bearbeitet.

Es ist geschafft. Alle Teammitglieder haben fleißig und hart gearbeitet. Der erste Probedruck des Flyers musste noch an einigen Stellen korrigiert werden. Insgesamt ist der Auftrag aber abgeschlossen.
Die lange Phase der Vorbereitung und Planung hat sich gelohnt, denn der Zeitplan zur Fertigstellung des Flyers konnte mit einigen Verschiebungen eingehalten werden. Selbst die Krisensituation bei der Erstellung der Fotos hat das Flyerprojekt nicht gefährdet. Eigentlich könnten alle zufrieden nach Hause gehen. Ein Projekt ist mit der erfolgreichen Projektrealisierung aber noch nicht beendet.

Aufgaben – Projektrealisierung

2 3

1 Projekt „Betriebspraktikum"
Entwerfen Sie eine Klassenbeschreibung für das Adressdatenbanksystem. Erzeugen Sie aus dieser ein Relationenmodell.

2 Projekt „Schlemmerpalast"
Erzeugen Sie eine Kalkulationstabelle zur Abrechnung der täglichen Ein- und Ausgaben der Schülerfirma für die Pausenversorgung.

21 22

3 Projektwoche „Wasser – Quell des Lebens"
Planen und realisieren Sie ein Layout einer Internetseite für die Dokumentation der Projektwoche.

4 Projekt „Orientierungssystem für eine Schule"
Erstellen Sie einen Piktogrammrahmen mit ihrer Vektorgrafikanwendung. Erzeugen Sie einen Objektbaukasten mit verschiedenen Objekten zur Personendarstellung (z. B. Kreis für Kopf, abgerundetes Rechteck für Arme, ...). Beschreiben Sie mit einer geeigneten Darstellung Attribute und Attributwerte aller Einzelobjekte des Baukastens.

5 Projekt „Bildarchivsystem"
Entwerfen Sie eine Klassenbeschreibung für das Bildarchivsystem. Erzeugen Sie aus dieser ein Datenmodell. Realisieren Sie dieses Modell in ihrem Datenbankmanagementsystem.

Aufgabe – Grundwissen

6 Bit und Byte

a Was ist ein bit und was ist ein Byte?
b Stellen Sie eine Übersicht zur Farbtiefe von Pixelgrafiken und der Anzahl der möglichen Farben bei Farbtiefen von 1 bit bis 48 bit zusammen.
c Recherchieren Sie, wie viele Farben ein Bild bei einer Farbtiefe von 32 bit und 48 bit tatsächlich hat.

18 Der Projektabschluss

Der Abschluss eines jeden Projektes hat prinzipiell zwei wichtige und dennoch verschiedene Aspekte. In jedem Projekt wird etwas geschaffen. Dieses Projektprodukt oder Projektergebnis sollte den Projektteilnehmern und auch Außenstehenden in einem geeigneten Rahmen vorgestellt werden. Dies ist der eine Aspekt – die Projektpräsentation.
Jedes Projekt hat aber auch seine eigene Geschichte mit Höhen und Tiefen. Dieser Aspekt ist die Projektauswertung und Projektanalyse.

Die Projektpräsentation

Auf keinen Fall darf das Projektteam nach der Fertigstellung einer Projektaufgabe einfach auseinander gehen. Die Projektpräsentation vor dem eigenen Team und Nichtbeteiligenten ist eine bewusste Würdigung der Arbeit und Anstrengung des gesamten Teams wie auch der Arbeit jedes Einzelnen. Sie schafft Vertrauen in die eigenen Fähigkeiten. Den Stolz auf die eigene geleistete Arbeit zu entwickeln, ist eine der besten Motivationen für die Realisierung neuer Projektaufgaben.

Bei der Präsentation ist ein festlicher, vom Schulalltag losgelöster Rahmen wichtig. Auch eine Projektpräsentation will gut vorbereitet sein. Den Anfang bildet wiederum eine Teamsitzung mit der Besprechung der Präsentationsabfolge und der Moderation der Präsentation.

Oft wird die Vorstellung der Projektergebnisse von einer Bildschirmpräsentation begleitet oder unterstützt. Diese gibt neben dem Projektergebnis auch einen Einblick in die Arbeit des Teams.
Eine Fülle von verschiedenen Präsentationsprogrammen ermöglicht den effektvollen Einsatz von Text, Bild und Ton, verbunden mit Animationen.

Eine Bildschirmpräsentation besteht meist aus einer Abfolge von Folien. Jede Folie kann verschiedene Elemente beinhalten. Hier eine mögliche Übersicht als Ideensammlung zur Bildung der Klasse FOLIE:

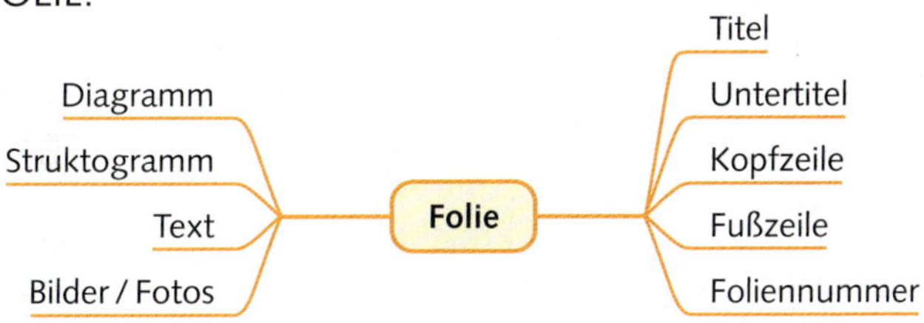

1 Ideen zur Struktur der Klasse FOLIE

Bei der Erstellung und Gestaltung einer Bildschirmpräsentation muss der spätere Betrachter stets im Auge behalten werden. Die Abfolge der Folien muss die notwendigen Informationen beinhalten, aber zugleich auch abwechslungsreich und unterhaltsam sein. Die Anzahl der Folien soll auf das notwendige Maß beschränkt werden.
Folgende Regeln sollte bei der Erstellung von Bildschirmpräsentationen unbedingt beachtet werden:

- Nur einen Sachverhalt pro Folie!
  Mehrere Inhalte lenken vom eigentlichen Sachverhalt ab.
- Vortragszeit pro Folie ungefähr zwei Minuten!
- Inhalte visualisieren!
  Arbeiten Sie vor allem mit Abbildungen, Fotos und grafischen Darstellungen.
  Die Betrachter werden besonders durch optische Reize angesprochen.

- Kurze Wörter und Sätze verwenden!
  Beschränken Sie den Text auf sechs bis acht Zeilen oder 50 bis 60 Wörter pro Folie. Zu langen Text will niemand lesen. Benutzen Sie nicht mehr als drei Schriftgrößen und nur eine serifenlose Schriftart.
- Zahlenmaterial mit Diagrammen veranschaulichen!
- Animationen sparsam einsetzen!
  Zu viele und aufwändige Effekte lenken den Zuhörer vom eigentlichen Thema ab. Zwei bis drei gut gewählte Effekte reichen aus. Für gleiche Sachverhalte sollte auch stets die gleiche Animation zum Einsatz kommen.

Auch beim Präsentieren selbst müssen gewisse Regeln und Verhaltensweisen beachtet werden. Auf alle Fälle sollte der Ablauf, wenn nötig auch mehrmals, geprobt werden. Folgende Hinweise und Regeln helfen beim erfolgreichen Präsentieren:
- Blick zum Publikum!
- Folie vor dem Zeigen ankündigen!
  Folie muss deutlich erkennbar sein.
- Folie wirken lassen!
  Ein bis zwei Sekunden schweigen.
- Folien nie vorlesen!
  Der Betrachter kann selber lesen und wird schnell nur noch zum Zuhörer oder verliert ganz das Interesse.
- Inhalte kurz erläutern!
- Zeigen, was besprochen wird!
- Folie entfernen, wenn sie besprochen wurde!

Eine gut vorbereitete Projektpräsentation ist der eigentliche Höhepunkt jeder anstrengenden Projektarbeit.

> Am Ende einer jeden Projektarbeit steht eine **Projektpräsentation**. Dabei werden die Projektergebnisse und der Projektverlauf vorgestellt.

Die Projektauswertung und Projektanalyse

Genau wie die Projektpräsentation ist die Analyse und Auswertung eines Projektes ein wichtiger und notwendiger Teil des Projektabschlusses. Auch dieser Teil des Projektes macht Arbeit. Aber es lohnt sich!

Die Bewertung eines Projektes erfolgt in der Regel zunächst vom Auftraggeber, der sich ein Bild vom Verlauf und den Ergebnissen des Projektes macht.

Genauso und eigentlich viel wichtiger ist aber die Auswertung innerhalb der Projektgruppe. Gemessen wird hier am zentralen Projektdokument – dem Projektauftrag. Zentrale Fragestellungen sind dabei:
- Haben wir das Projektziel erreicht?
- Was waren unsere Stärken? Wo gab es Schwächen?
- Wie klappte die Zusammenarbeit?
- Was lernen wir für zukünftige Projekte?

Es gibt vielfältige Methoden, um Material für die Beantwortung dieser Fragen zu erhalten. Das sind z. B. der Fragebogen oder das Interview. Eine weitere Möglichkeit ist die Stärken-/Schwächen-Analyse.

Mithilfe einer Textverarbeitung wird für jedes Teammitglied folgender Fragebogen vorbereitet:

Stärken	Schwächen
Was hat gut geklappt?	Wo hatten wir Schwierigkeiten?
Welche Ziele wurden erfüllt?	Welche Ziele haben wir nicht erreicht?

2 Vorlage für einen Stärken-/Schwächen-Analysefragebogen

Dieser Fragebogen sollte vor der Sitzung von jedem Teammitglied in Einzelarbeit ausgefüllt werden. So wird vermieden, dass alle das Gleiche schreiben.
In der nunmehr letzten Teamsitzung werden die Stärken und Schwächen getrennt voneinander an der Tafel zusammengetragen. Gleiche oder ähnliche Meinungen können zusammengefasst werden.
Wenn es schneller gehen soll, hat sich auch die Arbeit mit einer Zielscheibe bewährt. Dazu wird mithilfe einer Vektorgrafikanwendung eine Zielscheibe mit mehreren Bereichen gezeichnet.
Die Scheibe wird danach meist in zwei Bereiche mit verschieden Kriterien zur Projektbewertung geteilt. Auf der einen Seite stehen die Kriterien, die die fachliche und organisatorische Arbeit im Projekt betreffen. Auf der anderen Seite stehen Fragen und Auswertepunkte, die mehr die Gefühlswelt und die Arbeit des Einzelnen bei der Projektdurchführung beleuchten.

Jedes Teammitglied bekommt so viele Punkte wie es Kriterien gibt und muss diese auf die Scheibe kleben.
Je näher ein Punkt an die Mitte klebt, desto positiver wird das Kriterium eingeschätzt. Gewertet wird verdeckt – jeder bekommt eine eigene Zielscheibe. Die Punktbewertungen werden danach auf eine große Zielscheibe übertragen. In der Teamsitzung wird das entstandene Bild in Ruhe betrachtet und es erfolgt die Auswertung der folgenden Fragen:

- Wo gibt es Gemeinsamkeit?
- Wo gibt es unterschiedliche Meinungen?
- Wo gibt es nur positive Bewertungen?
- Wo werden Schwächen deutlich sichtbar?

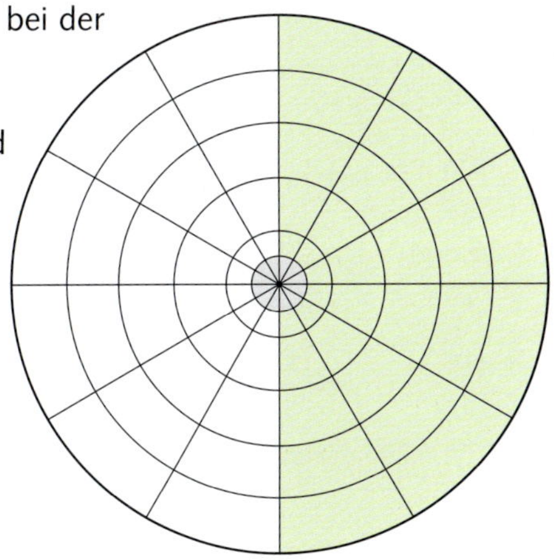

3 Vorlage für eine Zielscheibe

Welchen Nutzen diese Auswertemethode hat, hängt im Wesentlichen von den aufgestellten Kriterien ab. Es sollten eindeutige Fragen gestellt werden. Die Auswertescheibe für das Schulflyerprojekt könnte z. B. so aussehen:

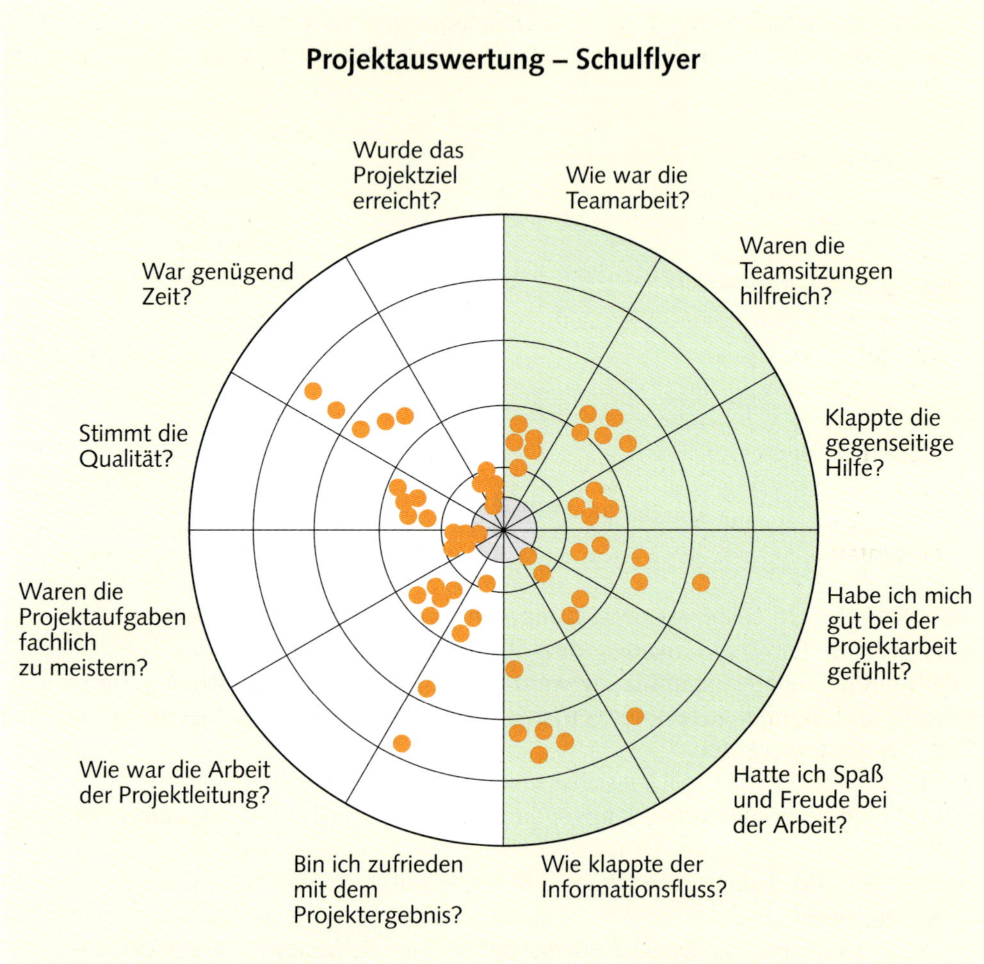

***4** Auswertung der Projekts „Flyer“*

Gemeinsam leitet das Team Schlussfolgerungen für kommende Projekte ab. Das könnten bestimmte Regeln der Zusammenarbeit und der Kommunikation im Team sein. Oft betreffen die Schlussfolgerungen aber auch das Zeitmanagement und eine effektivere Arbeitsweise.

Die **Projektanalyse** und die **Projektauswertung** decken Stärken und Schwächen der Projektarbeit auf. Als Resultat stehen Schlussfolgerungen, die beim nächsten Projekt beachtet und verwirklicht werden sollen.

Aufgaben – Projektauswertung

1 **Projekt „Betriebspraktikum"**
Bereiten Sie einen einfachen Fragebogen zur Handhabung des erstellten Informations- und Kontaktsystems zum Betriebspraktikum für den Nutzer vor. Werten Sie die ausgefüllten Fragebögen aus und ziehen Sie Schlussfolgerungen zum Aufbau und der Funktion des Systems.

2 **Projekt „Schlemmerpalast"**
Stellen Sie eine Zielscheibe mit verschiedenen Kriterien zum Projekt Bestell- und Abrechnungssystem der Schülerfirma her.

3 **Projektwoche „Wasser – Quell des Lebens"**
Bereiten Sie eine Präsentation der kompletten Projektwoche vor. Konzentrieren Sie sich auf Schwerpunkte und Highlights. Erstellen Sie zuerst eine Masterfolie mit einem einheitlichen Seitenaufbau.

4 **Projekt „Orientierungssystem für eine Schule"**
Bereiten Sie eine Masterfolie zur Vorstellung des fertigen Piktogrammsystems der Schule vor. Fertigen Sie mit allen Piktogrammen eine abwechslungsreiche Projektpräsentation an. Gliedern sie die Darstellung der Folien sinnvoll, z. B. nach Etagen der Schule.

5 **Projekt „Bildarchivsystem"**
Führen Sie eine Stärken-Schwächen-Analyse zum Verlauf und Ergebnis des Projektes durch. Dokumentieren Sie die Schlussfolgerungen aus dem Projekt schriftlich in Form von Forderungen an neue Projekte.

Aufgaben – Grundwissen

6 **Masterfolie**
Stellen Sie Klassen und entsprechende Attribute der Anwendung Präsentation zusammen. Informieren Sie sich über die Handhabung von Masterfolien in Ihrer Präsentationssoftware.

7 **Beamer und Notebook**
Informieren Sie sich über die vorhandene Beamer und Notebooktechnik an der Schule. Trainieren Sie den Umgang mit diesen Geräten. Installieren Sie die Geräte in einem Präsentationsraum unter Aufsicht des Lehrers. Führen Sie eine kleine Präsentation durch.

19 Der programmierte Kalender – ein Projektbericht

1 Fadengrafik

Den Abschluss des Informatikunterrichts in Klassenstufe 9 bildete ein Projekt. Die Idee dafür kam von den Schülern selbst. Die Projektaufgabe war die Gestaltung eines Kalenders mit eigenen Mitteln. Der Kalender sollte am „Tag der offenen Tür" an die Besucher der Schule verkauft werden.
Damit zwei Kalendervarianten als Ergebnis vorlagen, teilte Herr Ram die Informatikgruppe in das Team A und das Team B. Bei der Teambildung achtete er auf eine fachlich ausgewogene Schülerverteilung. Die beiden Teams sollten aber auch in Konkurrenz um den besten Kalender stehen.

Thomas, der Leiter des Team A, berichtete aus seiner Sicht über den Projektverlauf.

Im Kick-off trafen sich die sieben Schüler unserer Projektgruppe mit dem Ziel, erste Ideen für die Realisierung des Kalenderprojektes zu sammeln, Regeln abzusprechen und erste Verantwortlichkeiten festzulegen. Unser Lehrer Herr Ram nahm an der Sitzung als Beobachter und Berater teil.

Projektauftrag für das Projekt „Der programmierte Kalender"

Projektteam	A
Projektleitung	Thomas Kapp
Beginn	01.03.06
Ende	28.03.06
Meilensteine	· Logo-Grafiken · Kalendervorlagen · Kalender
Budget/Ressourcen	· DTP-Computer · Logo-Computer · Farb-Laserdrucker/Schwarzweiß-Laserdrucker · Papier
Zielsetzung – Leitfragen: Wo wollen wir hin? Was wollen wir erreichen?	· Erstellung eines Kalenders mit eigenen Grafiken. · Alle Grafiken sollen durch Logo-Prozeduren erzeugt werden. · Ein Teil der Logo-Grafiken sollen durch rekursive Prozeduraufrufe erzeugt werden.
IST-Stand – Leitfragen: Wie ist es im Moment? Welche Probleme gibt es?	· Ideen und Vorstellungen zum Kalenderlayout sind vorhanden. · Verfahren der Rekursion ist unbekannt.
Aufgabenstellung Was soll getan werden?	· Einarbeitung in das Thema Rekursion. · Erstellen von Logo-Grafiken mit und ohne rekursive Prozeduren. · Entwicklung von mehreren Kalenderlayouts zur Auswahl. · Entwicklung eines passenden Titelblattes.
Ergebnisse – Leitfragen: Was soll am Ende als Ergebnis herauskommen?	· Fertiger Kalender · Dokumentation aller Logo-Grafiken mit zugehörigen Prozeduren im Quelltext
Ideen für die Auswertung Wie stellen wir fest, ob wir die Ziele erreicht haben?	· Verkauf der Kalender zum „Tag der offenen Tür" an Eltern, Schüler, Lehrer und Schulbesucher aus dem Wohngebiet.

2 Projektauftrag

Eine spontane Idee von Luise war es, einen Fotokalender mit eigenen thematischen Bildern zu gestalten. Heiko brachte dagegen eine ältere Geburtstagskarte von seiner Mutter mit einer Fadengrafik mit. Er regte an, einen Kalender mit derartigen, meist symmetrischen Strichgrafiken zu gestalten. Von Herrn Ram bekamen wir an dieser Stelle den Hinweis, dass diese Art von Grafiken mit der Programmiersprache Logo erzeugt werden können. Diese Idee fand die Mehrheit der Teammitglieder sehr spannend. So war das Projekt „Der programmierte Kalender“ geboren.
Mit Hilfestellungen von Herrn Ram formulierten wir den Projektauftrag und verabredeten die nächste Teamsitzung.

Hier die Tagesordnung der ersten gemeinsamen Sitzung von Team A:
- Festlegung des Projektleiters, Stellvertreters und Hüters der Zeit.
- Teilung des Projektteams in eine Layoutgruppe und eine Programmiergruppe.
- Aufstellung des Projektstrukturplanes
- Aufstellung des Projektablaufplanes.
- Verteilung der Arbeitspakete mithilfe des Aktionsplanes.
- Termine

Den Projektstrukturplan erstellten wir Stück für Stück. Zuerst wurden alle möglichen Arbeitspakete auf Karten geschrieben und danach den einzelnen Meilensteinen zugeordnet. Natürlich wurde der fertige Plan mithilfe einer Textverarbeitung in eine für alle verfügbare Form gebracht.

Meilensteine:

Kalenderlayout	Logo-Grafiken	Kalender	Dokumentation
• Kick-off der Layoutgruppe mit Scribble-Ideen • Rohlayouts • Schriftwahl • Farbwahl • Reinlayouts von drei Varianten • Umsetzung der Kalendervorlage mit einer geeigneten Software (alle drei Varianten für den gleichen Monat) • Entscheidung für eine Variante • Erstellung der Kalendervorlagen für alle Monate	• Kick-off der Programmiergruppe mit Teamorganisation • Erstellung von sechs Fadengrafiken ohne rekursive Prozeduren • Einarbeitung in das Thema Rekursion • Erste rekursive Grafiken • Erstellung von sechs rekursiven Grafiken • Umwandlung aller Logo-Grafiken in druckfähige Pixelgrafikbilder für das Einfügen in die Kalendervorlagen	• Zusammenführung von Kalendervorlagen und den entsprechenden Pixelgrafikbildern • Layout und Umsetzung des Kalendertitels • Layout und Umsetzung des letzten Kalenderblatts mit dem Impressum	• Dokumentation aller Layoutideen • Dokumentation aller Logo-Grafiken mit dazugehörigem Quelltext

3 Projektstrukturplan (PSP) für das Projekt „Der programmierte Kalender“

Für das gesamte Projekt standen vier Unterrichtsstunden zur Verfügung. Auf diese vier Stunden wurden nun die Arbeitspakete verteilt. Mit einer Tabellenkalkulation erstellten wir den Projektablaufplan. Alle erhielten eine Kopie und markierten sich ihren Arbeitsbereich:

Meilensteine/Arbeitspakete	**1. Stunde**	**2. Stunde**	**3. Stunde**	**4. Stunde**
Kalenderlayout				
Kick-off				
Schrift / Farbe				
Rohlayout / Reinlayout 3 Varianten				
Entscheidung				
Zwölf Kalendervorlagen				
Logo-Grafiken				
Kick-off				
Sechs Grafiken ohne Rekursion				
Theorie Rekursion				
Umwandlung Pixelgrafiken				
Sechs Grafiken mit Rekursion				
Kalender				
Text Impressum / Deckblatt				
Fertigstellung Impressum / Deckblatt				
Kalendererstellung				
Druck				
Dokumentation				
Layoutdokumentation				
Dokumentation der Logo-Grafiken				

***4** Projektablaufplanplan (PAP) für das Projekt „Der programmierte Kalender“*

Natürlich entstand auch ein Aktionsplan. Hier erhielt jeder im Team seine speziellen Arbeitspakete zugewiesen. Auch wer mit wem zusammenarbeitete, wurde im Aktionsplan festgelegt. Ausgestattet mit allen Planungsunterlagen in einer Mappe und dem Wissen, was jeder wann zu tun hatte, gingen wir an die Projektrealisierung.

Wie schon erwähnt, bestand unser Team aus sieben Schülern. Drei davon bildeten die Layoutgruppe. Hier war auch Luise dabei. Sie ist Mitglied in der Schülerzeitungsredaktion und dort für das Layout verantwortlich. Sie hatte in unserem Team den Posten des Stellvertreters inne.
Die anderen vier Schüler bildeten die Programmiergruppe. In ihr arbeitete Heiko. Er hatte in seiner Freizeit einen Programmierkurs am Schülerechenzentrum der Stadt besucht. Die Voraussetzungen für eine erfolgreiche Projektrealisierung waren also gut. So stürzten sich alle wie geplant in die Arbeit.

Die Layoutgruppe

Zum Kick-off der Layoutgruppe brachten alle Mitarbeiter alte Kalender mit. Das war Luises Idee. Ziel dieses Auftrags war die Sichtung verschiedener Kalenderlayouts.
Schnell entstanden innerhalb des Kick-off fünf bis zehn Scribble für das eigene Kalenderlayout.

5 Scribble für das Kalender-Layout

Auch wichtige Festlegungen für die Kalenderbeschriftung wurden in der Diskussion besprochen:

- Beschriftung mit Monatsnamen, Wochentagen in Abkürzung (Sonntag farblich hervorgehoben) und Datum
- Schrift nicht zu klein und gut lesbar
- Platz so aufteilen, dass auch Weißraum entsteht, damit Kalender nicht zu überladen wirkt.

Jeder wählte sich einen Vorschlag aus und fertigte dazu ein Rohlayout an.

Das Rohlayout gelingt am besten auf Millimeterpapier, da hier bereits ein Hilfslinienraster zu Verfügung steht.

Das Reinlayout wird auf weißem Papier gezeichnet und dient als Vorlage für die Erstellung des Kalenderlayout in einer Anwendung. Denkbar wäre die Nutzung einer Textverarbeitung. Hier kann das vorgegebene Layout mithilfe von Tabellen umgesetzt werden. Es kann aber auch ein Vektorgrafikprogramm genutzt werden. Dort sind die grafischen und somit kreativen Möglichkeiten bedeutend vielfältiger.

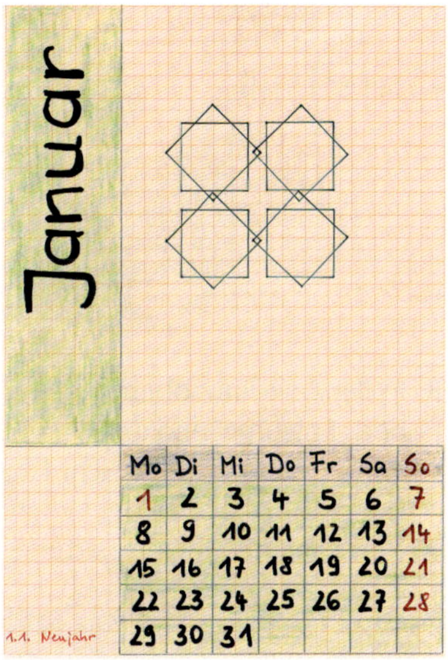

6 Das Rohlayout

Luise und die andern Teammitglieder aus der Layoutgruppe haben sich aus Zeitgründen für die Nutzung einer Textverarbeitung entschieden. Ausgangspunkt der Erstellung der Monatsvorlagen waren das Roh- und das Reinlayout. Hier die Darstellung der einzelnen Arbeitsschritte:

	Mo	Di	Mi	Do	Fr	Sa	So
	1	2	3	4	5	6	7
	8	9	10	11	12	13	14
	15	16	17	18	19	20	21
	22	23	24	25	26	27	28
	29	30	31				

1. Damit das gesamte Blatt genutzt wird, werden zuerst beim Dokument alle Ränder auf Null gesetzt. Ausgangspunkt des Layouts bildet eine einfache Tabelle mit 8 Spalten und 7 Zeilen.
2. Die Tabelle wird entsprechend der Layoutvorlage eingefärbt. Zellen werden zusammengefasst und beschriftet.

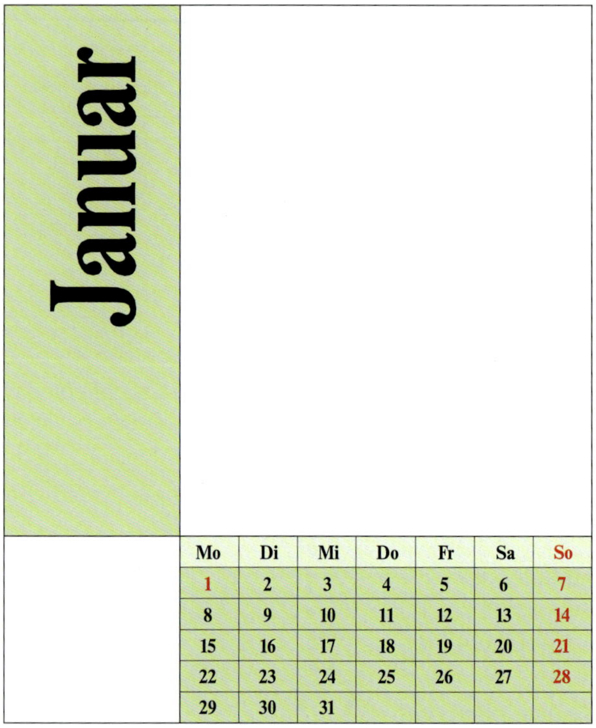

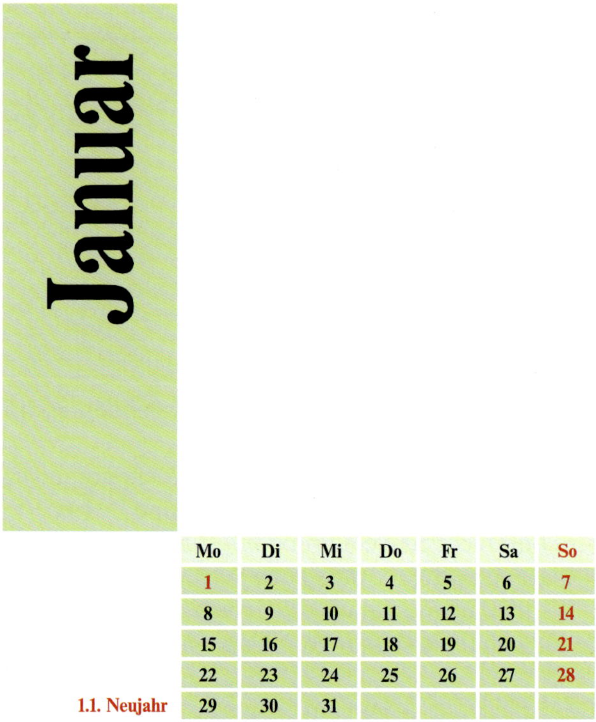

3. In der Zelle links oben wird die Textrichtung geändert. Entsprechend den Vorgaben sind die Schriftart und Schriftschnitt, Schriftfarbe, ... einzustellen. Die Zellausrichtung der Wochentage und der Datumszahlen wird zentriert.

4. Zum Schluss wird die Linienstärke des Rahmens vergrößert und weiße Linienfarbe eingestellt, damit ein kalendertypisches Aussehen entsteht.

7 Die Kalendervorlage Januar entsteht

Am Abschluss dieser Etappe standen zwölf Kalenderblattvorlagen, hergestellt in einer geeigneten Anwendung und abgespeichert unter den entsprechenden Monatsnamen.

Die Programmiergruppe

Im Kick-off der Programmiergruppe lagen schon die ersten Skizzen für Kalendergrafiken vor. Zwei der vier Schüler begannen sofort mit der Erarbeitung der ersten sechs, nicht rekursiven Grafiken. Die beiden Anderen machten sich mit dem Thema Rekursion vertraut und erarbeiteten ihre sechs Kalendergrafiken gemäß dem Projektablaufplan (PAP) erst später.

Nicht rekursive Grafiken

Die Figur für den Januar sollte aus vier Sternen bestehen, die selber wieder aus gedrehten Quadraten erzeugt werden.
Für die Darstellung eines Quadrates benötigt man nur die Anweisungen

- `vorwärts <Schrittweite in Bildpunkten>`
  Abkürzung mit: `vw <Schrittweite in Bildpunkten>`
- `rechts <Winkelgröße in Grad>`
  Abkürzung mit: `re <Winkelgröße in Grad>`

Ein Quadrat entsteht durch die einfache **Sequenz** (Anweisungsfolge):

Allgemeines Struktogramm	Sequenz Quadrat		Grafik
Anweisung 1 Anweisung 2 Anweisung 3 Anweisung 4 ...	vw 100 re 90 vw 100 re 90 vw 100 re 90 vw 100 re 90		

Einfacher geht es, wenn alle Anweisungen, die innerhalb einer Sequenz stehen, zusammengefasst werden. Jede Prozedur hat einen Namen und wird über diesen aufgerufen. Das spart das erneute Aufschreiben aller einzelnen Anweisungen.
Prozeduren können in einer Datei gespeichert werden.

Allgemeines Struktogramm	Prozedur Quadrat	Aufruf	Grafik
Prozedurname Anweisung 1 Anweisung 2 Anweisung 3 ... Prozedurende	pr quadrat vw 100 re 90 vw 100 re 90 vw 100 re 90 vw 100 re 90 ende	quadrat	

Mithilfe der Wiederholung `wh` ist es möglich, die Prozedur zu verkürzen und übersichtlicher zu gestalten.

Allgemeines Struktogramm	Prozedur Quadrat	Aufruf	Grafik
Wiederhole x mal Sequenz	pr quadrat wh 4 [vw 100 re 90] ende	quadrat	

Eine **Prozedur** ist eine Zusammenfassung von Anweisungen, Wiederholungen und Verzweigungen. Sie hat einen eindeutigen Namen.

Die **rekursive Programmierung** ist eine besondere Programmiermethode, bei der sich eine Prozedur oder Funktion wieder selbst aufruft. Sie benötigt eine Abbruchbedingung.

› fraktal – vielfaltig gegliedert, hier auch: sich selbst ähnlich

Ein typisches Beispiel für eine rekursiv erzeugte Grafik ist die Kochkurve. Diese so genannte › fraktale Figur wurde von dem schwedischen Mathematiker Helge von Koch (1870-1924) zu Beginn des vergangenen Jahrhunderts vorgestellt.

Beschreibung der Figur	Rekursionstiefe	Kochkurve
Ausgangspunkt ist eine Strecke.	0	
• Die Streckenlänge wird gedrittelt. • Das erste Drittel bleibt in Richtung der Ausgangsstrecke erhalten. Danach erfolgt eine Drehung um 60° nach links. • Es wird eine Drittelstrecke angefügt. Danach erfolgt eine Drehung um 120° nach rechts. • Ein weiteres Streckendrittel wird angefügt. Zum Schluss erfolgt eine Drehung um 60° nach links. • Das letzte Drittel wird angefügt.	1	 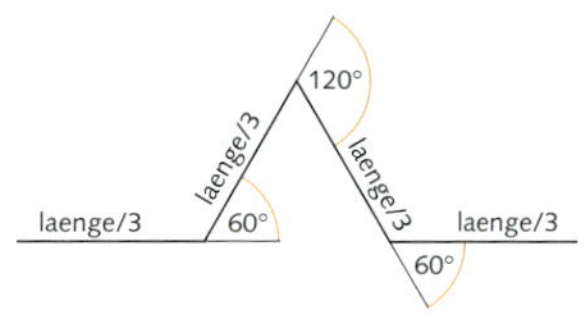
Mit jeder Strecke in der neu entstandenen Figur wird die oben aufgeführte Schrittfolge erneut ausgeführt …	2	
…	3	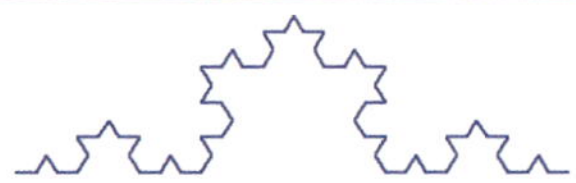
…	4	
… bis die Rekursion die vorher festgelegte Tiefe erreicht hat.	5	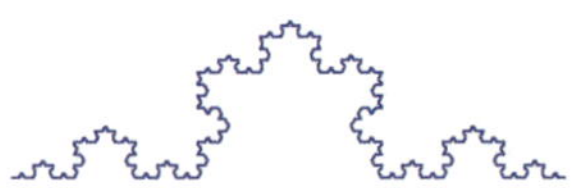

Die Prozedur zur Erzeugung der Kochkurve enthält also zwei Parameter: die Rekursionstiefe und die Steckenlänge.

Prozedur Kochkurve	Aufruf	Grafik

`pr koch_kurve :tiefe :laenge`
`wenn :tiefe = 0 [vw :laenge rk]`
`koch_kurve :tiefe - 1 :laenge / 3 li 60`
`koch_kurve :tiefe - 1 :laenge / 3 re 120`
`koch_kurve :tiefe - 1 :laenge / 3 li 60`
`koch_kurve :tiefe - 1 :laenge / 3`
`ende`
	`koch_kurve 3 200`	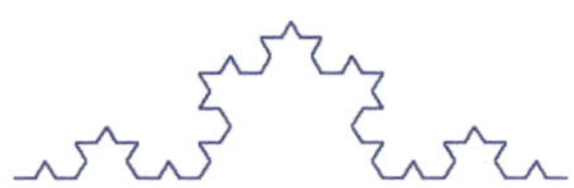

Ein Quadrat entsteht durch die einfache **Sequenz** (Anweisungsfolge):

Allgemeines Struktogramm	Sequenz Quadrat		Grafik

`Anweisung 1`
`Anweisung 2`
`Anweisung 3`
`Anweisung 4`
`...`
	`vw 100`
	`re 90`
	`vw 100`
	`re 90`
	`vw 100`
	`re 90`
	`vw 100`
	`re 90`

Einfacher geht es, wenn alle Anweisungen, die innerhalb einer Sequenz stehen, zusammengefasst werden. Jede Prozedur hat einen Namen und wird über diesen aufgerufen. Das spart das erneute Aufschreiben aller einzelnen Anweisungen.
Prozeduren können in einer Datei gespeichert werden.

Allgemeines Struktogramm	Prozedur Quadrat	Aufruf	Grafik

`Prozedurname`
`Anweisung 1`
`Anweisung 2`
`Anweisung 3`
`...`
`Prozedurende`
	`pr quadrat`
	`vw 100 re 90`
	`vw 100 re 90`
	`vw 100 re 90`
	`vw 100 re 90`
	ende
		`quadrat`	

Mithilfe der Wiederholung `wh` ist es möglich, die Prozedur zu verkürzen und übersichtlicher zu gestalten.

Allgemeines Struktogramm	Prozedur Quadrat	Aufruf	Grafik

`Wiederhole x mal`
`Sequenz`
	`pr quadrat`
	`wh 4 [vw 100 re 90]`
	ende
		`quadrat`	

Eine **Prozedur** ist eine Zusammenfassung von Anweisungen, Wiederholungen und Verzweigungen. Sie hat einen eindeutigen Namen.

Um mit einer Prozedur verschieden große Quadrate erzeugen zu können, wird in der Prozedur ein *Parameter* eingefügt. Der Parameter `:laenge` steht für die Länge der Quadratseite. Er wird beim Prozeduraufruf mit einem Wert belegt.

Prozedur Quadrat	**Aufruf**	**Grafik**

`pr quadrat :laenge`
`  wh 4 [vw :laenge re 90]`
`ende`
	`quadrat 50`
	
	und
	
	`quadrat 100`
		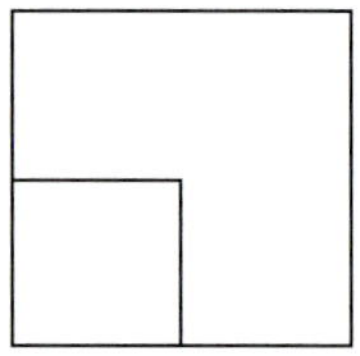

Nun kann die Sternfigur erzeugt werden. Bei der Prozedur `stern` wird ein Quadrat gezeichnet und der Stift danach um einen festgelegten Winkel gedreht. Dies wird mehrfach wiederholt. Dabei wird die Prozedur `quadrat` wieder verwendet.

Prozedur Stern	**Aufruf**	**Grafik**

`pr stern`
`   wh 36 [quadrat 100 re 10]`
`ende`
	`stern`	

Die Grafik für den Januar besteht aus vier solcher Sterne in den Abständen von Quadrateckpunkten. Dabei kommen die Prozeduren `quadrat` und `stern` zum Einsatz. Mit dem Befehl `sh` wird der Zeichenstift angehoben, sodass keine Linie entsteht. Der Befehl `sa` senkt den Zeichenstift wieder auf das Papier.

Prozedur Januar	**Aufruf**	**Grafik**

`pr januar`
`  wh 4 [stern sh re 90`
`        vw 200  sa]`
`ende`
	`januar`	

Die erste Monatsgrafik war fertig programmiert. Nun erstellten die beiden Schüler die anderen fünf nicht rekursiven Logo-Grafiken.

Rekursive Grafiken

Die beiden anderen Schüler der Programmiergruppe hatten inzwischen durch Recherche in Büchern und auf Internetseiten erfahren, dass die Rekursion eine besondere Programmiermethode ist, bei der eine Prozedur sich selber aufruft. Eine erste Idee der Beiden war die Verwendung der schon bestehenden Quadratprozedur. Mithilfe eines rekursiven Prozeduraufrufs sollte erreicht werden, dass die Prozedur nicht nur ein Quadrat zeichnet, sondern auch weitere Quadrate mit jeweils um 20 Bildpunkte kürzerer Seitenlänge.

Prozedur Quadrat	Aufruf	Grafik

`pr quadrat :laenge`
`  wh 4 [vw :laenge re 90]`
`  quadrat :laenge-20`
`ende`
	`quadrat 200`	

Die Prozedur wurde korrekt ausgeführt, endete aber nicht. Sie musste abgebrochen werden. Die Prozedur zeichnete die Quadrate so schnell übereinander, dass der Bildschirm in kurzer Zeit nur noch ein Karomuster zeigte.

Was passierte eigentlich bei der rekursiven Prozedurabarbeitung? Wo lag der Fehler? **?**

Aufruf	Ausführung und Parametergröße	Grafik

`quadrat 200`	zeichnet Quadrat mit 200
	`laenge = 200 – 20 = 180`
	zeichnet Quadrat mit 180
	`laenge = 180 – 20 = 160`
	zeichnet Quadrat mit 160
	`laenge = 160 – 20 = 140`
	...
	zeichnet Quadrat mit 20
	`laenge = 20 – 20 = 0`
	zeichnet Quadrat mit 0
	`laenge = 0 – 20 = -20`
	zeichnet Quadrat mit –20
	...
		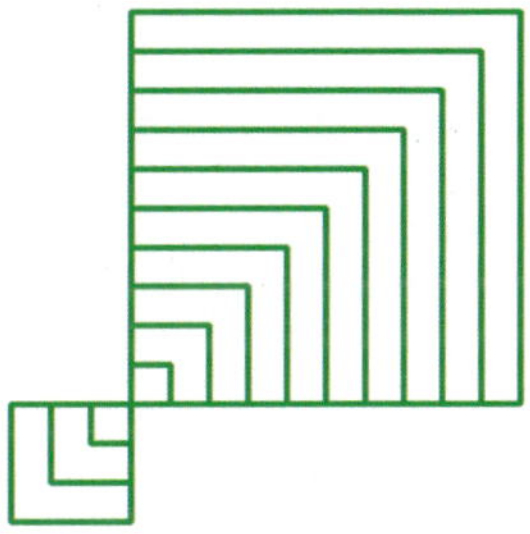

Es werden zunächst alle Quadrate mit positiven Seitenlängen gezeichnet. Dann entsteht ein Quadrat mit der Seitenlänge 0. Schließlich zeichnet die Prozedur Quadrate mit negativen Seitenlängen. Dabei werden die negativen Seitenlängen ähnlich wie im Koordinatensystem in einem anderen Quadranten dargestellt.
Doch die Prozedur kommt nicht zum Schluss. Es fehlt noch eine Abbruchbedingung, die sie beendet, wenn die Seitenlänge eine bestimmte Größe unterschreitet. Mithilfe einer solchen Abbruchbedingung, lässt sich eine rekursiv arbeitende Prozedur beenden.
So sieht nun die rekursive Prozedur mit der Abbruchbedingung in Zeile 2 aus:

Prozedur Quadrat	Aufruf	Grafik

`pr quadrat :laenge`
`  wenn :laenge<10 [rk]`
`  wh 4 [vw :laenge re 90]`
`  quadrat :laenge - 20`
`ende`
	`quadrat 200`	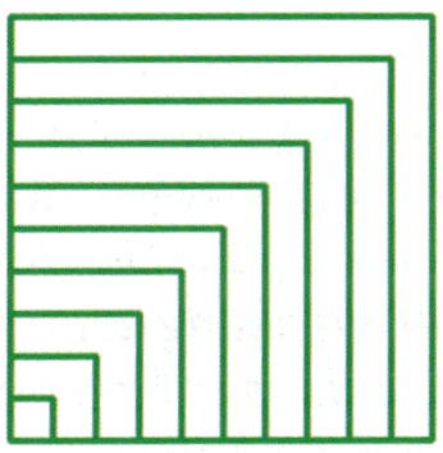

`rückkehr;` kurz: `rk`

> Die **rekursive Programmierung** ist eine besondere Programmiermethode, bei der sich eine Prozedur oder Funktion wieder selbst aufruft. Sie benötigt eine Abbruchbedingung.

› fraktal – vielfaltig gegliedert, hier auch: sich selbst ähnlich

Ein typisches Beispiel für eine rekursiv erzeugte Grafik ist die Kochkurve. Diese so genannte › fraktale Figur wurde von dem schwedischen Mathematiker Helge von Koch (1870-1924) zu Beginn des vergangenen Jahrhunderts vorgestellt.

Beschreibung der Figur	**Rekursionstiefe**	**Kochkurve**
Ausgangspunkt ist eine Strecke.	0	
• Die Streckenlänge wird gedrittelt. • Das erste Drittel bleibt in Richtung der Ausgangsstrecke erhalten. Danach erfolgt eine Drehung um 60° nach links. • Es wird eine Drittelstrecke angefügt. Danach erfolgt eine Drehung um 120° nach rechts. • Ein weiteres Streckendrittel wird angefügt. Zum Schluss erfolgt eine Drehung um 60° nach links. • Das letzte Drittel wird angefügt.	1	 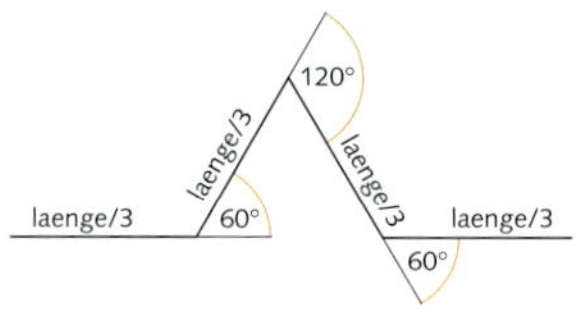
Mit jeder Strecke in der neu entstandenen Figur wird die oben aufgeführte Schrittfolge erneut ausgeführt …	2	
…	3	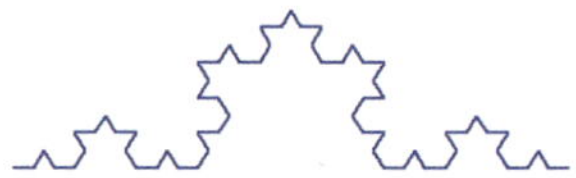
…	4	
… bis die Rekursion die vorher festgelegte Tiefe erreicht hat.	5	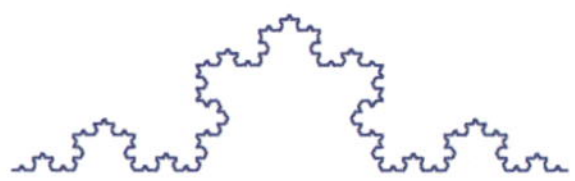

Die Prozedur zur Erzeugung der Kochkurve enthält also zwei Parameter: die Rekursionstiefe und die Steckenlänge.

Prozedur Kochkurve	**Aufruf**	**Grafik**

`pr koch_kurve :tiefe :laenge`
`wenn :tiefe = 0 [vw :laenge rk]`
`koch_kurve :tiefe - 1 :laenge / 3 li 60`
`koch_kurve :tiefe - 1 :laenge / 3 re 120`
`koch_kurve :tiefe - 1 :laenge / 3 li 60`
`koch_kurve :tiefe - 1 :laenge / 3`
`ende`
	`koch_kurve 3 200`	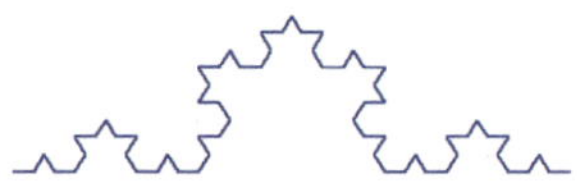

Drei Kochkurven, in Form eines gleichseitigen Dreiecks angeordnet, ergeben die Koch'sche Schneeflocke. Sie ist die rekursive Grafik für den Kalendermonat Dezember. Innerhalb dieser Prozedur kommt die Prozedur „koch_kurve“ zum Einsatz.

Prozedur Schneeflocke	Aufruf	Grafik

`pr schneeflocke :tiefe :laenge`
`  wh 3 [koch_kurve :tiefe :laenge re 120]`
`ende`
	`schneeflocke 5 200`	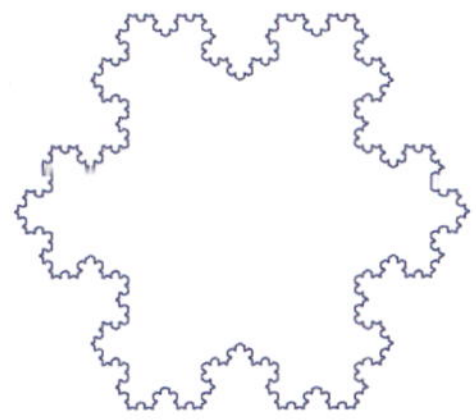

Wieder war ein Meilenstein geschafft. Es lagen bald alle Prozeduren für die Erzeugung der einzelnen Logo-Grafiken vor. Auch die Dokumentation des Layoutprozesses und der Logo-Grafiken wurde abgeschlossen.
Beide Arbeitsgruppen teilten sich nun die Arbeit der Umwandlung der Logo-Grafiken in druckbare Pixelgrafiken und die Erstellung der einzelnen Kalenderblätter. Das Logo-Programm ermöglicht den Export der gezeichneten Grafiken in das Grafikformat *.bmp. In einer Pixelgrafikanwendung wurden die Bilder in die gewünschte Größe umgewandelt. Als Farbmodell kam CMYK zum Einsatz, da die Kalenderblätter gedruckt werden sollten. Zum Schluss wandelten wir die fertig bearbeiteten Pixelgrafiken in das Grafikformat *.tif um. So konnten die Grafiken in die vorbereiteten Kalendervorlagen eingefügt werden.

Den Abschluss der Arbeiten in der Phase der Projektrealisierung bildeten neben der Erstellung der Kalenderblätter die Gestaltung eines Deckblattes und des Kalenderimpressums.

8 *Seiten des fertigen Kalenders*

Dezember

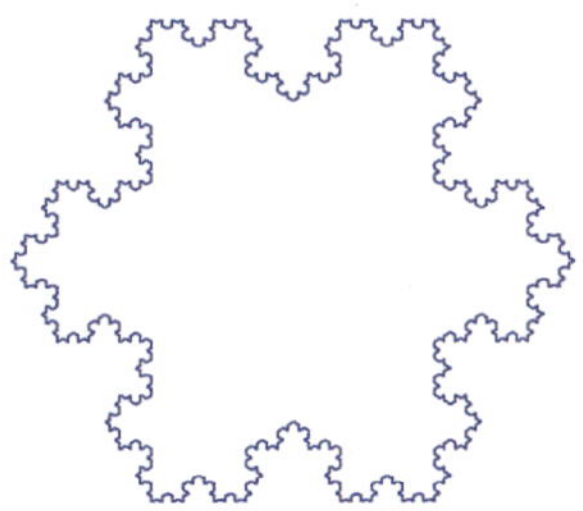

Mo	Di	Mi	Do	Fr	Sa	So
				1	2	3
4	5	6	7	8	9	10
11	12	13	14	15	16	17
18	19	20	21	22	23	24
25	26	27	28	29	30	31

25./26.12.
1. und 2. Weihnachtsfeiertag

Impressum

Kalenderteam
Layout: Luise Schmidt, Paul Krause und Jenny Müller Kalendergrafiken: Heiko Naubert, Thomas Kapp, Bettina Immermann und Steffen Friederich

Alle Teammitglieder wurden im Impressum namentlich und mit der jeweiligen Aufgabe aufgeführt. Dann konnte der Kalender in den Druck gehen.

Mit dem fertigen Kalender in den Händen ging es zum Projektabschluss. Auch das Team B hatte einen tollen Kalender mit eigenen Fotos gestaltet.
In der abschließenden gemeinsamen Teamsitzung besprachen wir ausführlich alle Projektphasen und kamen zu folgenden Ergebnissen und Schlussfolgerungen:

- Beide Teams hatten das Projektziel erreicht.
- Durch die gute Planung wusste jeder im Team genau, was er wann zu tun hatte. Das war neu und hatte bei früheren Projekten nicht so gut geklappt.
- Wir hätten das Layout für die Kalenderblätter doch lieber in einem Grafikprogramm umgesetzt, doch die Zeit war dafür leider zu knapp. Deshalb benutzten wir nur die Textverarbeitung.
- Der Arbeitsschritt Erstellung des Deckblattes wurde zweimal ausgeführt. Sowohl die Layoutgruppe als auch die Programmiergruppe erarbeitet einen Vorschlag. Das hat Zeit gekostet. Der Fehler lag dabei im Ablaufplan, in dem je ein Mitglied aus beiden Gruppen mit diesem Arbeitspaket beauftragt worden war. Hier hätte bei der Erstellung des Aktionsplanes nochmals genau kontrolliert werden müssen, ob alle Aufgaben exakt verteilt waren. Aber auch eine bessere Absprache im Team hätte die Dopplung vermeiden können.

Mit großem Erfolg verkauften beide Teams ihre Kalender zum „Tag der offenen Tür".

Aufgaben – „Der programmierte Kalender"

1 Kalenderlayout
Entwerfen Sie zwei weitere Kalenderlayouts. Durchlaufen Sie dabei alle Layoutstufen, vom Scribble über das Rohlayout bis zum Reinlayout.

2 Kalendervorlagen
Gestalten Sie zwei verschiedene Kalendervorlagen mit einer Vektorgrafikanwendung. Nutzen Sie dabei die vorbereiteten Layouts.

3 Logo-Anweisungen
Erstellen Sie eine Übersicht zu grundlegenden Anweisungen der Programmiersprache Logo.

4 Nicht rekursive Kalendergrafiken
Entwickeln Sie fünf weitere, nicht rekursive Prozeduren für attraktive Kalendergrafiken. Bewegen Sie dazu z. B. Dreiecke oder andere Polygone im Kreis oder an festgelegen Wegen.

5 Die angepasste Kochkurve

In der Abbildung ist eine Kurve in den Rekursionstiefen 0 und 1 dargestellt. Passen Sie den Algorithmus der Kochkurve an dieses Beispiel an. Erzeugen Sie die entsprechende Prozedur. Zeichnen Sie die Kurve in den Rekursionstiefen 0 bis 5.

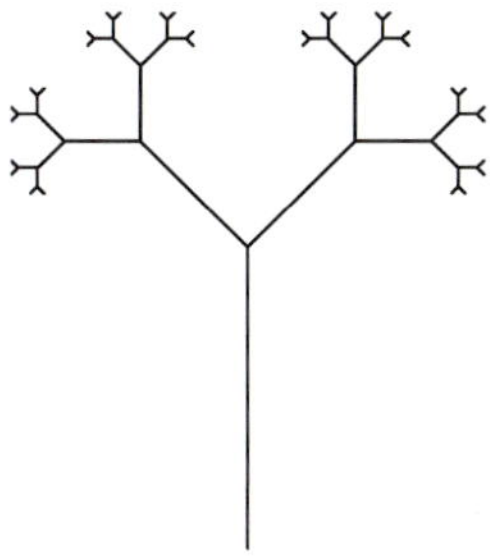

6 Binärer Baum

In der nebenstehenden Abbildung sehen Sie einen binären Baum. Er kann mit einer rekursiven Prozedur beschrieben werden.

a Beschreiben Sie mit Worten (siehe Abb. S. 110) wie diese Figur gezeichnet wird.

b* Schreiben Sie die entsprechende Prozedur und lassen Sie den Baum in der Rekursionstiefe der Abbildung zeichnen.

7* Drachenkurve

Die Drachenkurve ist ein weiteres, eindrucksvolles Beispiel für eine rekursiv erstellte Grafik. Recherchieren Sie den Algorithmus der Drachenkurve aus dem Internet oder aus der Literatur. Beschreiben Sie die Entstehung der Drachenkurve in einer ähnlichen Übersicht wie auf Seite 110. Bauen Sie eine Drachenkurve aus einem Papierstreifen.

Aufgaben – Grundwissen

8 Begriff Algorithmus

Wiederholen Sie den Begriff Algorithmus. Stellen Sie eine Übersicht der Merkmale eines Algorithmus und deren Beschreibung an einem praktischen Beispiel zusammen.

9 Wiederholung

Stellen Sie verschiedene Möglichkeiten der Programmstruktur „Wiederholung" in Form von Struktogrammen dar.

10 Bedingte Anweisung

Stellen Sie den Aufbau der einseitigen und zweiseitigen bedingten Anweisung in Form von Struktogrammen dar. Erklären Sie Unterschiede. Programmieren Sie jeweils ein geeignetes Beispiel in einer Programmierumgebung Ihrer Wahl.

Zum Weiterlesen

5 Wer war N. J. Lehmann?

1 Der Hochschullehrer N. J. Lehmann

Professor Nikolaus Joachim Lehmann war einer der bedeutendsten Informatikpioniere der DDR. Er wurde am 15.03.1921 in Camina, einer Kleinstadt in der Oberlausitz, als Sohn eines Sägewerkbesitzers geboren. Nach mehreren Schulwechseln schloss er seine Schulausbildung 1939 mit dem Abitur ab.
1940 begann N. J. Lehmann ein Studium im Fach Physik an der Technischen Hochschule in Dresden. Dort hörte er Vorlesungen beim berühmten H. Barkhausen in Elektrotechnik und beim ebenfalls sehr bekannten F. A. Willers in Mathematik. 1945, beim Bombenangriff auf Dresden am 13. Februar, verbrannte seine fast fertige Diplomarbeit.
Doch N. J. Lehmann ließ sich nicht entmutigen und schrieb eine neue Arbeit zu dem schon fast informatischen Thema „Methoden zur numerischen Eigenwertberechnung". Er schloss sein Studium 1946 als Diplomingenieur mit Auszeichnung ab.
Viele Jahre seines Lebens wurde nun die Technische Hochschule seine Lehr- und Wirkungsstätte.
Im Jahre 1948 promovierte N. J. Lehmann auf dem Gebiet der numerischen Mathematik. Im gleichen Jahr fing er an, sich mit der Technik der ersten Elektronenrechner zu beschäftigen.

2 Magnettrommelspeicher

In den folgenden Jahren entwarf N. J. Lehmann den ersten Rechenautomaten der DDR mit dem Namen D1 (für Dresden 1). Das Besondere daran war die Entwicklung eines neuartigen Magnettrommelspeichers. Der D1 wurde 1956 in Gemeinschaftsarbeit der TH Dresden und dem VEB Funkwerke Dresden gebaut.
Dem D1 folgte in den Jahren 1956-59 die Entwicklung des D2. Sein Trommelspeicher war schon zehnmal leistungsfähiger als der des D1.

Das erste Exemplar des D2 ging 1959 in Betrieb. Der D1 und D2 wurden schon damals sowohl für die Ausbildung von Studenten als auch für die Bearbeitung von praktischen Fragen wie Auftragsberechnungen anderer Institute und der Industrie eingesetzt.
In dieser Zeit schrieb N. J. Lehmann:

„Ich bin überzeugt, dass die Entwicklung, die heute mit dem Bau programmgesteuerter Rechenautomaten in ganz kleinem Maßstab begonnen hat, die Technik in den nächsten Jahrhunderten noch stärker beeinflussen wird, als etwa die Ausnutzung der Kernkräfte. ..."

Der Traum von N. J. Lehmann war ein Rechner, der so klein war, dass er auf einen Tisch passte. Mit seiner ganzen Kraft setzte sich N. J. Lehmann für die Verwirklichung dieses Traumes ein.

In den Jahren 1958-1963 entwickelte ein Team unter Leitung von N. J. Lehmann den Rechner D4a, einen auch nach internationalem Standard qualitativ neuartigen, universellen Tischrechenautomaten.
Der Rechner war für damalige Verhältnisse sensationell klein (Breite 60 cm, Tiefe 42 cm und Höhe 45 cm). Bei gleicher Leistungsfähigkeit hatte der D1 noch einen ca. 20 m^2 großen Raum eingenommen. Mit der Konzeption eines individuellen Arbeitsplatzrechners nahm N. J. Lehmann die späteren Entwicklung des „Personal Computer" vorweg. Ausgerüstet war der D4a mit einem Trommelspeicher mit einer Kapazität von 17 KByte (ca. 4000 Worte), einer Tastatur, einer Lochstreifeneingabe und einem Lochstreifendrucker für die Ergebnissausgabe. Im Inneren steckten immerhin schon 200 Transistoren und 1900 Germaniumdioden.

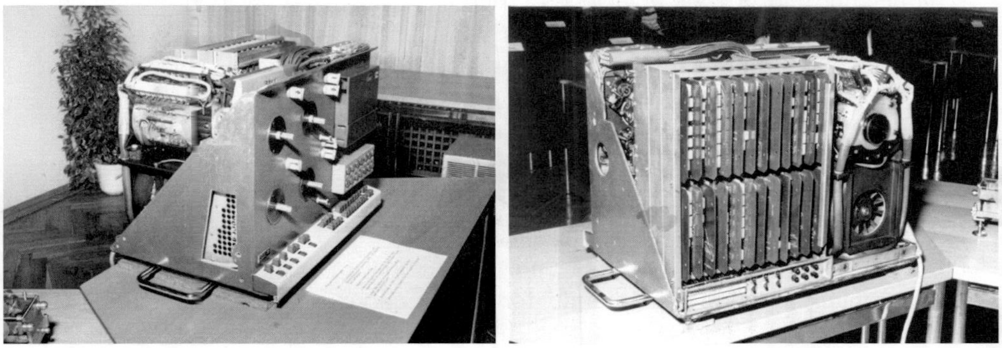

***3** Vorder- und Rückansicht des Rechners D4a*

Von der Tischausführung des Büro-Rechenautomaten D4a wurden bei der Firma VEB Büromaschinenwerke Zella Mehlis über 3000 Exemplare gebaut.

Rechner	**Elektronische Bauelemente**	**Takt-frequenz**	**Speicher**	**Eingabe**	**Ausgabe**	**Rechenzeiten**	**Operationen pro Sekunde**
D1	760 Röhren 1000 Selengleich-richter 100 Relais	120 kHz	Magnettrommel (6000 U/min) mit Kapazität von ca. 2048 Wörtern	Lochfilmstreifenleser mit 25 Zeichen/s	Filmlochstreifens-tanzer und zwei Schreibmaschinen mit 5-10 Zeichen/s	Addition 6 ms Multiplikation 22 ms Division 42 ms	100
D2	1400 Röhren 2000 Germanium-dioden 100 Relais	270 kHz	Magnettrommel (18000 U/min) mit Kapazität von ca. 4096 Wörtern	Lochstreifenabtaster 400-1000 Zeichen/s und Magnetband-anschluss	Magnetband oder Schreibmaschine	Addition 0,45 ms Multiplikation 1,57 ms Division 4,7 ms	1000
D4a	1900 Germani-umdioden 200 Transistoren in 750 Kompakt-bausteinen auf 22 gedruckten Schal-tungsplatten	316 kHz	Magnettrommel (18000 U/min) mit Kapazität von ca. 4096 Wörtern	Lochstreifen 50 Zei-chen/s und Tastatur	Druckstreifen 25 Zeichen/s	Addition 3 ms Multiplikation 20 ms	50-100 100-200
PC heute (Stand 2005)	Intel Pentium 4 3,4 E über 1 Mrd. Tran-sistoren	3,4 GHz	Festplatte 200 GByte	Tastatur, Maus, ...	z. B. Farblaser-drucker		7,3 Millionen

Schon damals schlugen sich die Computerexperten mit zahlreichen technischen Problemen herum. So schrieb N. J. Lehmann 1967 in das Betriebstagebuch des D4a, mit dem er arbeitete:

„Der Automat ist auch nur ein Mensch – eine halbe Stunde Nachtruhe so gegen Mitternacht brachte den total müden D4a, der nicht mal sein eigenes Gleitkommasystem aufnehmen wollte, wieder auf die Beine. ...“

Da die Industrieplanung in der DDR auf zentrale Großrechentechnik statt auf die von N. J. Lehmann favorisierten Kleinstrechner setzte, zog sich dieser wenig später von der Entwicklung der Computerhardware zurück. Er blieb jedoch ein kreativer Wissenschaftler und ein energischer Hochschullehrer, der sich und seinen Studenten viel abverlangte.
Anfang der 70er-Jahre ging N. J. Lehmann erste Schritte auf dem Gebiet der Computergrafik. Gleichzeitig förderte er unentwegt den Austausch von Wissen zwischen Computertechnikern und Informatikern.
In den 80er-Jahren vertiefte sich N. J. Lehmann in die Geschichte der Rechentechnik. Auf seine Anregung hin wurden mehrere funktionstüchtige Exemplare der historischen Rechenmaschine von Gottfried Wilhelm Leibnitz aus dem 17. Jahrhundert nachgebaut. Professor Lehmann war ein national und international anerkannter Wissenschaftler. Er erhielt zahlreiche Preise und Ehrendoktorwürden und war Inhaber mehrerer Patente. So verlieh ihm die Gesellschaft für Informatik der Bundesrepublik Deutschland 1989 die Konrad-Zuse-Medaille.
Am 27.06.1998 starb N. J. Lehmann in Dresden. Sein Spaß am Forschen und seine Bescheidenheit kommt in einem Zitat aus dem Jahre 1996 am besten zum Ausdruck:

„Oft genug habe ich gefundene Ergebnisse nicht einmal publiziert, da die Probleme mit ihren Lösung für mich (zumindest zeitweise) ihre Bedeutung verloren – das Finden der Ergebnisse bedeutete das Hauptvergnügen.“

Das Vermächtnis, viele Zeitdokumente und Geräte von N. J. Lehmann, so u. A. ein funktionstüchtiger Tischrechenautomat D4a, werden in den Technischen Sammlungen Dresden, einem Museum der Stadt Dresden, aufbewahrt und ausgestellt.

6 Lochkarten und Lochstreifen

› Lochkarte
engl.: punch card
oder punched card

› Lochkarten und Lochstreifen waren zu Beginn der elektronischen Datenverarbeitung die wichtigsten Datenträger. Sie speicherten Anweisungen und Daten sequentiell, d. h., die Programme konnten nur Schritt für Schritt abgearbeitet werden. Es gab keine Möglichkeit, Datensätze zu überspringen oder zu einem vorherigen Datensatz zurückzukehren. Heutige Programme adressieren die Daten direkt, d. h., es können beliebige Stellen innerhalb des Speichers angesprungen werden.

Lochkarten

Eine Lochkarte bestand aus speziellem Karton und hatte eine Abmessung von 187,3 mm Länge und 82,5 mm Breite. Standardlochkarten hatten 80 senkrechte Spalten mit je 12 möglichen Lochpositionen. In jeder Spalte konnte genau ein Zeichen durch eine oder mehrere Lochungen dargestellt werden. Ziffern wurden mit genau einer Lochung dargestellt. Buchstaben und Sonderzeichen waren eine Kombination aus 2 oder 3 Lochungen.

Eine Lochkarte speicherte Steuerfunktionen, Programmbefehle oder Daten. Somit mussten mehrere Lochkarten zu einem Arbeitspaket oder auch „Job" zusammengestellt werden. Damit keine Karte falsch gedreht eingelegt werden konnte, war die linke obere Ecke der Lochkarten abgeschrägt. Auf die richtige Reihenfolge musste der Nutzer jedoch selbst achten. Die Arbeitungsgeschwindigkeit elektronischer Datenverarbeitungsgeräte mit Lochkarten war für heutige Begriffe sehr gering.

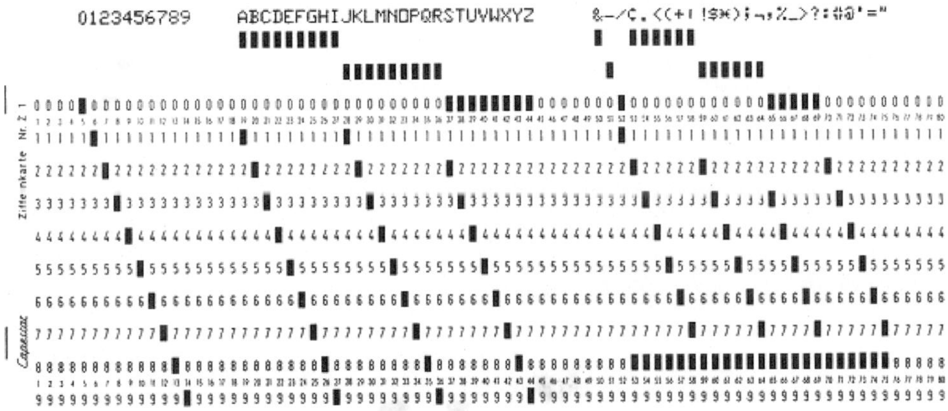

1 Lochkarte mit Zeichensatz

Zur Geschichte der Lochkarte

Die Geschichte der Lochkarte begann ca. 1725 in Frankreich. Basile Bouchon benutzte damals als Erster Lochkarten zur Steuerung einer Maschine für die Garnherstellung. Robert Falcon speicherte 1728 Webmusterdaten auf Lochkarten aus Holz.
Joseph-Marie Jacquard (1752-1834) entwickelte 1795 einen lochkartengesteuerten Webstuhl. 1804 wurde dieser Webstuhl patentiert und ging als erste programmgesteuerte Fertigungsmaschine in die Geschichte ein.

2 Herman Hollerith (1860-1929)

Den Durchbruch bei der Verwendung von Lochkarten gelang jedoch Herman Hollerith (1860-1929). Der Amerikaner war als Assistent an der Auswertung der zehnten amerikanischen Volkszählung 1880 beteiligt. Die Auswertung von Hand dauerte damals fast acht Jahre und beschäftigte ca. 1500 Bedienstete.
Angeregt durch seine Erfahrungen suchte Hollerith nach einer Möglichkeit, die Erfassung und Auswertung großer Datenmengen durch den Einsatz von Maschinen zu vereinfachen. In ersten Versuchen verwendete er Lochstreifen, verwarf diese Lösung aber wieder. Die Idee, Lochkarten für die Datenerfassung einzusetzen, hatte Hollerith beim Betrachten einer gelochten Eisenbahnfahrkarte.
In den Jahren 1882-1886 entwickelte er eine Lochkarte im Format der damaligen Dollarnote und die für die Datenerfassung und Auswertung notwendigen Apparaturen. Dafür erhielt Hollerith 1889 das Patent.
Bei der 11. Volkszählung in den USA (1890) kamen Holleriths Lochkarten und Maschinen zum Einsatz. Dabei wurden die Felder der Lochkarte bei der Datenerfassung erst abgeharkt und später mit einer von Hollerith speziell entwickelt Apparatur ausgestanzt. Eine Abfühleinrichtung erfasste die Daten mittels elektrischer Impulse und gab sie an eine Zähluhr weiter. Die Datenerfassung wurde so wesentlich einfacher, sicherer und vor allem schneller.

Die gesamte Auswertung der Volkszählung dauert nicht mal ein Jahr und die Kosten sanken auf ein Drittel.

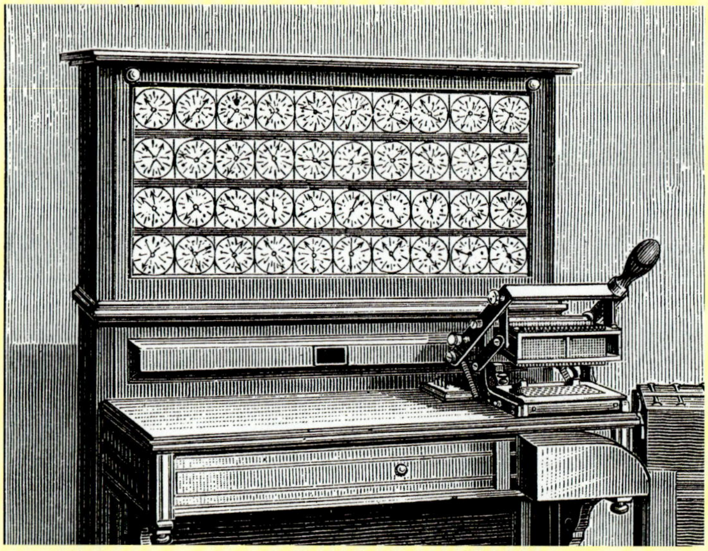

Alter	Stand	Beruf	Religion
bis 5 Jahre	ledig	Indust. Arbeiter ✓	prot. ✓
6-10 J.	verheir. ✓	Land-Arbeit.	kath.
11-20 J.	gesch.	Kauf. Ang.	jüd.
21-30 J.	Zahl der Kinder	Leitd. kaufm. Ang.	Andere Religion
31-40 J.	1 Kind	Staats-dienst	Mtl. Eink.
41-50 J. ✓	2 Kinder	Freier Beruf	bis 100 $ ✓
51-60 J.	3 Kinder ✓	andere Berufe	bis 200 $
61-70 J.	4 Kinder	Bürger-recht	bis 500 $
71-80 J.	5 Kinder	ja ✓	über 500 $
über 80 Jahre	mehr Kinder	nein	

Alter	Stand	Beruf	Religion
bis 5 Jahre	ledig	Indust. Arbeiter ○	prot. ○
6-10 J.	verheir. ○	Land-Arbeit.	kath.
11-20 J.	gesch.	Kauf. Ang.	jüd.
21-30 J.	Zahl der Kinder	Leitd. kaufm. Ang.	Andere Religion
31-40 J.	1 Kind	Staats-dienst	Mtl. Eink.
41-50 J. ○	2 Kinder	Freier Beruf	bis 100 $ ○
51-60 J.	3 Kinder ○	andere Berufe	bis 200 $
61-70 J.	4 Kinder	Bürger-recht	bis 500 $
71-80 J.	5 Kinder	ja ○	über 500 $
über 80 Jahre	mehr Kinder	nein	

3 *Abfühleinrichtung für Lochkarten von Hollerith*

4 *Lochkarte der 11. Volkszählung in den USA (1890)*

Hollerith perfektionierte das Lochkartenverfahren im Laufe der Jahre durch viele Neuerungen und stetige Verbesserung der Lochkartenmaschinen. Die Grundausstattung einer mit Lochkarten arbeitenden Anlage bestand schon in dieser Zeit aus

- einem Kartenlocher,
- einem Kartenprüfer,
- einer Sortiermaschine und
- einer Tabelliermaschine.

Hollerith baute ein umfangreiches Netz von Herstellerfirmen in den USA, in England (ab 1907) und in Deutschland (ab 1910) auf.
Nach Zerwürfnissen mit staatlichen Stellen in den USA und wegen zunehmender Konkurrenz verkaufte Hollerith seine Firma 1911 an den Geschäftsmann Charles Flint. Dieser vereinigte sie mit zwei weiteren Firmen zur „Computing-Tabulating-Recording Company". Aus dieser Gesellschaft ging schließlich im Jahr 1924 auf Initiative von Thomas J. Watson (1874-1956) die Weltfirma ›IBM hervor.

› IBM – **I**nternational **B**usiness **M**achines Corporation.

Lochstreifen

Der Lochstreifen ist einer der ältesten Datenträger in der Datenverarbeitung. Ein Meilenstein der Lochstreifentechnik war dessen Einsatz bei automatischen Morse-Gebern in der Telegrafie. Mitte des 19. Jahrhunderts war es zur Steigerung der Leistung notwendig, den Durchsatz von Morseübertragungsleitungen zu erhöhen. Der britische Physiker Sir Charles Wheatstone (1802-1875) entwickelte im Jahre 1858 einen Lochstreifen-Morse-Geber und den dazu gehörenden Code. Der von ihm verwendete Lochstreifen bestand aus drei Lochreihen – zwei mit großen Löchern und einer mittleren, kontinuierlichen Zeile kleiner Löcher für den Transport des Streifens.

Beim so genannten Wheatstone-Code bedeuteten:

- zwei gerade übereinander stehende Löcher einen Morsepunkt und
- schräg zueinander stehende Löcher einen Morsestrich.

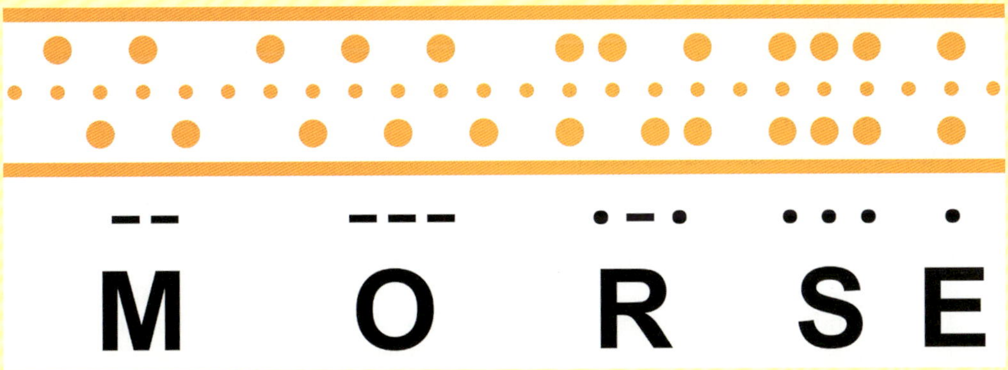

5 Lochstreifen mit Wheatstone-Code-Beispiel

Der gelochte Papierstreifen wurde mit einem Motor transportiert und die Lochungen von zwei Fühlhebeln mittels einer Kontakteinrichtung abgetastet. Mit diesem Lochstreifen-Morse-Geber waren schnellere Informationsübertragungen möglich.

Lochstreifen bestanden aus robustem, meist farbigem Papier oder auch aus flexiblem Kunststoff. N. J. Lehmann verwendete für seine Lochstreifen zum Beispiel alte Filme. Die Informationsdarstellung erfolgte zeichenweise durch Lochung quer zur Streifenrichtung. In jeder „Sprosse", wie man eine Querspalte des Lochstreifens nannte, stand genau ein Zeichen.

Lochstreifen gab es mit 5, 6, 7 oder 8 Lochmöglichkeiten in einer Sprosse. Je nach Löcheranzahl sprach man von 5-, 6-, 7- oder 8-Kanal-Codierung.
Bei der 5-Kanal-Codierung konnten genau $2^5 - 1 = 31$ Zeichen dargestellt werden. Das hätte theoretisch nicht einmal für die Darstellung des kompletten Alphabetes und der Ziffern von 0 bis 9 gereicht.
Jean-Maurice-Émile Baudot (1845-1903) hatte ein Idee, wie dieses Problem zu lösen war. Er führte zwei Steuerzeichen ein, die als Umschaltcode fungierten. Damit konnte eine doppelte Belegung von Lochmustern stattfinden, d. h., es konnten nun insgesamt 62 Zeichen dargestellt werden. Die verschiedenen Steuerzeichen kündigten jeweils an, ob das folgende Zeichen ein Buchstabe oder eine Zahl bzw. ein Sonderzeichen war. Diese Form der Codierung ist als Baudot-Code in die Geschichte eingegangen.
Auf Baudot geht auch der Begriff der Baudrate zurück. Sie ist ein Maß für die Geschwindigkeit einer Datenübertragung.

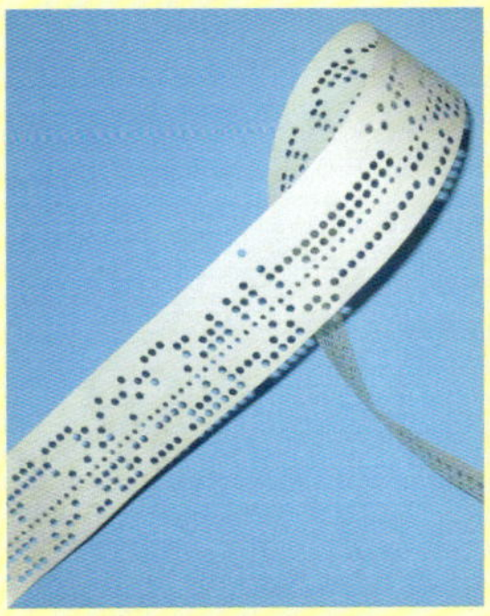

6 8-Kanal-Lochstreifen

7 Tipps und Tricks zum Präsentieren – wohin mit den Händen?

Mein Name ist Rainer Müller. Ich arbeite in einem großen Unternehmen in der Abteilung für Öffentlichkeitsarbeit. Hier trainiere ich Facharbeiter, Ingenieure und andere Angestellte des Unternehmens in der Arbeit und dem Umgang mit multimedialen Geräten und in der Arbeitstechnik des Präsentierens. Oft liegen in der Technik und deren korrekter Funktion viele Tücken. Man sollte auf alle Fälle die Geräte, die man bei einer Präsentation oder einem Vortrag verwendet, in ihren Möglichkeiten und ihrer Arbeitsweise gut kennen. Auch ein Probelauf mit der Technik ist ein Muss. Aber das soll heute nicht das Thema sein. Oft fragen mich meine Schulungsteilnehmer, was man bei einer Präsentation mit den Händen machen soll. Ist Gestikulieren sinnvoll oder sollte man die Hände lieber lässig in die Hosen- oder Jacketttasche stecken?

Hier meine Tipps für den Umgang mit den Händen und was man sonst noch bei einer Präsentation beachten sollte:
- Verstecke Hände nicht in Hosen- oder Jackentaschen!
- Falte Hände nicht vor dem Körper!
- Halte die Hände oberhalb der Gürtellinie!
- Lege die Hände locker zusammen!
- Lasse die Hände mitreden und mitarbeiten!
- Präsentiere nach Möglichkeit barrierefrei – ohne Rednerpult!

Raumgreifende Gesten unterstreichen das Gesagte. Jedoch sollten nicht beide Hände dieselbe Gestik ausführen. Wildes Gestikulieren sollte man vermeiden, ruhige Bewegungen wirken den Ängsten der Zuhörer entgegen.

Nachdem die Schulungsteilnehmer die Arbeit mit den Händen verbessert oder korrigiert haben, geht es an die gesamte Körpersprache. Die Einheit von Körperhaltung, Mimik und Sprache stellt für viele, die in Fortbildungen, in Meetings oder auf Kongressen, aber auch in einfachen Teamsitzungen Vorträge halten müssen, immer wieder ein Problem dar. Hier wieder einige ganz persönliche und einfache Tipps:
- Halte Blickkontakt zum Publikum!
- Sprich langsam und verständlich!
- Bemühe dich um eine aufrechte Körperhaltung!
- Mach ein freundliches Gesicht!

1 Präsentieren will gelernt sein

Es ist nicht verboten, ja sogar erwünscht, einen kleinen Stichwortzettel zu benutzen. Sprich nie mit dem Rücken zum Publikum oder mit dem Blick auf den Overhead-Projektor. Ohne Blickkontakt wirken deine Worte weniger überzeugend und glaubwürdig.
Zeige auf die Folienfläche und nicht auf die Wand, so kannst du den Blickkontakt zum Publikum halten.

Und nun viel Erfolg bei der nächsten Präsentation!

III Komplexe Anwendungssysteme

Geschäftseröffnung in Infohausen

Herr Müller eröffnet ganz in der Nähe der N.-J.-Lehmann-Schule Infohausen sein Schreibwarengeschäft „Füller-Müller". Er will besonders die Schüler auf das Geschäft aufmerksam machen.
Sein Sohn Marco besucht die 10. Klasse. Herr Müllers Bitte an ihn lautet: „Du hast jetzt das vierte Jahr Informatikunterricht. Kannst du dich mal um die Homepage für unser Geschäft kümmern? Und ein Prospekt für die Schüler wäre auch ganz toll."

Füller Müller

20 Publikationen

Marco steht vor einem Problem. Er soll eine Fülle von unterschiedlichen Informationen aufbereiten und veröffentlichen. Dazu gehören Informationen zu Schreibgeräten, Papiersorten, Heften, Kalendern oder Zubehörteilen. Auch die Informationen zum Geschäft selbst wie Adresse, Erreichbarkeit und Öffnungszeiten sind wichtig.

?

Welche Möglichkeiten bietet die Informatik für die Lösung von Marcos Problem? Gibt es spezielle Methoden, solche Informationen zu verarbeiten?

Für den geschäftlichen Erfolg von Füller-Müller ist es unerlässlich, dass neue Kunden in attraktiver Weise angesprochen werden. Dazu muss die Firma Informationen zu ihrem Geschäft und zu besonderen Angeboten veröffentlichen. Das Ergebnis dieser Arbeit ist eine Publikation.
Publikationen sind z. B.
- Bücher und Zeitschriften,
- Kataloge (gedruckt oder auf CD/DVD),
- Werbeprospekte und Flyer,
- Bildschirmpräsentationen auf CD/DVD und
- Internetauftritte.

1 Beispiele für Publikationen

Zeitung

Zeitschrift

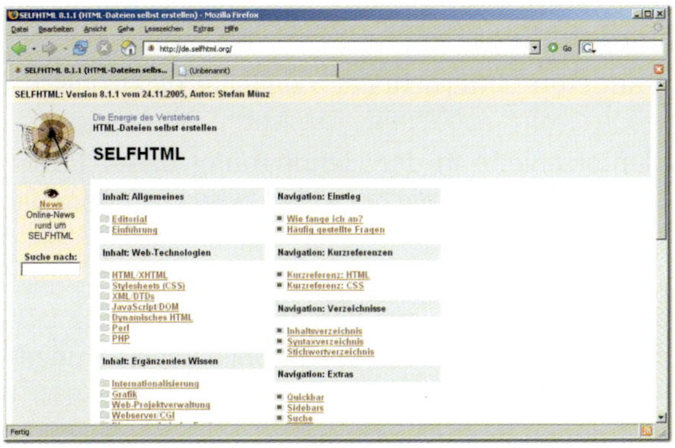

Online-Hilfesystem

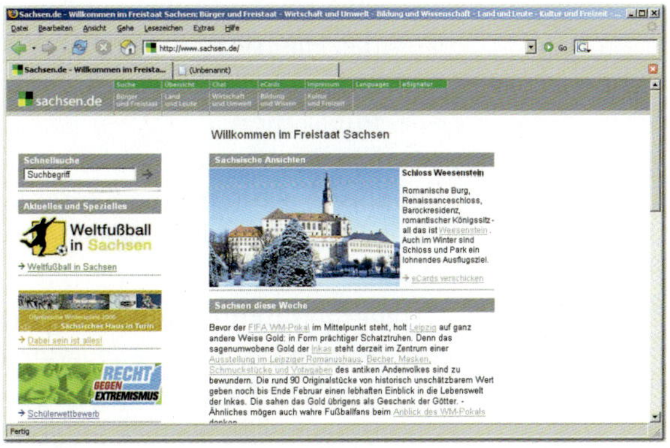

Internetauftritt des Freistaat Sachsen

Eine **Publikation** ist eine Veröffentlichung von Informationen.

Häufig sagen wir: „Wir leben heute in einer Informationsgesellschaft". Damit drücken wir die immer wichtigere Rolle aus, die Informationen im Alltag spielen. Wir erwarten, dass Informationen schnell, aktuell und überall verfügbar sind. Das können Bücher in gedruckter Form kaum noch leisten. Ein Beispiel dafür ist ein Atlas. Oft hat ein Land bereits einen neuen Namen, wenn der Atlas gerade gedruckt wird. Deshalb gewinnen Publikationen, die für die Betrachtung am Computer gedacht sind, immer mehr an Bedeutung. Bei vielen dieser elektronischen Publikationen ist es möglich, Informationen jederzeit zu aktualisieren.
In den letzten Jahren ist eine neue Arbeitsweise für die Erstellung elektronischer Publikationen entstanden – das Electronic Publishing. Beispiele für so erstellte Publikationen sind

- die Internetseiten zu einer Firmen-Präsentation oder eines Online-Buchhandels,
- ein elektronischer Katalog auf einer CD oder DVD,
- selbstständig ablaufende Bildschirmpräsentationen auf einer CD oder DVD,
- Hypertextsysteme als Hilfefunktion zu einem Programm,
- ein Online-Lexikon.

Das **Electronic Publishing** ist ein Verfahren zur Erstellung von elektronischen Publikationen.

Aufgaben – elektronische Publikationen

1 Aktualität von Publikationen

Vergleichen Sie einen Werbeprospekt, einen gedruckten Katalog und eine Internetseite miteinander. Bewerten Sie diese Publikationen hinsichtlich der folgenden Merkmale:

a Menge der enthaltenen Informationen,
b Aktualität bzw. „Verfallsdatum" der Informationen.

Schließen Sie aus diesen Merkmalen auf die Zeitspanne, in der die Publikationen erneuert werden müssen. Begründen Sie Ihre Schlussfolgerungen.

2 Bedienung von elektronischen Publikationen

Nutzen Sie nacheinander

- eine Internetpublikation,
- das Hilfesystem einer Anwendung und
- eine von Ihnen selbst in einem anderen Unterrichtsfach erstellte elektronische Publikation.

Finden Sie Gemeinsamkeiten und Unterschiede in der Handhabung dieser Publikationen. Finden Sie Gründe dafür. Beachten Sie dabei auch den Zweck, zu dem die Publikation erstellt wurde.

3 Sicherheit und Glaubwürdigkeit von Informationen aus dem Internet

a Finden Sie drei verschiedene Internetseiten, in denen die aktuelle Bevölkerungszahl eines Kontinents (z. B. Afrika) veröffentlicht wird.
b Vergleichen Sie Ihre Ergebnisse mit denen Ihrer Mitschüler.
c Bewerten Sie Ihre Ergebnisse nach Korrektheit, Glaubwürdigkeit und Aktualität.

Aufgabe - Grundwissen

4 Benutzeroberflächen

a Starten sie eine Ihnen vertraute Anwendung. Benennen Sie die Bedeutung der Symbole in der Symbolleiste. Überprüfen Sie deren Funktionsweise. Finden Sie auch eine Möglichkeit, ohne diese Symbole zu arbeiten.

b Führen Sie die gleiche Betrachtung noch einmal für eine Ihnen bisher unbekannte Anwendung durch.

21 Planen von elektronischen Publikationen – Strukturen

Noch einmal ein Pflichtenheft

Bevor Marco eine elektronische Publikation erstellen kann, muss er mehrere Fragen klären:

- Welche Informationen sollen vorgestellt werden? Wie aktuell müssen sie sein?
- Wer soll mit der Publikation erreicht werden? Wie soll er die Publikation nutzen?
- Welche Art der Publikation soll entstehen? Ist eine bestimmte Publikationsart vorgegeben?
- Welche Anwendungen zur Erstellung der elektronischen Publikation stehen zur Verfügung? Beherrsche ich diese?

Es gibt weitere wichtige Fragen, wie z. B. die nach den zur Verfügung stehenden finanziellen und technischen Mitteln. Diese Gesichtspunkte werden hier nicht weiter betrachtet, weil sie aus der Sicht der Informatik für das Folgende keine Bedeutung haben.

Um die Übersicht nicht zu verlieren, beginnt Marco wieder mit einem Plan: Er erstellt eine To-do-Liste.

L10

To-do-Liste Web-Auftritt:

- *Arbeitsbesprechung mit Vati führen*
- *Layout (Schriftarten, Farben) planen*
- *Website planen und erstellen*
    - *Inhalte aufteilen (mit Vati besprechen)*
    - *Inhalte: Texte erfragen, schreiben und besprechen*
    - *Inhalte: Bilder fotografieren, scannen, bearbeiten*
    - *Auf welche Weise erstelle ich die Seiten? Welche Anwendung nutze ich dabei?*
    - *Wie sollen die Seiten genutzt/bedient werden?*
- *Zusammenfügen der einzelnen Seiten*
- *Ergebnis von Vati beurteilen lassen*
- *Korrekturen durchführen*
- *Zur Veröffentlichung:*
    - *Anbieter finden*
    - *Internet-Adresse finden und beantragen*
- *Ins Internet stellen*

1 *To-do-Liste von Marco*

2 13

Diese To-do-Liste nutzt Marco, um das Pflichtenheft zu erstellen. Darin sind neben dem Inhalt auch die Etappen beschrieben, die bis zum fertigen Internet-Auftritt absolviert werden müssen.

Das Führen eines **Pflichtenheftes** ist eine Arbeitsmethode zum Erstellen einer elektronischen Publikation.
Das Pflichtenheft enthält:
- die inhaltlichen Schwerpunkte,
- die Nutzungsmöglichkeiten,
- den beabsichtigten Leistungsumfang,
- die Meilensteine zu Erstellung
der elektronischen Publikation.

Die To-do-Liste (Abbildung 1) enthält die Inhalte der Publikation noch nicht. Diese plant Marco gesondert. Mit der Nutzung von Mindmaps hat er bereits gute Erfahrungen gemacht und bedient sich dieser Darstellung.

L11

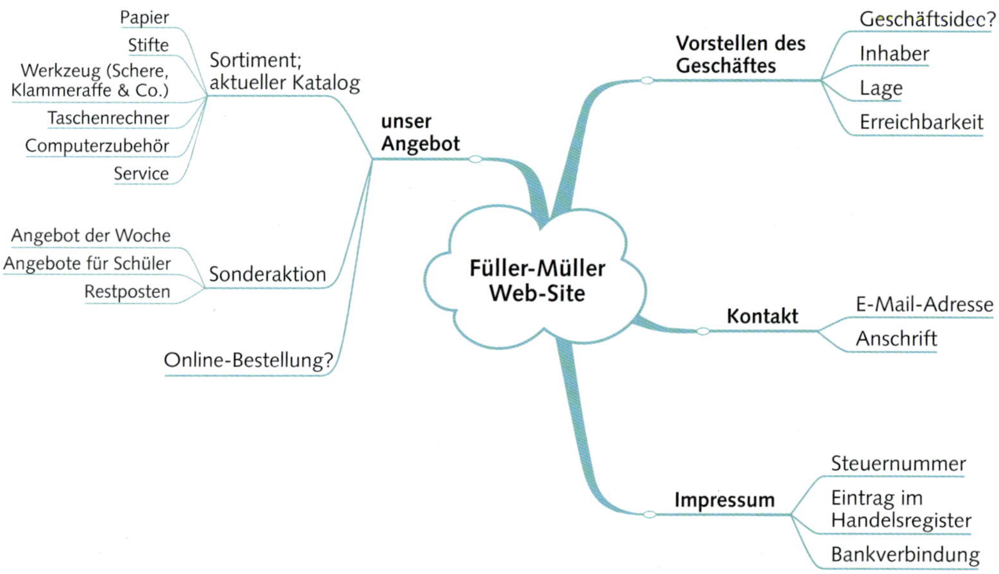

2 Mindmap zur Planung der Inhalte

Die Zusammenstellung der Inhalte allein reicht für die Planung einer umfangreichen elektronischen Publikation noch nicht aus. Die Inhalte können nicht alle auf einer einzigen Seite dargestellt werden. Marco muss sie auf mehrere Seiten verteilen. Damit der Zusammenhang nicht verloren geht, müssen die Seiten miteinander vernetzt sein.

?

Wie verteilt Marco die Inhalte seiner elektronischen Publikation auf mehrere Seiten? Mit welchen Mitteln ist es möglich, zwischen verschiedenen Seiten hin und her zu wechseln?

Diese Aufgabe gehört mit zu den schwierigsten bei der Planung einer elektronischen Publikation. Hierzu benötigt man informatische Kenntnisse und eine Portion Erfahrung. Meist genügt es nicht, nur einen Entwurf zu erstellen. Oft braucht man mehrere Versuche, deren Ergebnisse gegeneinander abgewogen werden. In diesem Kapitel wird nur ein Beispiel vorgestellt. Meistens gibt es aber mehrere gute Möglichkeiten, die Inhalte darzustellen.

Marco teilt die Inhalte in einzelne Bereiche auf und versucht dabei, diese nach Themen anzuordnen. Es entsteht eine Verteilung, die bereits ein System enthält.

3 *Aufteilung und Anordnung der Inhalte*

Zwischen den notierten Inhalten gibt es vielfältige Beziehungen. Solche bestehen zwischen Inhalten, die oft auf verschiedenen Seiten stehen.
Damit die Übersichtlichkeit erhalten bleibt, werden nur die Beziehungen eingezeichnet, die später von Bedeutung sind. Auch das Einfügen von zusätzlichen, übergeordneten Seiten kann sinnvoll sein, um eine thematische Ordnung herbeizuführen.
Eine solche geordnete Darstellung der Inhalte und der Beziehungen zwischen ihnen wird als Struktur bezeichnet.

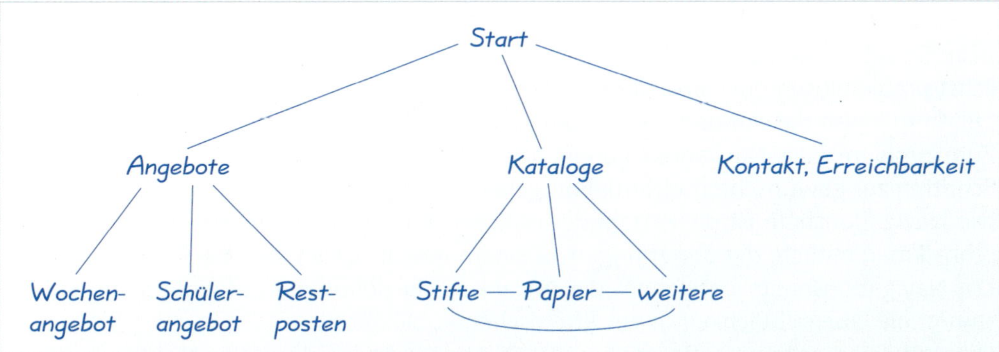

4 *Struktur der Inhalte der Publikation*

Bei der Planung von umfangreichen Publikationen ist es günstig, die Darstellung der Struktur in kleinere Einheiten zu zerlegen. An diesen einfacheren Formen erkennt man verschiedene Grundstrukturen.

L16

Baumstruktur oder Hierarchie	Lineare Struktur	Ringstruktur
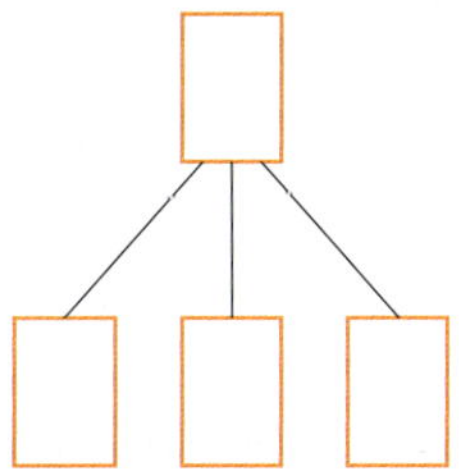	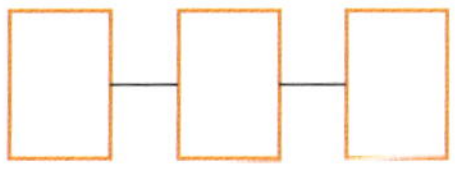	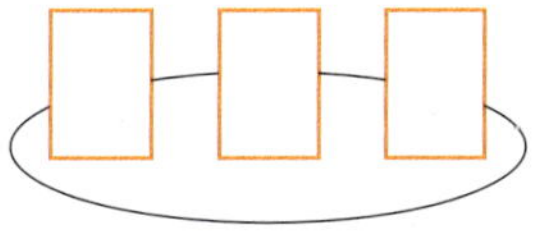
für Rangordnungen, Stufenfolgen	für ursächliche Zusammenhänge	für immer wiederkehrende Abfolgen

5 *Grundstrukturen*

Diese Grundstrukturen kommen in elektronischen Publikationen immer wieder vor. Auch Marcos Entwurf enthält Baum- und Ringstrukturen.

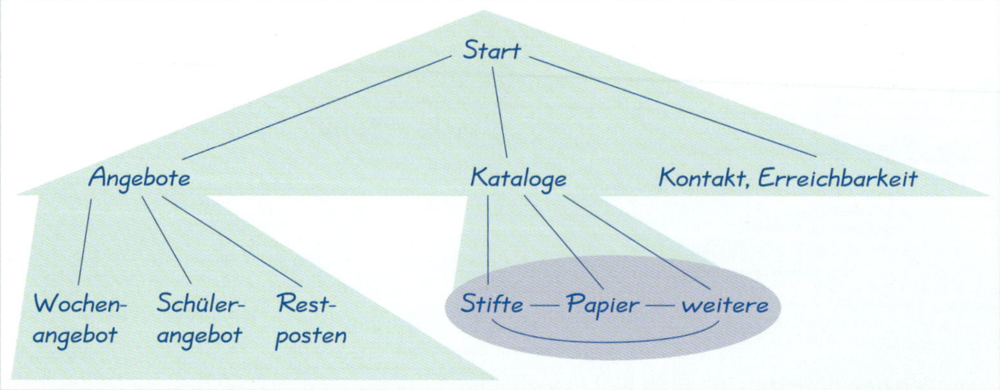

6 Grundstrukturen in Marcos Entwurf

Die hier dargestellten Grundstrukturen werden am häufigsten verwendet. Daneben gibt es Strukturen mit komplexem Aufbau. Sie werden in speziellen Fällen eingesetzt. Ein Beispiel dafür ist die Parallelstruktur.

Die **Struktur einer elektronischen Publikation** zeigt, wie die Inhalte auf einzelne Seiten verteilt sind und in welcher Beziehung die Inhalte zueinander stehen.

› Navigieren war ursprünglich die Kunst, ein Schiff oder Flugzeug zum Ziel zu führen.

Beim Strukturieren ist es wichtig, an den späteren Nutzer zu denken. Er soll sich möglichst problemlos in der Publikation zurechtfinden und in ihr „blättern" können. Dieses „Blättern", also das Springen von Inhalt zu Inhalt, wird oft als › **Navigieren** bezeichnet. Zum problemlosen Navigieren gehört auch, dass der Nutzer mit möglichst wenigen Schritten zur gewünschten Information gelangt.
Die Navigationstiefe ist die Anzahl der nötigen Schritte zu einem Ziel. Sie gibt an, wie schnell man mithilfe der Beziehungen zu einem gewünschten Inhalt gelangt.
Die Navigationsbreite bezeichnet die Anzahl der Beziehungen auf einer Seite. Sie bestimmt die Übersichtlichkeit der elektronischen Publikation.
Hinweis: Für eine benutzerfreundliche Publikation gilt der Grundsatz „Nicht zu breit und nicht zu tief!"

Die Beziehungen zwischen den Teilen einer Publikation werden durch Verweise realisiert. Verweise sind einseitig. Sie zeigen nur nach vorn zum Ziel. Deshalb ist es nicht möglich, zum Ausgangspunkt eines Verweises zurückzukehren. Das wird besonders in der Darstellung im Klassendiagramm deutlich.

7 Klassendiagramm für Verweise

Eine gut organisierte Struktur zeichnet sich dadurch aus, dass der Nutzer ohne zusätzliche Hilfsmittel, also nur mit den Verweisen der Publikation selbst, auskommt. Soll es dem Nutzer möglich sein, von einem Verweisziel zur Verweisquelle zurückzugelangen, so muss dafür ein zweiter Verweis eingefügt werden.
In der Struktur wird die Richtung der Verweise durch einen Pfeil gekennzeichnet. Ein Dop-

pelpfeil bedeutet damit immer, dass für die Herstellung dieser Beziehung zwei Verweise angelegt werden müssen, ein Hin-Verweis und ein Rück-Verweis.
Eine wichtige Regel für die Erstellung elektronischer Publikationen lautet: „Füge auf jede Seite einen Verweis zur Startseite ein! Das erleichtert die Navigation". Um die Übersichtlichkeit der Struktur zu bewahren, zeichnet man die Verweise zur Startseite nicht ein. Aber Vorsicht: Später dürfen diese nicht vergessen werden.

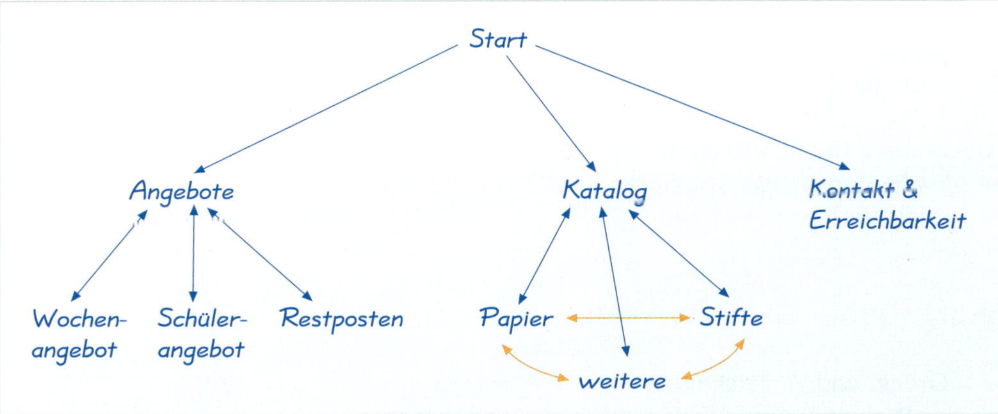

8 Vollständige Struktur

Ein **Verweis** realisiert die Beziehung zwischen zwei Inhalten einer elektronischen Publikation. Verweise zeigen immer von einem Inhalt – der **Verweisquelle** – zu einem anderen Inhalt – dem **Verweisziel**.

Unter Beachtung der inhaltlichen Beziehungen, der verschiedenen Strukturen und der beabsichtigten Navigation müssen folgende Schritte bei der Erstellung des Pflichtenheftes einer elektronischen Publikation beachtet werden:
1. Aufteilen der Inhalte auf einzelne Seiten
2. Herstellen der Beziehungen zwischen den Inhalten
3. Festlegen der Verweise

Aufgaben – Strukturen

1 Strukturieren „Die deutschen Bundesländer"
Es soll eine Publikation zu den Bundesländern Deutschlands erstellt werden. Zeichnen Sie dafür eine Struktur. Begründen Sie die Verwendung dieser Struktur.

2 Strukturieren „Klassensprecher"
Für die Möglichkeiten der Schülermitwirkung vom „Klassensprecher" bis zum „Landesschülerrat" soll eine elektronische Präsentation erstellt werden. Entwerfen Sie eine entsprechende Struktur. Begründen Sie, warum Sie sich für diese Struktur entschieden haben.

3 Strukturieren „Die Staaten Europas"
Das Ergebnis von Aufgabe 1 soll in die größere Publikation „Die Staaten Europas" eingebunden werden. Welche Änderungen müssen an der bestehenden Struktur vorgenommen werden? Erstellen Sie einen Entwurf für die neue Struktur.

4 Beurteilen von Strukturen
Vergleichen Sie Ihre Ergebnisse der Aufgaben 1 bis 3 mit den Ergebnissen Ihrer Mitschüler. Welche Grundstrukturen kommen zum Einsatz? Beurteilen Sie die Ergebnisse. Finden Sie Gemeinsamkeiten und Unterschiede. Leiten Sie daraus Vor- und Nachteile der geplanten Strukturen ab.

5 Untersuchen von Strukturen
Analysieren Sie eine gegebene elektronische Publikation. Notieren Sie dazu die Struktur. Bewerten und diskutieren Sie Ihre Ergebnisse. Beziehen Sie in die Betrachtung auch die Tiefe und Breite der Navigation ein.

6 Weitere Grundstrukturen
Suchen Sie weitere Strukturen für das Vernetzen von Informationen. Finden Sie Beispiele für deren Verwendung.

Aufgaben – Grundwissen

7 Ordner und Verzeichnisse

a Welche Grundstruktur weist die abgebildete Ordnerstruktur auf? Begründen Sie Ihre Entscheidung.

b Erweitern Sie die Struktur für die Verzeichnisse „pflanzen" und „tiere" in die Tiefe.

```
[I:\]
├[bilder_grafiken]
│ ├[fotos]
│ └[navigation]
└[texte]
  ├[pflanzen]
  └[tiere]
```

8 Ordner- bzw. Verzeichnisstrukturen erstellen
Auf einem Datenträger sind mehrere Dateien gespeichert.
Diese enthalten
- Texte zur Schule, z. B. zur Geschichte, zu Terminen oder Aktuellem,
- Fotos der Schule,
- Grafiken zum Logo der Schule,
- Texte zu den Klassen,
- Klassenfotos,
- Texte zu den Lehrern,
- Lehrerfotos.

Erstellen Sie für die Speicherung dieser Dateien eine sinnvolle Ordnerstruktur. Diskutieren Sie Ihre Entwürfe.

22 Planen von Internetpräsentationen

Marco hat das Pflichtenheft für eine elektronische Publikation angelegt. Um weiterarbeiten zu können, muss er es nun auf die geplante Internetpräsentation anpassen.
Sofort fallen ihm viele Begriffe ein, die er im Zusammenhang mit dem Internet im Gespräch mit seinen Freunden schon einmal gehört und selbst auch benutzt hat: Homepage, Website, Internetseite, Webseite, Editor, Browser, HTML, Seitenlayout und Webdesign. Marco erkennt, dass es englische und deutsche Begriffe sind, die manchmal sogar ähnlich klingen.

Bedeuten ähnlich klingende Begriffe immer das Gleiche? Welche dieser Begriffe sind von grundlegender Bedeutung für die Erstellung der elektronischen Publikation?

?

L17 L18

Das Internet ist in den USA entstanden. Deshalb haben sich für die meisten Begriffe englische Worte eingeprägt. Das hat sich auch bei der Erweiterung des Internet mit neuen Diensten nicht geändert. Beim Übersetzen der Begriffe fällt es oft schwer, die richtige deutschsprachige Bedeutung zu finden.
Die richtige Verwendung der Begriffe ist notwendig für die Verständigung mit Anderen, beim Nutzen von Hilfesystemen, beim Lesen von Fachliteratur oder beim Diskutieren der Planung zur eigenen Arbeit.

Eine Seite einer elektronischen Publikation, die man im Internet betrachten kann, nennt man **Internetseite** oder Webseite.
Die gesamte im Internet veröffentlichte elektronische Publikation wird als **Internetdokument** oder **Internetpräsentation** bezeichnet. Auch die Bezeichnung Website ist üblich.
Die **Startseite** einer Internetpräsentation wird auch Homepage genannt.

Für Marcos Arbeit ist es wichtig, dass er stets die richtigen Begriffe verwendet. Er muss dabei auf den einheitlichen Gebrauch achten. Marco bemerkt, dass sein Vater die Bitte nicht exakt formuliert hat. Er wollte nicht nur eine Startseite (Homepage) für „Füller-Müller". Er meinte die Erstellung einer kompletten Internetpräsentation.

Mit den richtigen Begriffen kann Marco sein Pflichtenheft jetzt konkretisieren. Da er die Inhalte der einzelnen Seiten bereits kennt, kann er nun die Dateinamen festlegen. Er erleichtert sich die Arbeit, indem er Namen vergibt, aus denen er schnell auf den Inhalt der Dateien schließen kann. Da er die Publikation im Internet veröffentlichen soll, muss er die einzelnen Seiten mithilfe der Seitenbeschreibungssprache › HTML erstellen und in Form von *.htm(l)-Dateien speichern. Dabei bedenkt er, dass die Datei der Startseite meist mit index.htm oder index.html bezeichnet wird. Marco ergänzt die Dateinamen in der geplanten Struktur.

› engl.: **H**yper**t**ext **M**arkup **L**anguage – Beschreibungssprache für Internetseiten

Dateinamen im Internet

Die Schreibweise von Dateinamen ist eine häufige Fehlerquelle in Internetpräsentationen. So unterscheiden manche Betriebssysteme zwischen Groß- und Kleinschreibung, für andere ist das egal. Im Betriebssystem Windows wird mit den Namen „Index.htm", „index.htm" und „INDEX.HTM" die gleiche Datei bezeichnet, weil nicht zwischen Groß- und Kleinschreibung unterschieden wird. Im Betriebssystem Linux bzw. Unix werden mit diesen Namen drei verschiedene Dateien benannt.

Dies führt zu Problemen, die sich mit einer konsequenten Namensvergabe für die Dateien vermeiden lassen:

- Dateinamen nur mit Kleinbuchstaben schreiben.
- Anstelle von Leerzeichen den Unterstrich verwenden.
- Keine Umlaute (ä, ö, ü) und Sonderzeichen (ß, -, /, „Komma", ...) benutzen.
- Namen verwenden, aus denen man den Inhalt erkennt.

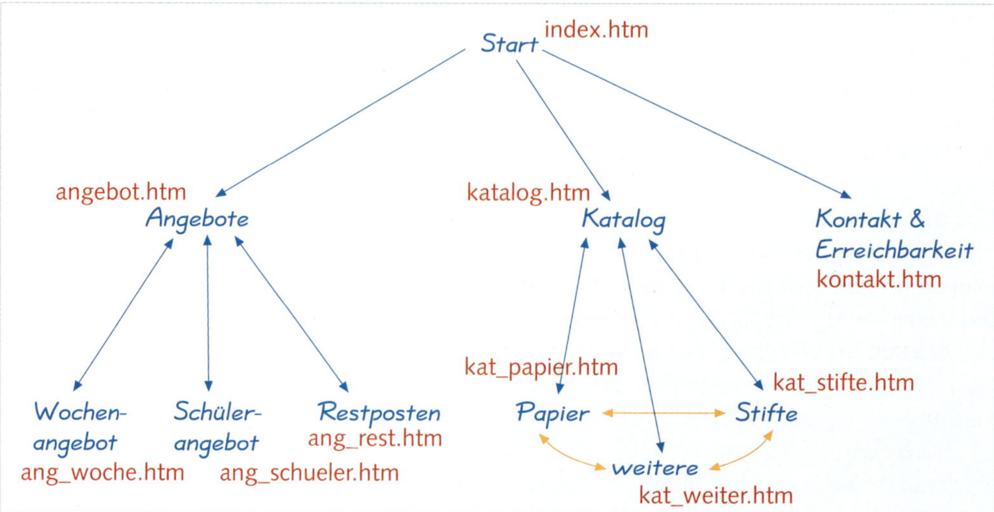

1 Struktur mit Dateinamen

Wie wird Marco die einzelnen Seiten der Publikation gestalten? Welche Mittel stehen dazu zur Verfügung? Gibt es Festlegungen, an die er sich halten muss?

Schriftgestaltung

Bei der Auswahl von Schriften ist es notwendig zu wissen, wie Internetseiten funktionieren. Mit der Beschreibungssprache HTML werden die Seiten nur inhaltlich und strukturell beschrieben. Die endgültige Darstellung der Seite erfolgt erst beim Betrachten am Rechner des Nutzers. Dort können nur die auf diesem Rechner installierten Schriften angezeigt werden. Es hat also keinen Sinn, Schriften zu verwenden, die beim Nutzer mit großer Wahrscheinlichkeit nicht vorhanden sind.

W7

Regeln zur Verwendung von Schriften auf Internetseiten:

- Standardschriften verwenden!
  Diese sind mit hoher Wahrscheinlichkeit auf vielen Computern installiert.
  Man sollte auch die Standardschriften anderer Betriebssysteme beachten.
- Gut lesbare Schriften verwenden!
  Es gibt spezielle Schriften, die für das Lesen am Bildschirm entwickelt wurden.
- Auf eine Schriftart beschränken!
  Diese Schriftart sollte auf allen Seiten der Internetpublikation verwendet werden.
  Serifenlose Schriften sind am Bildschirm besser lesbar.
- Keine Kursivsetzungen!
  Kursive Schrift ist schlecht lesbar.
- Unterstreichungen vermeiden!
  Unterstreichungen werden gewöhnlich für Verweise verwendet.

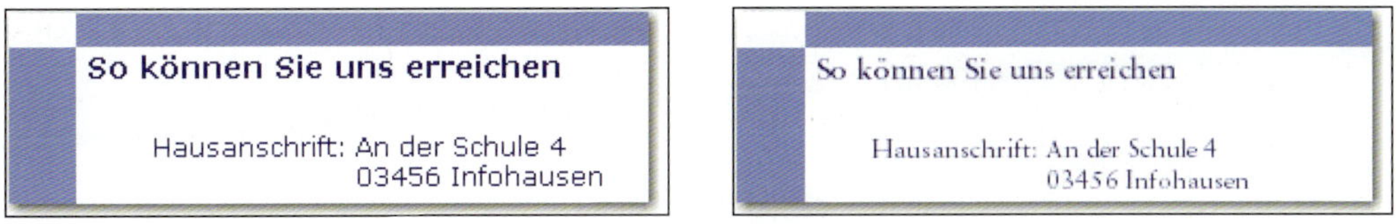

2 *Beispiele für am Bildschirm gut lesbare Schrift (links) und schlecht lesbare Schrift (rechts)*

Farbgestaltung

L13 L15

Eine Internetseite enthält viele Objekte mit verschiedenen Attributen (Hintergründe, Texte, Verweise oder Überschriften). Um diese gut voneinander unterscheiden zu können, ist neben der Schrift die Verwendung von verschiedenen Farben entscheidend. Die einzelnen Objekte sollen sich farblich gut voneinander abheben. Allerdings sollen nicht zu viele Farben verwendet werden.

Regeln zur Benutzung von Farben auf Internetseiten:

- Alle Seiten farblich einheitlich gestalten!
  Einheitliche Gestaltung erleichtert das Wiedererkennen und vereinfacht das Navigieren.
- Farben nutzen, die zueinander und zum Inhalt passen!
- Helligkeit und Kontrast beachten!
  Zu starke Kontraste erschweren die Lesbarkeit.
- Möglichst wenige Farben verwenden – maximal drei!
  Verschiedene Farbtöne sind günstiger als viele verschiedene Farben.

3 *Beispiel für gute farbliche Gestaltung (links) und schlechte farbliche Gestaltung (rechts)*

Bei der farblichen Gestaltung der Internetpräsentation sind Ideen gefragt. So kann man z. B. die verschiedenen Ebenen in einer Baumstruktur mit verschiedenen Farben gestalten. Das kann die Orientierung in der Publikation sehr vereinfachen.

Räumliche Aufteilung der Inhalte

Auch für die Platzierung der Inhalte auf den Seiten gilt der Grundsatz, dass sich die Nutzer schnell in der Publikation zurechtfinden sollen. Schlimm wäre, wenn sich ein Nutzer auf jeder Seite erst wieder neu orientieren müsste. In einer solchen uneinheitlichen Internetpräsentation verweilen Nutzer meist nicht lange. Deshalb müssen die Seiten einheitlich aufgebaut sein.

Regeln zum Platzieren von Seiteninhalten:

- Einfacher und übersichtlicher Seitenaufbau!
  In der Beschränkung liegt die Stärke der Gestaltung.
- Gleichartige Elemente an gleicher Stelle platzieren!
  Das verhilft zu einer schnelleren Orientierung.
- Höchstens 80 Zeichen (Buchstaben) pro Zeile!
  Das erleichtert das Lesen. Der Text kann schneller erfasst werden.

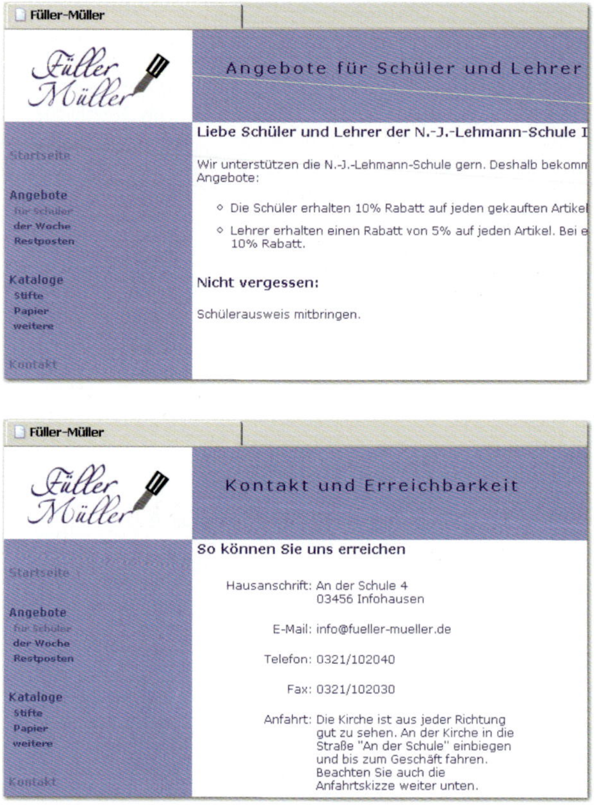

4 *Bildschirmausschnitte von zwei verschiedenen Seiten als Beispiele für gute Seitengestaltung*

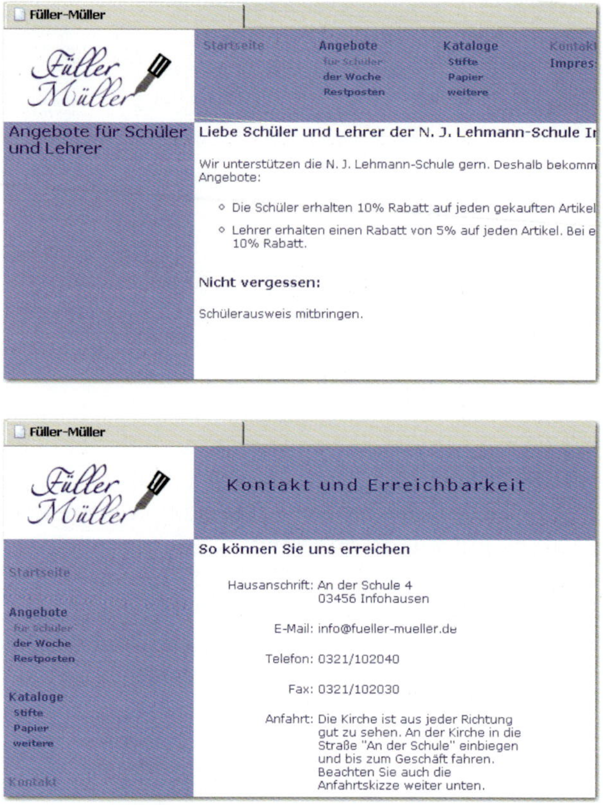

5 *Bildschirmausschnitte von zwei verschiedenen Seiten als Beispiele für schlechte Seitengestaltung*

Die Seitenaufteilung, die Auszeichnung des Textes mit Schriften und die farbliche Gestaltung der Präsentation werden als Seitenlayout bezeichnet.

Das **Seitenlayout** ist die Planung für die Anordnung der Inhalte einer Internetseite. Es umfasst auch die Auswahl der Schriften und die Farbgestaltung.

Zum Abschluss der Planungsarbeit ist es erforderlich, die Ergebnisse in einer Übersicht, dem so genannten **Storyboard**, zusammenzufassen.

Das Storyboard für eine Internetpräsentation enthält
- alle geplanten Seiten mit
  - Dateinamen,
  - kurzer Inhaltsangabe (Seitentitel),
  - den Dateinamen der auf der Seite verwendeten Grafiken.
- Verweise zwischen den Seiteninhalten; Hervorheben der Verweisquelle nicht vergessen.
- das geplante Seitenlayout mit
  - Angabe der verwendeten Schriften,
  - Angabe der verwendeten Farben,
  - Angaben zu gestalterischen Besonderheiten, z. B. Hervorhebungen.
- die Platzierung der Inhalte (Festlegen der Navigation).

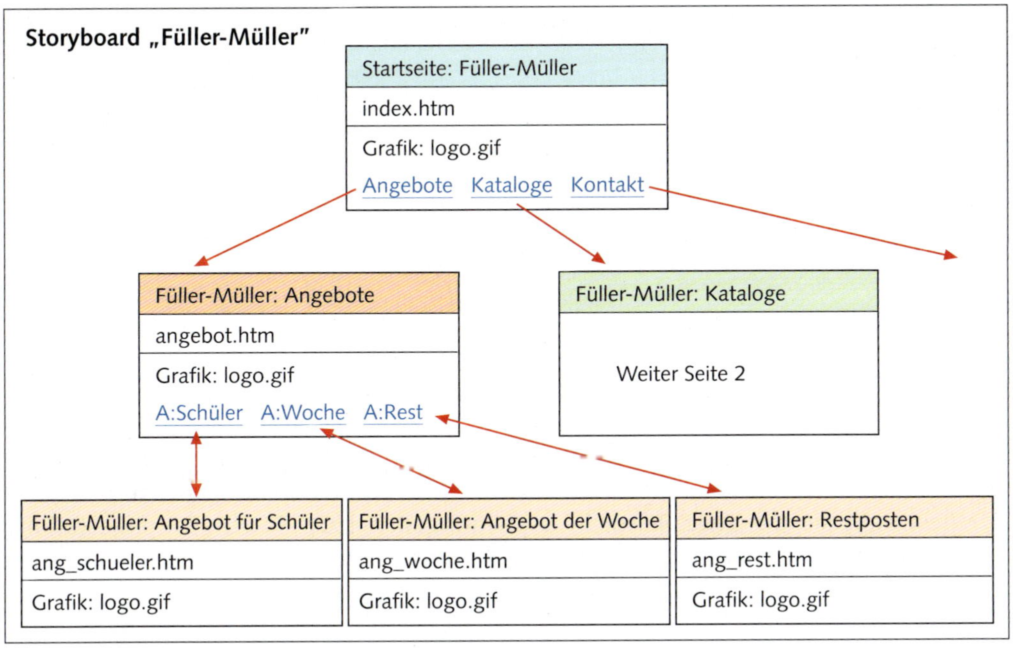

6 *Storyboard – Struktur mit Dateinamen und Verweisen (Ausschnitt)*

Schriften: Verdana, Arial, Helvetica, Geneva, Sans Serif

Größe: 12 pt

Farben:		RGB – DEZ		RGB – HEX	
Hintergrund:	weiß	255 255 255	bzw.	FF FF FF	für Text
	hellblau	115 143 230	bzw.	73 8F E6	für Navigation
Text:	dunkelblau	27 18 132	bzw.	1B 12 84	
Verweisquelle:	dunkelblau	45 68 136	bzw.	2D 44 88	

L13

7 *Storyboard – Farben und Schriften*

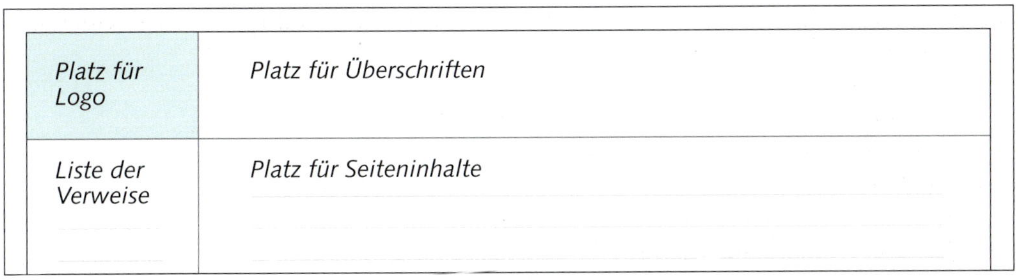

8 *Storyboard – Platzierung der Inhalte auf einer Seite*

Aufgaben – Seitenlayout

1 Schriftarten

Erarbeiten Sie eine Übersicht über die Standardschriftarten der verschiedenen Betriebssysteme. Legen Sie eine Tabelle nach folgendem Muster an.

Betriebssystem	Standardschriftarten	für Internet geeignet
Windows	Times Arial …	ja ☐ nein ☒ ja ☐ nein ☐
Linux		ja ☐ nein ☐
Mac OS		ja ☐ nein ☐

2 Farbe

Suchen Sie im Internet Publikationen, die sich mit der farblichen Gestaltung von Internetseiten beschäftigen. Notieren Sie drei Farbkombinationen als RGB-DEZ- und RGB-HEX-Code.

3 Benutzerfreundlichkeit

Bewerten Sie die zwei Beispiele (Abbildungen 4 bzw. 5) zur Seitengestaltung hinsichtlich ihrer Benutzerfreundlichkeit. Beziehen Sie in Ihre Betrachtungen auch die Kriterien Lesbarkeit und Einheitlichkeit des Seitenaufbaus mit ein.

4 Storyboard „Die deutschen Bundesländer"

Planen Sie für das Storyboard der elektronischen Publikation „Die deutschen Bundesländer" die Platzierung der Inhalte auf einer Seite.

17 a Erstellen Sie dazu jeweils drei Scribble und ein Rohlayout für
  - die Startseite und
  - die Seite eines Bundeslandes.

b Heben Sie die Verweisquellen hervor.

5 Storyboard „Klassensprecher"

Planen Sie für das Storyboard der elektronischen Publikation „Klassensprecher" die Schrift- und Farbgestaltung.

6 Storyboard „Die Staaten Europas"

Planen Sie die Platzierung der Seiteninhalte für die elektronische Publikation „Die Staaten Europas".

a Erstellen Sie dazu jeweils drei Scribble und ein Rohlayout für
  - die Startseite und
  - die Seite eines europäischen Staates.

b Heben Sie die Verweisequellen hervor.

c Vergleichen Sie das Ergebnis mit dem Ergebnis aus Aufgabe 4.

Aufgabe – Grundwissen

7 Klasse ZEICHEN

Publikationen verlangen die Gestaltung von Texten. Dazu werden Zeichenattribute verwendet.

a Ermitteln Sie die Zeichenattribute Ihrer Textverarbeitung.

b Stellen Sie drei verschiedene Objekte der Klasse ZEICHEN in einer Mindmap dar.

c Entwickeln Sie mit diesen Kenntnissen eine geeignete Klassendefinition.

23 Eine Internetseite entsteht

In der Schule hat Marco gelernt, in Projekten mit anderen Schülern gemeinsam an die Bewältigung umfangreicher Aufgaben zu gehen. Die Erfahrungen, die er dabei gemacht hat, helfen ihm jetzt, seine eigene Arbeit besser zu organisieren und einzuteilen.

Bei der Projektarbeit in einem Team ist es möglich, einzelne Aufgaben gleichzeitig zu bewältigen. Marco muss diese Schritte nacheinander durchführen. Er plant: 16

- Texte formulieren und speichern
- Grafiken erstellen, bearbeiten und speichern
- Internetseite zusammenfügen.

Verfassen der Texte

Marco kennt bereits die Inhalte der geplanten Internetseiten. Zur Beschreibung dieser Inhalte muss er die entsprechenden Texte verfassen. Er verwendet ein Textverarbeitungssystem. Beim Aufschreiben kommt es überhaupt nicht auf die Gestaltung an. Sie wird erst später, bei der Erstellung der Internetseite vorgenommen. Deshalb kann Marco das einfachste System benutzen, das ihm zur Verfügung hat – einen Editor.
Wichtig ist eine sinnvolle Speicherung:

- Texte in einem eigenen Verzeichnis (z. B. \entwurf) speichern!
  Da die Texte nach dem Abschluss der Arbeit nicht mehr benötigt werden, kann später der gesamte Ordner gelöscht werden.
- Gleiche Dateinamen wie bei den Internetseiten verwenden!
  Das erleichtert das Wiederfinden der Textdateien.
- Der Dateityp ist unwichtig!
  Günstig ist die Speicherung in einem Dateiformat, das wenig oder keine Gestaltungsmöglichkeiten zulässt, wie zum Beispiel das *.txt-Format. Dadurch werden später Fehler beim Zusammenfügen reduziert oder vermieden.

Texte in Internetseiten sehen Texten, die mit Textverarbeitungssystemen erstellt wurden, äußerlich ähnlich. Beide haben aber einen verschiedenen Aufbau und verschiedene Gestaltungsmöglichkeiten. Das wird an der Untersuchung der zu den Texten gehörenden Klassen deutlich.

Bei der Beschreibung der Klassen einer Internetseite notieren wir nur die für die Gestaltung wichtigen Attribute.

1 Klassen INTERNETSEITE, Klasse ABSATZ und Klasse ZEICHEN

INTERNETSEITE	ABSATZ	ZEICHEN
seitentitel: Startseite, Angebote, … hintergrundfarbe: #ffffff, #00ccff, … hintergrundgrafik: keine, logo.gif, … verweisfarbe: #000000, #006699, … schriftart: Geneva, Arial, Helvetica, … schriftgroesse: 10 pt, 12 pt, … textfarbe: #000000, #003366, … …	ausrichtung: links, zentriert, … schriftart: Geneva, Arial, Helvetica, … schriftgroesse: 10 pt, 12 pt, … textfarbe: #000000, #003366, … …	schriftart: Geneva, Arial, Helvetica, … schriftgroesse: 10 pt, 12 pt, … textfarbe: #000000, #003366, … …

Wir sehen, dass alle Klassen z. B. ein Attribut Textfarbe haben. Das ist ein großer Unterschied zu den Klassen in der Textverarbeitung, den man nutzt, um die Arbeit bei der Erstellung und Formatierung von Internetseiten effektiver zu erledigen.

Um das zu verstehen, betrachten wir die Beziehungen zwischen den Klassen in einem Klassendiagramm.

2 *Klassendiagramm mit INTERNETSEITE, ABSATZ und ZEICHEN*

Durch die „Enthält"-Beziehung ist es möglich, alle Objekte der Klasse ZEICHEN durch die übergeordnete Klasse INTERNETSEITE (oder ABSATZ) zu „steuern". Belegt man nämlich in der Klasse INTERNETSEITE das Attribut textfarbe mit einem bestimmten Wert, so wird dieser Wert an die gleichnamigen Attribute der untergeordneten Klassen ABSATZ und ZEICHEN weitergegeben – solange dort kein eigener Wert für textfarbe angegeben wurde. Man braucht also das Attribut textfarbe für die gesamte Seite (oder den gesamten Absatz) und die nachgeordneten Klassen nur einmal festzulegen.

W7

Das Attribut textfarbe der Klasse ZEICHEN hat dabei die höchste Priorität und das der Klasse INTERNETSEITE die geringste. Zeichenattribute haben Vorrang vor gleichen Absatzattributen. Diese haben wiederum Vorrang vor Seitenattributen.
Die „Enthält"-Beziehung gilt auch für weitere Zeichenattribute.

Marco ist clever. Er plant, gleich alle Einstellungen für die Auswahl der Schriften bei den „Seiteneinstellungen" vorzunehmen. Sollen einzelne Absätze anders gestaltet werden, dann ändert er die Absatzattribute. Nur bei den Hervorhebungen einzelner Buchstaben oder Zahlen muss er dann noch einmal die Zeichenformatierung ändern.

Zeichnen der Grafiken

17

Grafiken in Internetseiten haben verschiedene Aufgaben:
- Sie können als **Hintergrund** einer Internetseite genutzt werden.
- Sie können der **Präsentation**, also der Visualisierung von Informationen dienen.
- Ist das Verweisziel keine Textseite, sondern eine Grafik, so wird nur diese als **Solografik** in einem Browserfenster angezeigt. Zum Verweisen auf Solografiken wird als Verweisquelle oft eine **Vorschaugrafik** benötigt.
- **Schaltflächen** dienen als Verweisquellen zu anderen Internetseiten.

Grafiken müssen in internetfähigen Dateiformaten gespeichert werden und sollen möglichst wenig Speicherplatz beanspruchen.

L13

Marco hat sich vorgenommen, alle Grafiken selbst anzufertigen. In einem Vektorgrafikprogramm erstellt er die notwendigen Logos und Schaltflächen. Bilder fotografiert er und bearbeitet sie nach. Er achtet auf die Speicherung in internetfähigen Grafikformaten.

Tipps zur Speicherung der Grafikdateien:
- Der Dateityp ist wichtig!
  Grafiken müssen in einem internetfähigen Grafikformat gespeichert werden.
- Grafiken in einem eigenen Ordner speichern!
  Bei umfangreichen Bildsammlungen sind Unterverzeichnisse (z.B. \grafiken) sinnvoll, um die Übersicht zu bewahren.
- Dateinamen verwenden, die den Inhalt der Grafik beschreiben!

Weitere Klassen in Internetseiten

Internetseiten enthalten neben Absatz, Zeichen und Grafik weitere Klassen. Die Gestaltung der Seiten erfolgt mit den Attributwerten der dazu gehörenden Objekte.

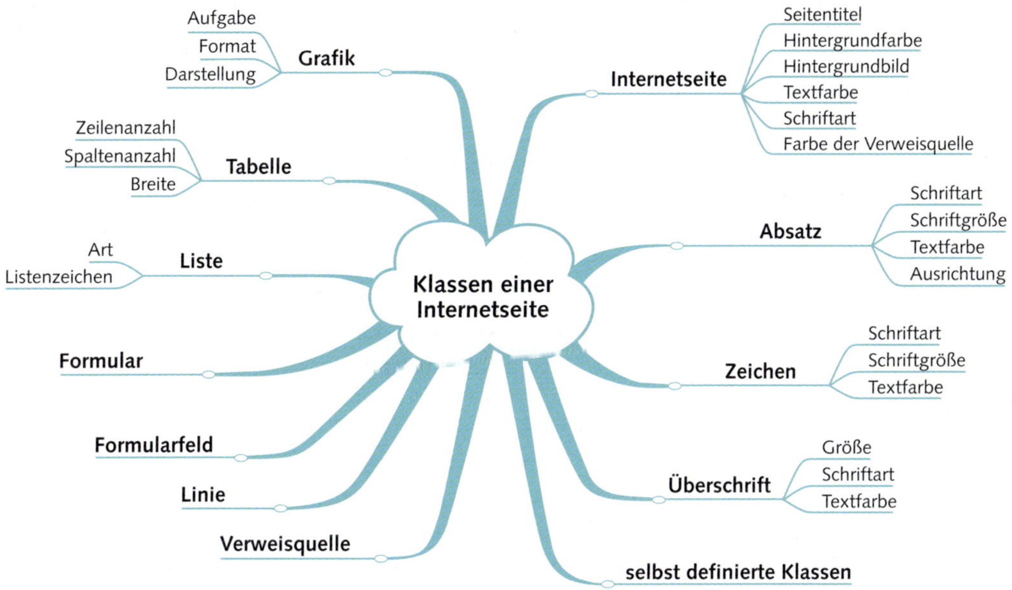

3 *Ausgewählte Klassen einer Internetseite mit wichtigen Attributen*

W7

Es gibt auch die Möglichkeit, eigene Klassen festzulegen. Das nutzen erfahrene Anwender, um ihre Seiten noch effektiver zu gestalten.

> Internetseiten können aus **Objekten** verschiedener **Klassen** zusammengesetzt werden. Die Gestaltung erfolgt mit den **Attributwerten** der Objekte.

Bevor es losgeht – noch einmal kontrollieren

Bevor das Zusammenfügen der Seiteninhalte beginnt, muss sich der Gestalter einer Internetpublikation ganz genau überlegen, wo er die Dateien speichert. Dabei kommt es nicht darauf an, ob die Dateien zum Arbeiten und Testen noch auf dem privaten Rechner gespeichert sind oder später im Internet „liegen" sollen. Wichtig ist die Ordnerstruktur, denn die Pfade zu anderen Dateien und Grafiken werden in der Seite mitgespeichert. Erfolgt eine nachträgliche Änderung (Umbenennen eines Verzeichnisses, Verschieben einer Datei), müssen die Pfade entsprechend angepasst werden.

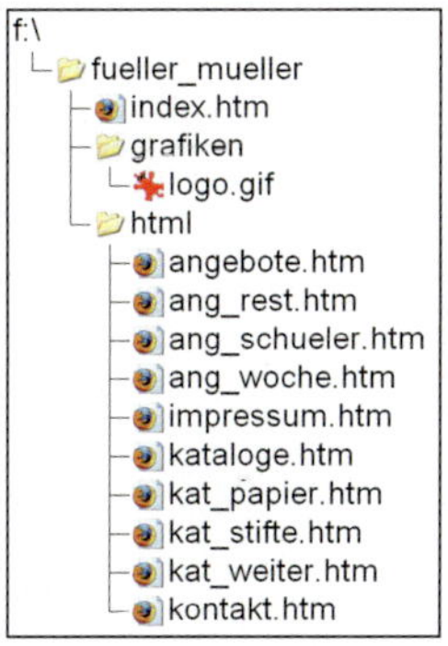

4 *Beispiel einer möglichen Verzeichnisstruktur für Füller-Müller*

Marco soll eine Internetseite erstellen und gestalten. Welche seiner bisherigen Kenntnisse helfen ihm, diese Arbeit effektiv zu lösen? Kann er Wissen aus anderen Gebieten der Informatik auf die Erstellung von Internetseiten übertragen?

?

Zusammenfügen einer Internetseite

Das Zusammenfügen und Gestalten der Inhalte geschieht mit speziellen Werkzeugen, den Editoren. Man teilt sie in zwei Gruppen ein:

- HTML-Editoren

  Alle Seiteninhalte werden im HTML-Quelltext geschrieben. Dafür muss der Autor ausreichende HTML-Kenntnisse besitzen. Die Attributwerte der Objekte einer Internetseite werden hier „von Hand" eingegeben. Viele HTML-Editoren sind als Free- oder Shareware im Internet erhältlich.

- Layout-Editoren
  HTML-Kenntnisse sind hier nicht erforderlich. Die Anwendungen arbeiten mit einer Layout-Oberfläche. Dort können alle Inhalte platziert und gestaltet werden.
  Die Attributwerte der Objekte können aus zahlreichen Menüs ausgewählt werden.
  Layout-Editoren kommen vor allem im kommerziellen Bereich zum Einsatz.

Diese Editoren erzeugen als Ergebnis eine Datei mit HTML-Quelltext.

› Editor: Herausgeber

Elektronischer Publikationen werden mit › **Editoren** erstellt. Dabei werden die verschiedenen Teile der elektronischen Publikation zusammengefügt und für die Veröffentlichung vorbereitet.

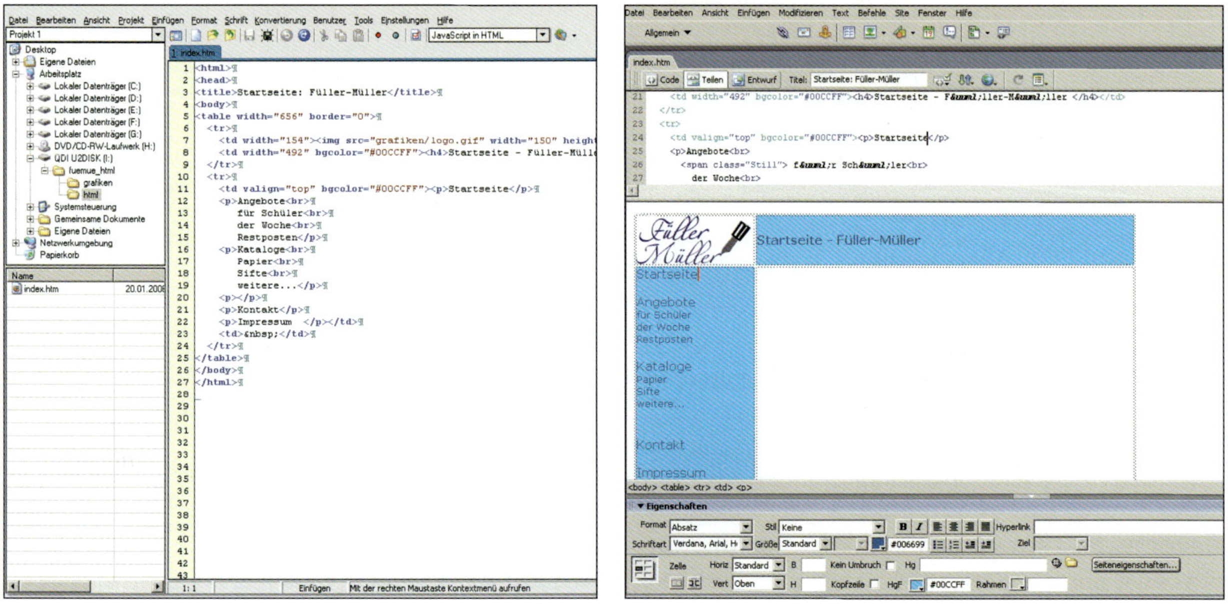

5 Beispiele für Editoren: HTML-Editor (links), Layout-Editor (rechts)

Mit Editoren können Internetseiten nur erstellt werden. Das Betrachten der Ergebnisse ist meist nicht möglich. Selbst bei Layout-Editoren entspricht die Anzeige nicht dem endgültigen Resultat. Das Betrachten einer Internetseite erfolgt mit anderen Werkzeugen, den Browsern. Sie interpretieren den HTML-Quelltext der Internetseite und stellen ihn auf dem Bildschirm dar.

› engl.: to browse – blättern, durchsuchen, herumblättern

Die Darstellung derselben Internetseite kann in verschiedenen › Browsern sehr unterschiedlich aussehen. Ein Test der entworfenen Seiten mit mehreren Browsern zur Kontrolle der Ansicht ist deshalb sehr sinnvoll.

Elektronische Publikationen werden mit **Browsern** betrachtet. Dabei wird der Quelltext interpretiert und dargestellt.

26

Für das Zusammenfügen der Teile einer Internetseite ist es praktisch, die Texte in die Zwischenablage des Betriebssystems zu kopieren und von dort aus in die Internetseite einzufügen. Damit werden die Texte Bestandteil der Internetseite – sie sind in die Seite **eingebettet**. Sollen die Texte später noch einmal verändert werden, dann geht das nur mit dem Editor in der Internetseite selbst.
Die Texte werden in der Seite selbst editiert. Grafiken hingegen werden kein Bestandteil

der Internetseite. Erst beim Betrachten im Browser wird die Grafik in der Seite dargestellt. Die Grafikdatei ist mit der Internetseite **verknüpft**. Soll die Grafik geändert werden, dann geht das nicht in der Internetseite, sondern nur in einem Grafikprogramm.

Das Zusammenfügen geschieht immer in der gleichen Schrittfolge:

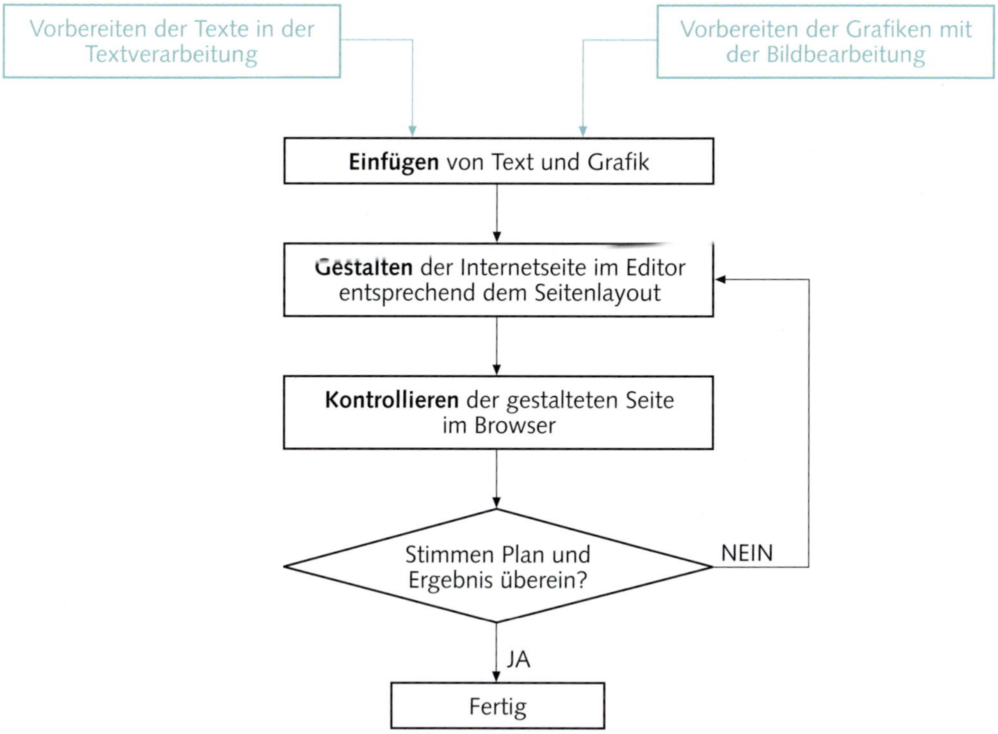

6 Schrittfolge zum Zusammenfügen einer Internetseite

Um die Übersicht bei dieser Arbeit nicht zu verlieren, sollte man alle Anwendungsfenster, die man nicht mehr benötigt, sofort wieder schließen. Auf jeden Fall benötigt man die Fenster für den Editor zum Bearbeiten und das Fenster für den Browser zum Kontrollieren. Erfahrenen Nutzer kontrollieren die Ergebnisse in verschiedenen Browsern gleichzeitig. Ebenso sinnvoll ist eine Kontrolle von einem anderen Rechner im Netzwerk aus.

Aufgaben – Internetseiten

1 Vorbereiten der Seiten für „Die deutschen Bundesländer"
Bereiten Sie die Texte und die Grafiken für die Startseite und zwei weitere Seiten der Internetpräsentation „Die deutschen Bundesländer" vor. Achten Sie beim Speichern auf das Anlegen von Unterordnern und die Vergabe sinnvoller Dateinamen.

2 Vorbereiten der Seiten für „Klassensprecher"
Bereiten Sie die Texte und die Grafiken für die Internetpräsentation „Klassensprecher" vor. Achten Sie beim Speichern auf das Anlegen von Unterverzeichnissen. Vergeben Sie sinnvolle Dateinamen.

3 Vorbereiten der Seiten für „Die Staaten Europas“
Bereiten Sie die Texte und die Grafiken für die Internetpräsentation „Die Staaten Europas“ vor, die Sie benötigen, um an die Informationen zu Frankreich zu gelangen. Achten Sie beim Speichern auf das Anlegen von Unterordnern und die Vergabe sinnvoller Dateinamen.

4 Editoren vergleichen
a Legen Sie Kriterien fest, die Ihnen für die Arbeit mit Editoren wichtig sind.
b Vergleichen Sie drei verschiedene Editoren. Nutzen Sie dabei Ihre festgelegten Kriterien.

5 Browser-Einstellungen
Untersuchen Sie Ihren Browser auf die eingestellte Schriftart. Stellen Sie für diese Aufgaben eine ungewöhnliche Schriftart ein. Untersuchen Sie damit das Aussehen einer Internetseite
a ohne Schriftformatierung,
b mit Schriftformatierung,
c mit Formatierung in einer Schriftart, die auf Ihrem Rechner nicht installiert ist.

6 Bestimmen von Attributen und Attributwertebereichen
Stellen Sie die folgenden Klassen in einer geeigneten Form dar.
a ZEICHEN, ABSATZ und UEBERSCHRIFT
b INTERNETSEITE
c LISTE und TABELLE
d FORMULAR und FORMULARFELD

7 Erstellen der Seiten von „Die deutschen Bundesländer“
Erstellen Sie die geplanten Internetseiten der Internetpräsentation „Die deutschen Bundesländer“. Üben Sie daran den Ablauf für die Erstellung von Internetseiten (Abbildung 6).

8 Erstellen der Seiten von „Klassensprecher“
Erstellen Sie die einzelnen Internetseiten der Internetpräsentation „Klassensprecher“. Üben Sie daran den Ablauf für die Erstellung von Internetseiten (Abbildung 6).

9 Erstellen der Seiten von „Die Staaten Europas“
Erstellen Sie die geplanten Internetseiten der Internetpräsentation „Die Staaten Europas“. Üben Sie daran den Ablauf für die Erstellung von Internetseiten (Abbildung 6).

Aufgabe – Grundwissen

10 Arbeiten im Netzwerk (Gruppen- bzw. Partnerarbeit)
Arbeiten Sie mit einem Partner zusammen. Partner 1 erstellt seine Internetseiten mit dem Editor und speichert diese in einem Netzlaufwerk. Partner 2 betrachtet die erstellten Seiten an seinem Computer.
a Partner 1 ändert Seiteninhalte, Partner 2 kontrolliert im Browser.
b Tauschen Sie die Rollen

24 Eine Internetpräsentation entsteht

Marco ist fast am Ziel seiner Arbeit angelangt: Die einzelnen Internetseiten sind erstellt, gestaltet und gespeichert. Die Verweise fehlen und müssen noch eingefügt werden. Dadurch wird aus den einzelnen Internetseiten ein komplettes Internetdokument.

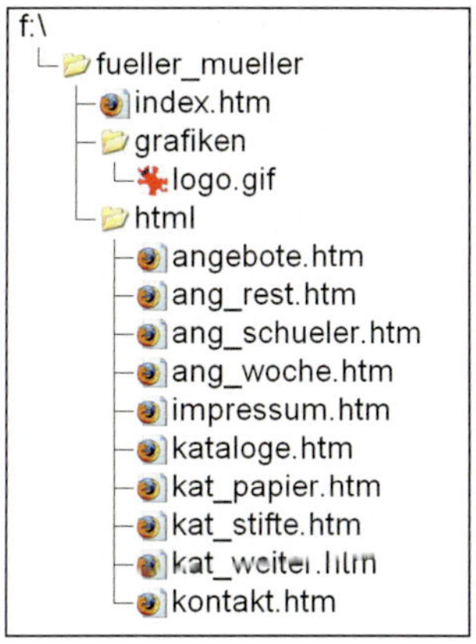

22

1 Verzeichnisstruktur des Internetdokumentes „Füller-Müller"

Die Verweise sind geplant, Verweisquelle und Verweisziel stehen fest. Das Herstellen der Verweise in Internetpräsentationen erfolgt mit so genannten Links.

Links sind ebenfalls Objekte einer Klasse. In der Klasse LINK ist die Adresse des Verweiszieles das wichtigste Attribut. Das Attribut **Adressierung** gibt an, ob der LINK in die eigene Präsentation oder in ein externes Internetdokument verweist. Bei Verweisen in das eigene Dokument wird der Pfad zum Verweisziel von der aktuellen Datei aus beschrieben. Das Ziel wird **relativ** adressiert.

2 Beispiele für relative Adressierung

Aktuelle Datei	Pfad zum Verweisziel (Abbildung 1)	Vom Browser aufgerufenes Verzeichnis	Anzeige im Browser
`index.htm`	`html/angebote.htm`	Unterverzeichnis: `html`	`angebote.htm`
`angebote.htm`	`ang_schueler.htm`	aktuelles Verzeichnis: `html`	`ang_schueler.htm`
`ang_schueler.htm`	`index.htm`	aktuelles Verzeichnis: `html`	Fehlermeldung, denn das Verweisziel ist im aktuellen Verzeichnis nicht vorhanden
`ang_schueler.htm`	`../index.htm`	übergeordnetes Verzeichnis: `fueller_mueller`	`index.htm`

Bei Verweisen in ein externes Internetdokument muss der komplette Aufruf der entsprechenden Internetseite – meist ist dies die Startseite – eingegeben werden. Dieser Verweis ist **absolut** adressiert.

3 Beispiel für absolute Adressierung

```
http://www.sn.schule.de
```

Die absolute Adressierung ist notwendig, weil das adressierte Dokument in einer unbekannten Verzeichnisstruktur gespeichert ist. Der relative Pfad von der aktuellen Datei aus ist unbekannt.
Weitere Attribute der Klasse LINK können festgelegt werden. Sie dienen der besseren Orientierung der Nutzer.

LINK
datei_ziel: angebot.htm, katalog.htm, …   pfad: ../, ../html/, (leer), …   adressierung: relativ, absolut   verweisbeschreibung: zu den Angeboten, zu den Katalogen, …   …
anzeige(pfad, datei_ziel)

4 Klasse LINK

Die Methode Anzeige ist unverzichtbar. Sie realisiert den Verweis, sodass man beim Klicken auf die Verweisquelle zum Verweisziel gelangt.

Verweise in Internetpräsentationen werden durch die Klasse **LINK** realisiert. Die Attribute Pfad und Zieldatei beschreiben das Verweisziel. Die Methode Anzeige ruft das Verweisziel auf.

Die Erstellung der Links erfolgt wieder im Editor. In einem HTML-Editor müssen die Attribute und Attributwerte von Hand eingegeben werden. In Layout-Editoren kann man die Verweisquelle aus dem Menü auswählen. Der HTML-Text dazu wird automatisch eingetragen.
Die Erstellung der Links geschieht in einer festgelegten Schrittfolge:

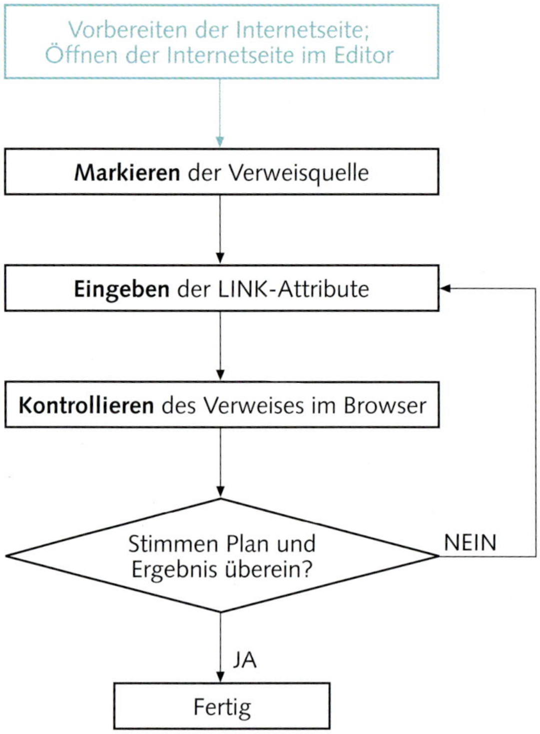

5 Schrittfolge zum Erstellen der Verweise

Erst im Browser können die Verweise kontrolliert werden, denn erst dort ist es möglich, den Links zu folgen.
Hinweis: Kontrollieren Sie Ihre Internetpräsentation auch im Netzwerk, möglichst mit einer anderen Laufwerksbezeichnung. Dabei werden viele Fehler – besonders Adressierungsfehler – deutlich.

› hochladen – engl.: upload

Seiten › hochladen

Die gesamte bisherige Arbeit zielte darauf ab, die Ergebnisse zu veröffentlichen. Dazu müssen die Dateien der Internetpräsentation an einer Stelle im Internet abgelegt werden, auf die auch andere Nutzer zugreifen können.

› engl.: to provide – anbieten, bereitstellen

Für die Publikation von Internetdokumenten benötigt man Speicherplatz im Internet – so genannten „WebSpace“. Den bekommt man von einem Internet-Service-› Provider (ISP). Dieser bietet verschiedene **Dienste** zur Nutzung im Internet an. Man meldet sich als Kunde an und entrichtet eine monatliche Gebühr, die sich aus den in Anspruch genommenen Leistungen ergibt.
Durch das Hochladen wird das Internetdokument zur Internetpublikation. Das Hochladen ist das Veröffentlichen.

L17

L18

Zum letzten Mal: Kontrolle

Zum Abschluss der Arbeit erfolgt nochmals ein sehr ausführlicher Test. Er kann erst jetzt stattfinden, weil sich die Publikation erst jetzt im Internet befindet. Die Kontrolle umfasst die folgenden Punkte:

- Erreichbarkeit aller Seiten,
- Sichtbarkeit aller Grafiken,
- Funktionieren aller Links,
- Nutzbarkeit der Publikation mit gebräuchlichen Browsern,
- Nutzbarkeit der Publikation mit verschiedenen Betriebssystemen (wenn möglich).

Eine gute Internetpräsentation sieht in allen Browsern und in allen Betriebssystemen nahezu gleich aus. Absolute Gleichheit wird aber selten erreicht. Profis treiben sehr viel Aufwand, damit ihre Internetpublikationen für alle Nutzer möglichst gleich aussehen.

Aufgaben – Links

1 Links einfügen „Die deutschen Bundesländer"

- Fügen Sie die geplanten Links in die erstellten Seiten der Präsentation „Die deutschen Bundesländer" ein. Tipp: Vergessen Sie die Links zur Startseite nicht.
- Prüfen Sie die Verlinkung. Arbeiten Sie mit Partnern im Netzwerk.

2 Links einfügen „Klassensprecher"

- Fügen Sie die Links in die von Ihnen erstellten Seiten der Präsentation „Klassensprecher" entsprechend Ihrer Planung ein.
- Prüfen Sie die Verlinkung. Nutzen Sie dazu auch die Möglichkeit mit Partnern im Netzwerk zu arbeiten.

3 Links einfügen „Die Staaten Europas"

- Fügen Sie die Links in die Seiten der Präsentation „Die Staaten Europas" so ein, dass Sie die gesuchten Informationen zu Frankreich erreichen können.
- Achten Sie darauf, dass auch die Rück-Links enthalten sind.
- Prüfen Sie die Verlinkung. Arbeiten Sie mit Partnern im Netzwerk.

4 Verweise in die gleiche Internetseite

Nutzen Sie das Hilfesystem und stellen Sie fest, wie Verweise in die gleiche Internetseite mit Links realisiert werden.

5 Hochladen und Herunterladen von Daten

Recherchieren Sie im Internet, wie das Hochladen bei verschiedenen Internet-Service-Providern funktioniert. Vergleichen Sie!

Aufgabe – Grundwissen

6 Zeitdauer Hochladen und Herunterladen

Informieren Sie sich über die Geschwindigkeit

- des Internetzuganges an Ihrer Schule und
- Ihres privaten Internetzuganges.

Berechen Sie, wie lange des Herunterladen bzw. das Hochladen für die angegebenen Objekte mindestens dauert.

a Grafikdatei: 50 KByte
b Grafikdatei: 750 KByte
c gesamte Publikation: 2,5 MByte

25 Eine Druckpublikation entsteht

Marco ist mit der Arbeit an der Internetpräsentation für das Geschäft seines Vaters zufrieden. Er hat aber noch einen zweiten Auftrag bekommen – die Gestaltung eines Werbeprospektes.

?

Muss Marco wieder ganz von vorn beginnen oder kann er gleich die Planung der Internetpräsentation verwenden? Muss er neue Arbeitstechniken kennen lernen? Welche Grundkenntnisse helfen ihm weiter?

L8

Das Veröffntlichen von Informationen in gedruckter Form ist viel älter als das Veröffentlichen in elektronischer Form. Ihre Geschichte reicht bis zur Entstehung der Schrift zurück. Mit der Einführung des Computers hat sich eine neue Arbeitsweise bei der Erstellung von Druckpublikationen entwickelt. Damit ist es möglich, die meisten Herstellungsschritte an einem Computerarbeitsplatz zu erledigen. Deshalb erhielt diese Arbeitsmethode den Namen › Desktop-Publishing.

› engl.: Desktop – Schreibtisch

Das **Desktop-Publishing** (**DTP**) ist eine Methode zur Erstellung von gedruckten Publikationen mithilfe des Computers.

2 13

Marco wird den geplanten Werbeprospekt mit der Methode des Desktop-Publishing an seinem heimischen Computer erstellen. Er fertigt wieder eine To-do-Liste an und arbeitet mit einem Pflichtenheft.

To-do-Liste der Aufgaben:

- *Arbeitsbesprechung mit Vati führen*
- *Layout (Schriftarten, Farben) planen*
- *Prospekt planen und erstellen*
  - *Inhalte auf Seiten aufteilen (mit Vati besprechen)*
  - *Inhalte: Texte erfragen, schreiben und besprechen*
  - *Inhalte: Bilder fotografieren, scannen, bearbeiten*
  - *Auf welche Weise erstelle ich die Seiten? Welche Anwendung nutze ich dabei?*
- *Zusammenfügen der einzelnen Teile*
- *Vati vorstellen*
- *Korrektur*
- *Druckerei finden, Bedingungen absprechen*

***1** Marcos To-do-Liste*

Beim Vergleich mit der To-do-Liste für die elektronische Publikation (Kap. 21, Abb. 1) stellt er fest, dass sich die Arbeitsschritte nur wenig geändert haben.
Auch die Inhalte sind gleich geblieben (Kap. 21, Abb. 2) und er kann sie übernehmen. Trotzdem muss Marco die Besonderheiten einer gedruckten Publikation beachten. Der Prospekt soll unverändert längere Zeit verteilt werden. Er kann deshalb keine aktuellen Angebote enthalten.
Beim Aufteilen der Inhalte muss Marco wissen, wie viel Platz im Prospekt zur Verfügung steht und wie er gefaltet werden soll. Davon hängt ab, wie viel Inhalt er auf wie viele Seiten verteilen kann und wie groß er die Schrift wählen darf, damit alle Inhalte Platz finden.
Vor der Entscheidung nimmt Marco Kontakt zur Druckerei auf, die die Fertigstellung übernimmt. Dort erfährt er, welche Varianten die Druckerei zu welchen Kosten anbietet. So vermeidet er bereits bei der Planung des Layouts zu hohe Kosten.

Planen der Druckpublikation

Genau wie er es bei der Planung der Internetpräsentation getan hat, geht Marco bei der Druckpublikation vor:
- Aufteilen der Inhalte auf die Seiten
- Schriftgestaltung
- Räumliche Aufteilung der Inhalte auf den Seiten

Marco entwirft mehrere Scribbles und Rohlayouts. Nach der Absprache mit seinem Vater und der Entscheidung für eine Variante fertigt er das Reinlayout für den Werbeprospekt an. 17

Meilensteine der Druckpublikation

Auch die Meilensteine der Druckpublikation sehen aus wie die der Internetpräsentation. 15 22
- Vorbereiten der Texte,
- Vorbereiten der Grafiken,
- Zusammenfügen zum Dokument.

Beim Vorbereiten des Textes kommt es – genau wie bei der Internetpräsentation – nicht auf die Gestaltung an. Marco kann auch hier einen einfachen Text-Editor verwenden. L14 L15
Anders als bei der Internetpräsentation müssen die Grafiken jetzt in einem Format gespeichert werden, das für das Drucken gut geeignet ist. Dabei spielen das Dateiformat, die Auflösung (siehe Kapitel 17, Abbildung 7) und das gewählte Farbmodell eine entscheidende Rolle.
Auch bei der Erstellung der gedruckten Publikation ist es wieder sinnvoll, die Texte und die Grafiken in getrennten Ordnern zu speichern.

TEXT, **GRAFIK** und **DOKUMENT** sind die Klassen des Desktop-Publishing.

Das bestimmende Merkmal der Klasse TEXT ist das Attribut Aufgabe. Sie richtet sich nach der Bedeutung, die der Text in der Publikation hat. Den Aufgaben entsprechend haben die weiteren Attribute der Klasse TEXT verschiedene Werte, die sich aus allgemeinen Gestaltungsrichtlinien ergeben. Diese können sich im Laufe der Zeit ändern und sind auch vom persönlichen Geschmack und der Mode abhängig.

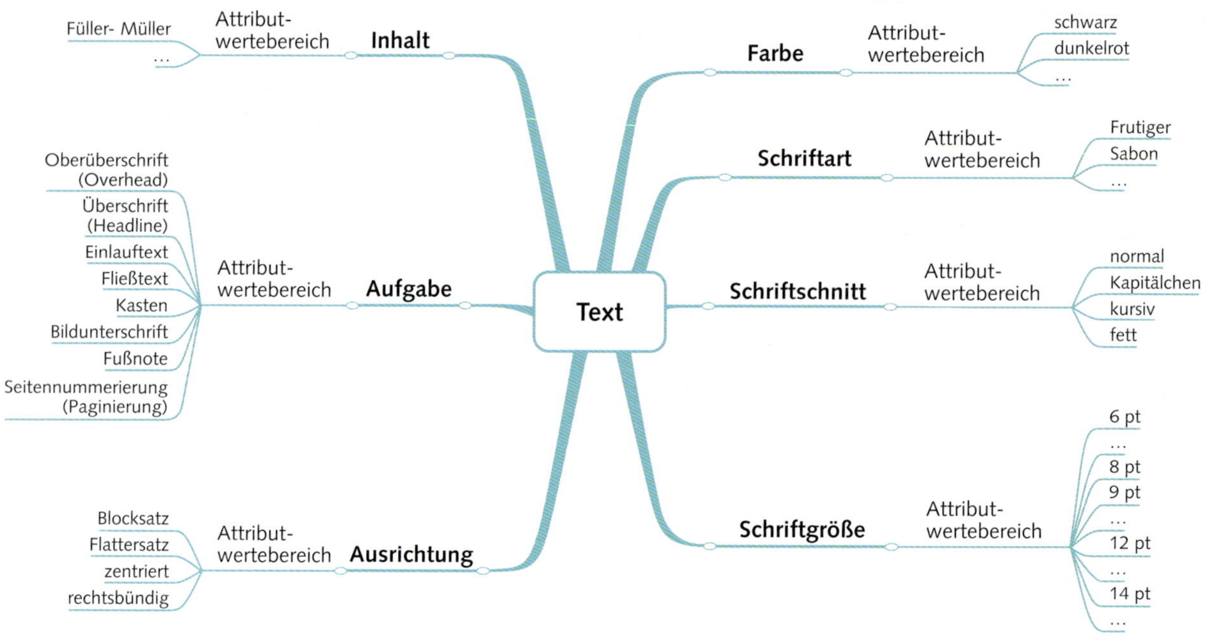

***2** Klasse TEXT mit Attributen und möglichen Attributwerten*

26

Die Schrittfolge für das Zusammenfügen der Teile zum Dokument ähnelt der Schrittfolge beim Erstellen der Internetpräsentation. Während bei der Internetpräsentation die Gestaltung gleichzeitig mit der Eingabe der Texte und Grafiken erfolgte, muss hier die Gestaltung des Dokumentes vorbereitet werden. Im Dokument werden die Rahmen für Texte und Grafiken dem geplanten Layout entsprechend erstellt. Erst dann können die vorbereiteten Texte und Grafiken eingefügt werden.
Beim Einfügen werden Text und Grafik zum Bestandteil der Publikation. Texte *und* Grafiken werden in die Publikation **eingebettet**.

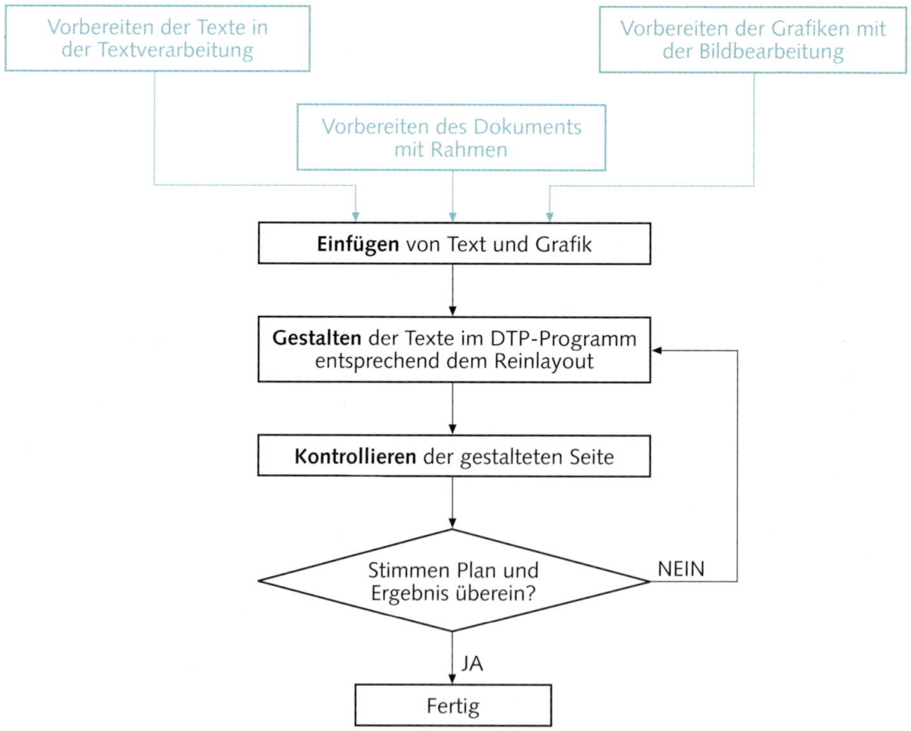

***3** Schrittfolge zum Erstellen einer gedruckten Publikation*

Auch die Kontrollmöglichkeiten sind hier anders als bei der Internetpräsentation. Dort kann man das fertige Ergebnis sofort prüfen. Hier gibt es nur eingeschränkte Möglichkeiten:

Die Publikation kann mithilfe der › WYSIWYG-Funktion des DTP-Programms am Bildschirm betrachtet werden. Dabei wird es aber immer Unterschiede zum endgültigen Ergebnis – dem Ausdruck – geben.

› WYSIWYG: **W**hat **Y**ou **S**ee **I**s **W**hat **Y**ou **G**et

Man kann einen Probeausdruck auf dem eigenen Drucker erstellen. Das Ergebnis kommt dem endgültigen Druck sehr nahe. Die endgültige Qualität wird aber nicht erreicht werden. Erst bei der Ausgabe in der Druckerei erhält man das endgültige Ergebnis.

Aufgaben – Desktop-Publishing

1 Geschichte des Schreibens und Druckens

Recherchieren Sie Informationen zu den einzelnen Etappen der Entwicklung der Schrift und des Buchdrucks. Präsentieren Sie Ihre Ergebnisse.

L8

- a Schreiben auf Tontafeln
- b Herstellung von Papyrusrollen und die Papierherstellung
- c Buchdruck mit beweglichen Lettern

2 Verlage

- a Informieren Sie sich darüber, welche Aufgabe Verlage bei der Publikation von Büchern und Zeitschriften traditionell haben.
- b Welche Vorteile und welche Nachteile ergeben sich durch die Veröffentlichung von Inhalten im Internet?
- c Welche Aufgabe hat ein Lektor?

3 Gestaltungsrichtlinien für Texte

Informieren Sie sich über aktuelle Gestaltungsrichtlinien für die Klasse TEXT. Formulieren Sie Regeln.

4 Klasse GRAFIK

Stellen Sie die Klasse GRAFIK des Desktop-Publishing mit ihren Attributen und möglichen Attributwerten in einer geeigneten Form dar.

5 Klasse DOKUMENT

Untersuchen Sie Ihr Desktop-Publishing-Programm und stellen Sie die Klasse DOKUMENT mit den Attributen und möglichen Attributwerten in einer geeigneten Form dar.

6 Druckpublikation „Die deutschen Bundesländer"

- a Stellen Sie die Inhalte für ein Booklet »Die deutschen Bundesländer« zusammen.
- b Planen Sie das Layout (Scribble, Rohlayout, Reinlayout) für diese Publikation.
- c Bereiten sie die Inhalte (Texte, Grafiken) vor.
- d Fügen Sie die Inhalte in Ihrem DTP-Programm zusammen und gestalten Sie diese. 17
- e Drucken Sie die Publikation aus. Vergleichen Sie die Ausdrucke von verschiedenen Druckerarten.

7 Druckpublikation „Klassensprecher"

a Stellen Sie die Inhalte für einen Flyer »Klassensprecher« zusammen.

17 b Planen Sie das Layout (Scribble, Rohlayout, Reinlayout) für diese Publikation.

c Bereiten sie die Inhalte (Texte, Grafiken) vor.

d Fügen Sie die Inhalte in Ihrem DTP-Programm zusammen und gestalten Sie diese.

e Drucken Sie die Publikation aus. Vergleichen Sie die Ausdrucke von verschiedenen Druckern.

Aufgabe – Grundwissen

8 Kundendatenbanksystem „Füller-Müller"

a Erstellen Sie ein Datenmodell für die Verwaltung der Kundendaten von Füller-Müller.

b Legen Sie entsprechende Klassen und Attribute fest.

3 c Erstellen Sie die Tabelle und geben Sie mindesten fünf Kundendatensätze ein.

26 Verknüpfen und Einbetten

Marco hat seine Arbeit erledigt. Die Internetpräsentation und die gedruckte Publikation sind fertig gestellt. Er überdenkt noch einmal den Herstellungsprozess und die Ergebnisse. Marco erinnert sich: „Ich habe in beiden Publikationen Grafiken verwendet. Diese habe ich beide Male eingefügt. Die Grafiken konnten später noch einmal bearbeitet werden. Bei der gedruckten Publikation musste ich eine bearbeitete Grafik aber erneut in das Dokument einfügen. Bei der Internetseite wurde sie ohne ein nochmaliges Einfügen dargestellt." Er stellt sich die Frage:

? Welche Gemeinsamkeiten und welche Unterschiede gibt es bei beiden Arbeitsweisen? Welche Vorteile hat die eine Methode gegenüber der anderen?

Beim Desktop-Publishing wurden die Texte und die Grafiken zum Bestandteil des Dokumentes, sie wurden in das Dokument **eingebettet**. Beim Erstellen der Internetpräsentation geschah das nur mit dem Text. Die Grafiken mussten als eigenständige Datei erhalten bleiben, weil sie erst beim Aufruf der Seite in dieser angezeigt wurden. In der Internetseite wurde nur der Pfad zur Grafikdatei und der Dateiname gespeichert. Die Grafik ist mit der Internetseite **verknüpft**.

Beim Verknüpfen und beim Einbetten wird eine Verbindung zwischen zwei Objekten hergestellt. Allgemein wird diese Verbindung mit den entsprechenden Klassen dargestellt und beschrieben.

Die Verknüpfung besteht zwischen der INTERNETSEITE und der GRAFIK. Die GRAFIK ist die Quelle, die INTERNETSEITE ist das Ziel der Verknüpfung. Die Quelle bleibt als Datei erhalten.

1 Verallgemeinerte Darstellung der Verknüpfung im Klassendiagramm

Die Einbettung besteht zwischen dem DOKUMENT und der GRAFIK. Die GRAFIK ist die Quelle, das DOKUMENT ist das Ziel der Einbettung. Die Quelle wird beim Einbetten zum Bestandteil der Zieldatei.

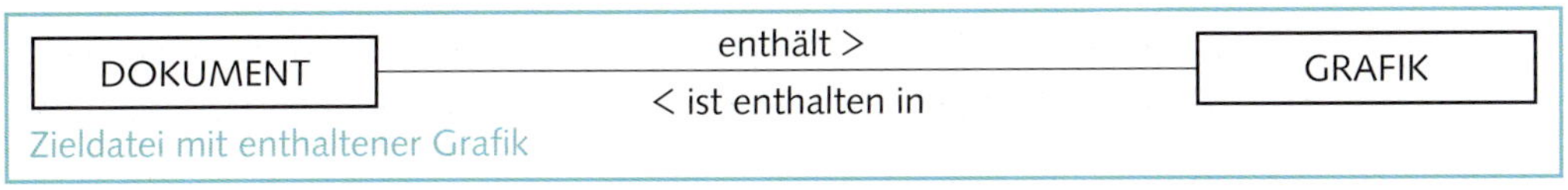

***2** Verallgemeinerte Darstellung der Einbettung im Klassendiagramm*

Bei einer Änderung der Quelle gibt es Unterschiede zwischen dem Verknüpfen und dem Einbetten:

- Eine verknüpfte Grafik wird prinzipiell in der zur Grafik gehörenden Anwendung bearbeitet. Dabei verändert sich die Quelldatei. Diese Veränderung wird in allen Dokumenten sichtbar, mit der diese Grafik verknüpft wurde.
- Eine eingebettete Grafik kann ebenfalls mit der zugehörigen Grafikanwendung bearbeitet werden. Die Quelldatei bleibt hier aber unverändert, da die Änderung nur im Zieldokument gespeichert wird. Die Änderung ist nur im aktuellen Dokument vorhanden.

Verknüpfte und eingebettete Objekte können durch die Klasse › OLE gut beschrieben werden.

› OLE – **O**bject **L**inking and **E**mbedding

OLE
art_der_verbindung: Verknüpfung, Einbettung anwendung_der_quelle: Verktorgrafikanwendung, Tabellenkalkulation, … hoehe: 0,1 cm, …, 29,7 cm, … breite: 0,1cm, …, 21 cm, … layout: mit dem Text, über dem Text, hinter dem Text, … …
groesse_aendern(neue Höhe, neue Breite) layout_aendern() objekt_bearbeiten() …

***3** Klasse OLE*

Verknüpfungen und Einbettung können nach verschiedenen Merkmalen beurteilt werden.

	Verknüpfung	**Einbettung**
Aktualität der Informationen	Aktualisierungen sind nur einmal – im Quellobjekt – erforderlich. Die Übernahme der Daten erfolgt automatisch beim Laden des Quellobjektes.	Aktualisierungen sind schlecht realisierbar, da bei einer Änderung der Daten des Quellobjektes jede Einbettung einzeln aktualisiert werden muss.
Verwendung des Quellobjektes	Das Quellobjekt muss mit jedem Zielobjekt verknüpft werden. Die Quelldatei darf nicht gelöscht werden. Ein Quellobjekt kann mit mehreren Zielobjekten verknüpft werden.	Das Quellobjekt muss in jedes Zielobjekt eingebettet werden. Die Quelldatei kann gelöscht werden.

	Verknüpfung	Einbettung
Größe der Zieldatei	Die Zieldatei ist klein, da das Quellobjekt nicht mit dem Zielobjekt gespeichert wird.	Die Zieldatei ist groß, da das Quellobjekt mit dem Zielobjekt gemeinsam gespeichert wird.
Anzahl der Dateien	Es sind zwei Dateien vorhanden – die Zieldatei und die Quelldatei.	Es ist nur die Zieldatei vorhanden.
Datentransport	Man muss darauf achten, dass man die Ziel- und die Quelldatei speichert. Man muss auf die Einhaltung der Pfade der Quelldatei achten. Die relative Adressierung ist dabei empfehlenswert. Die absolute Adressierung verursacht Fehler, wenn ein mobiles Speichermedium in einem anderen Computer eine andere Laufwerkbezeichnung erhält.	Große Dateien stellen heute, bei den großen Speichermedien, kein Problem mehr dar.

***4** Beurteilung von Verknüpfung und Einbettung*

Eine **Verknüpfung** stellt eine Verbindung zwischen einem Zielobjekt und einem Quellobjekt her. Dabei wird das Quellobjekt nicht in das Zielobjekt eingefügt. Zielobjekt und Quellobjekt bleiben in verschiedenen Dateien gespeichert.

Eine **Einbettung** stellt eine Verbindung zwischen einem Zielobjekt und der Kopie eines Quellobjekts her. Dabei wird die Kopie des Quellobjekts in das Zielobjekt eingefügt. Zielobjekt und Quellobjekt werden gemeinsam in der Zieldatei gespeichert.

Aufgaben – Verknüpfen und Einbetten

1 Verknüpfung und Einbettung vorbereiten

a Erstellen Sie eine einfache Vektorgrafik und speichern Sie diese.
b Erstellen Sie ein Textdokument und speichern Sie es.

2 Verknüpfung und Einbettung erstellen

a Verknüpfen Sie die erstellte Grafik mit dem Textdokument, sodass sie vor dem Text steht.
b Betten Sie die erstellte Grafik in das gleiche Textdokument ein, sodass sie hinter dem Text steht.

Hinweis: Die Quelldatei der Grafik darf nicht gelöscht werden.

3 Einbettung und Verknüpfung bearbeiten

Beobachten Sie die Änderungen der verknüpften und der eingebetteten Grafiken. Notieren Sie Unterschiede und Gemeinsamkeiten.

a Ändern Sie die Quelldatei der Grafik mit der Grafikanwendung. Öffnen Sie anschließend die Textdatei. Vegleichen Sie die beiden Grafiken.

b Führen Sie eine neue Änderung an der eingebetteten Grafik durch. Vergleichen Sie die beiden Grafiken nach der Aktualisierung. Öffnen Sie dazu auch die Quelldatei der Grafik.

c Ändern Sie den Namen der Grafikdatei der Verknüpfung. Öffnen sie anschließend die Textdatei.

4 Einbettung und Verknüpfung vergleichen

a Schreiben Sie einen kurzen Text. Speichern sie ihn:
- einmal für die Verknüpfung und
- einmal für die Einbettung.

b Erstellen Sie eine umfangreiche Pixelgrafik.

c Verknüpfen Sie die Grafik mit dem ersten Text.

d Betten Sie die Grafik in den zweiten Text ein.

e Schließen Sie die Textverarbeitung.

f Ermitteln Sie die Größen der beiden Textdateien. Begründen Sie die Ergebnisse.

5 Verknüpfung und Einbettung beim Datentransport

a Speichern Sie alle Dateien einer Verknüpfung bzw. einer Einbettung auf einem mobilen Datenträger.

b Schließen Sie diesen Datenträger an einen anderen Computer an.

c Testen Sie Verknüpfung und Einbettung.

6 Klasse OLE

a Informieren Sie sich in der Hilfe der Textverarbeitung, wie Objekte in den Text eingebettet und mit ihm verknüpft werden.

b Stellen Sie die Klasse OLE für die Textverarbeitung in geeigneter Weise dar.

Aufgaben – Grundwissen

7 Datenbanksystem „Die deutschen Bundesländer"

a Erstellen Sie ein Datenmodell für die Angaben zu den deutschen Bundesländern.

b Legen Sie entsprechende Klassen und Attribute fest.

c Erstellen Sie die Tabellen und geben Sie die entsprechenden Daten ein. 3

8 Datenbanksystem „Die Staaten Europas"

a Erstellen Sie ein Datenmodell für die Angaben zu den Staaten Europas.

b Legen Sie entsprechende Klassen und Attribute fest. Planen Sie dabei auch ein Datenfeld zur Speicherung der Flagge.

c Erstellen Sie die Tabellen und geben Sie die Daten ausgewählter Staaten ein.

27 Ein Serienbrief entsteht

Marco kann seinem Vater den Internetauftritt und den Prospekt nun vorstellen. Vorher möchte er aber noch den Versand der Prospekte für die Schulen der Umgebung vorbereiten.
Dafür muss er Briefe schreiben, die an die verschiedenen Schulen der Umgebung geschickt werden sollen und die die Anschrift der Schule und die persönliche Anrede für den Schulleiter enthalten.

? Kann Marco seine Kenntnisse vom Erstellen der Internetpräsentation oder den gedruckten Prospekten auch auf diese Aufgabe anwenden?

Sein Ziel ist es, eine Vorlage für alle umliegenden Schulen zu schreiben. Dieser Brief enthält den allgemeinen, immer gleichen Brieftext und die speziellen Daten der Schulen (Anschrift, Name des Schulleiters).

Für diese Arbeit benötigt Marco
- Die Daten der Schulen und
- den Brieftext.

Er fertigt sich eine To-do-Liste an:

To-do-Liste:
- *Text für den Brief entwerfen*
- *Daten der Schulen sammeln und speichern*

1 To-do-Liste Werbebrief

Der Text ist schnell geschrieben. Das Logo des Geschäfts bettet Marco in den Brief ein. Er verknüpft es nicht, weil er noch nicht weiß, wo sein Vater diesen Text auf seinem Computer speichern wird. Außerdem ist das Logo neu und wird sicher so schnell nicht geändert.

Den Text schreibt er nur einmal und trägt vorerst die Daten seiner eigenen Schule ein. Dort sollen später die speziellen Daten der anderen Schulen erscheinen.

3 Die Daten der Schulen muss Marco speichern. Dazu erstellt er ein Datenmodell und plant eine Tabelle.

SCHULE
schul_nr
schul_name
s_leiter_anrede
s_leiter_name
strasse
plz
ort
bereits_kunde
email

SCHULE : Tabelle

Feldname	Felddatentyp	
schul_nr	Zahl	int
schul_name	Text	(70)
s_leiter_anrede	Text	(1) m,w
s_leiter_name	Text	(50)
strasse	Text	(50)
plz	Text	(5)
ort	Text	(30)
bereits_kunde	Ja/Nein	
email	Text	(255)

2 Planung der Klasse SCHULE und Tabellendefinition

Kurze Zeit später überlegt er, dass es ungünstig ist, die Tabelle nur für Schulen anzulegen. Besser wäre eine Tabelle, in die auch andere Einrichtungen eingetragen werden können. Deshalb verändert er seinen Entwurf. Jetzt können neben Schulen auch Firmen erfasst werden.

EINRICHTUNG
einr_nr einr_name leiter_anrede leiter_name strasse plz ort bereits_kunde email

EINRICHTUNG : Tabelle

Feldname	Felddatentyp	
einr_nr	Zahl	int
einr_name	Text	(70)
leiter_anrede	Text	(1) m,w
leiter_name	Text	(50)
strasse	Text	(50)
plz	Text	(5)
ort	Text	(30)
bereits_kunde	Ja/Nein	
email	Text	(255)

3 Planung der Klasse EINRICHTUNG und Tabellendefinition

Anschließend überlegt Marco, wie er die Daten einer Schule in den Text einbinden kann:

- Für jede Schule einen eigenen Text zu speichern und die Daten aus der Tabelle einzubetten ist aufwändig. Das bedeutet viel Handarbeit.
- Einbetten ist ungünstig, weil sich bei einer Schule vielleicht der Name des Leiters ändert. Dann muss später der zugehörige Texte geändert werden.
- Verknüpfen ist besser. So kann der Vater Änderungen in der Quelle vornehmen und schnell einen neuen Brief ausdrucken. Für die Verknüpfung gilt: Der Text ist das Ziel, die Datenbasis ist die Quelle.

Marco nutzt die Hilfefunktion seines Textverarbeitungssystems um zu erfahren, wie er eine Verknüpfung zwischen der Datenbasis und dem Text herstellen kann. Das Ergebnis einer solchen Verknüpfung ist ein Serienbrief. Beim Ausdrucken wird für jeden Datensatz in der Quelle automatisch ein eigener Brief im Textverarbeitungssystem erstellt. Jeder Brief enthält neben dem allgemeinen Textteil auch die speziellen Daten einer Schule.

Beim Erstellen des Serienbriefes hat Marco die Schrittfolge verwendet, die er bereits mehrmals genutzt hat.

23 24 25

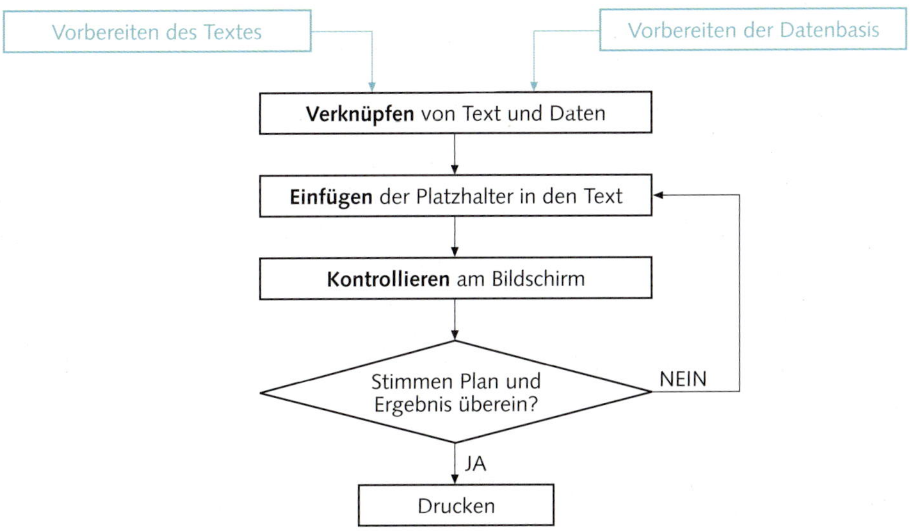

4 Schrittfolge zum Erstellen eines Serienbriefes

Obwohl die Schrittfolge den anderen Abläufen ähnelt, gibt es doch Unterschiede beim Zusammenfügen:

- Der vorbereitete Text enthält noch die Daten von Marcos Schule. Diese müssen durch so genannte **Platzhalter** für die Datenfelder ersetzt werden. So entsteht eine **Seriendruckvorlage**. Dort werden später beim Ausdrucken die Inhalte der entsprechenden Datenfelder automatisch eingefügt. Das Ergebnis des Druckens ist der Serienbrief.
- Zur Kontrolle kann man die Ansicht im Textverarbeitungssystem umschalten und so für jeden Datensatz den fertigen Brief bereits in der Vorschau ansehen.

Die endgültigen Briefe kann man auf verschiedene Arten erstellen:

- Beim Seriendruck wird für jede Schule ein Brief mit den speziellen Daten direkt aus der Seriendruckvorlage ausgedruckt.
- Bei der Umleitung des Seriendruckes in eine Datei erhält man ein einziges, neues Textdokument mit den Briefen für jede Schule. Dieses Dokument kann man noch einmal kontrollieren, speichern und später drucken. Aber Vorsicht: In diesem Dokument ist der gesamte Text eingebettet. Enthaltene Fehler müssen entweder in der Datenbasis oder in der Seriendruckvorlage berichtigt und der gesamte Ausdruck noch einmal ausgeführt werden.

> Ein **Serienbrief** ist ein Textdokument, das mit einer Datenbasis verknüpft ist. Dadurch wird es möglich, für verschiedene Datensätze das gleiche Textdokument individuell auszudrucken.

Aufgaben – Serienbrief

1 Kundenbrief „Füller-Müller"

a Erstellen Sie ein Anschreiben für einen Kundenbrief von Füller-Müller.
b Verknüpfen Sie den Text mit der Datenbasis aus Aufgabe 8 (Kapitel 25) zu einer Seriendruckvorlage.
c Leiten Sie den Druck in eine Datei um und speichern Sie das Ergebnis.

2 Datenblatt „Die deutschen Bundesländer"

a Erstellen Sie eine Textvorlage für ein Datenblatt zu den deutschen Bundesländern.
b Verknüpfen Sie den Text mit der Datenbasis aus Aufgabe 7 (Kapitel 26) zu einer Seriendruckvorlage.
c Leiten Sie den Druck in eine Datei um und speichern Sie das Ergebnis.

3 Datenblatt „Die Staaten Europas"

a Erstellen Sie eine Textvorlage für ein Datenblatt zu den Staaten Europas.
b Verknüpfen Sie den Text mit der Datenbasis aus Aufgabe 8 (Kapitel 26) zu einer Seriendruckvorlage. Fügen Sie auch die Grafiken der Flaggen ein.
c Leiten Sie den Druck in eine Datei um und speichern Sie das Ergebnis.

Zum Weiterlesen

8 Ein Blick in die Geschichte

Sehr früh in der Entwicklung der menschlichen Gesellschaft entstand der Bedarf, Wissen festzuhalten und auszutauschen – die Schrift entstand und mit ihr Aufzeichnungen. Erste schriftliche Überlieferungen stammen aus der Zeit um 3500 v. Chr. aus dem Zweistromland. Die damalige Schrift wurde in Stein geritzt oder in feuchte Tontafeln eingedrückt und später getrocknet oder gebrannt. Die so festgehaltenen Informationen waren sehr dauerhaft, die Herstellung teilweise sehr aufwändig.

Am Ufer des Nil wächst die Papyruspflanze. Aus deren Stängel stellten die Ägypter bereits um 1500 v. Chr. Schriftrollen her, die man beschreiben oder bemalen konnte. Der Herstellungsprozess war langwierig. Die Papyrusschriftrollen, auf denen die Informationen festgehalten wurden, waren Einzelstücke. Ihr Verlust oder ihre Zerstörung hatten den Verlust aller darauf enthaltenen Informationen zur Folge.

Um 100 v. Chr. wurde in China das erste Papier hergestellt. Von dort gelangte es erst im 14. Jahrhundert nach Europa. Bis dahin wurde hier auf Pergament (dünne Tierhäute) geschrieben. Die Benutzung von Papier machte das Schreiben einfacher. Die hergestellten Schriftstücke waren aber noch immer meist Einzelexemplare und damit sehr wertvoll. Kopien davon mussten in Handarbeit hergestellt werden. So wurde auch das bekannteste Buch, die Bibel, immer wieder von Hand abgeschrieben. Das geschah in den Schreibstuben der Klöster. Dabei haben sich auch Fehler eingeschlichen.

Der Herstellungsprozess von Büchern änderte sich erst als Johannes Gutenberg zwischen 1444 und 1447 den Buchdruck erfand. Gutenberg setzte einen Text aus beweglichen › Bleilettern zusammen, trug Druckerschwärze auf und übertrug den Text auf Papier. So konnte er viele Kopien eines Textes herstellen. Auch die Bleilettern waren nach dem Druck wieder verwendbar.
Ab diesem Zeitpunkt konnten Bücher in großer Anzahl hergestellt und verbreitet werden. Informationen wurden schneller und besser verfügbar.

› Letter – aus dem Lateinischen: littera – Buchstabe, Schrift

1 Tontafel mit Keilschrift

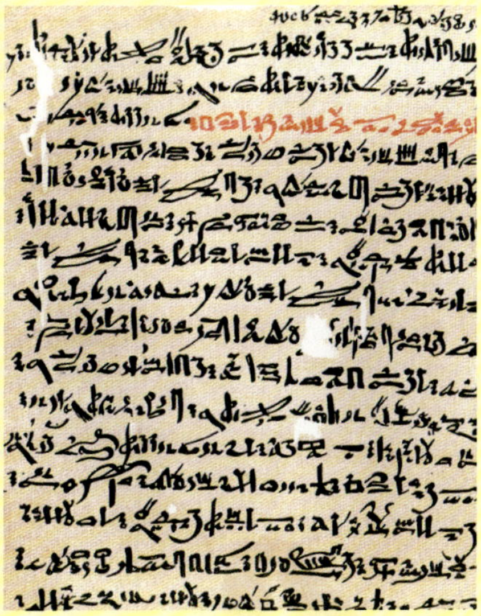

2 Schriftrolle aus Papyrus

3 Die Gutenberg-Bibel

9 Computer verändern Arbeitsweisen

Seit der Erfindung des Buchdrucks hat sich technisch viel geändert, das Prinzip ist aber das gleiche geblieben: Bücher, Zeitungen, Zeitschriften oder Werbeprospekte werden in einer Druckerei gedruckt.
An den Etappen der Buchherstellung sind viele Personen beteiligt. Jeder Beteiligte hat seine klar abgegrenzte Aufgabe. Autoren schreiben den Text, Lektoren bewerten die Manuskripte und betreuen die Autoren bei der Arbeit, Grafiker gestalten Schrift und Bildmaterial und Setzer bereiten die Dokumente zum Druck vor.

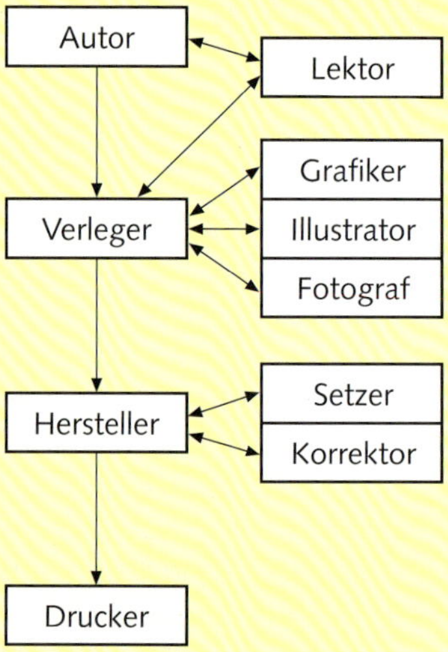

1 Ablauf der traditionellen Arbeitsorganisation beim Buchdruck

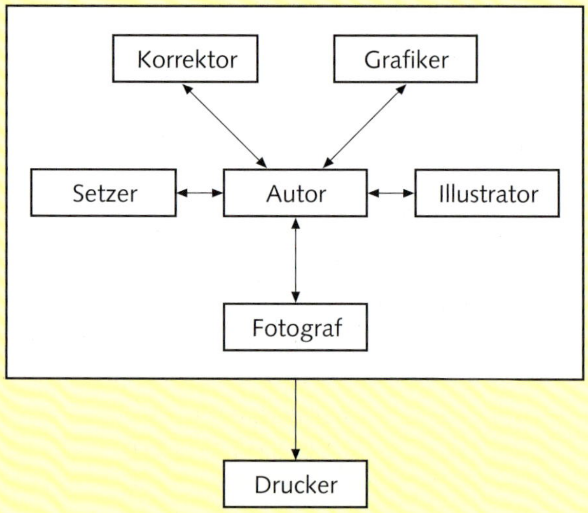

2 Ablauf der Arbeitsorganisation bei der Publikationserstellung am Computer

Mit der Nutzung des Computers hat sich die traditionelle Arbeitsweise besonders bei der Erstellung von kleineren Publikationen wie Prospekte, Flyer oder kleiner Broschüren gewandelt. Der Autor ist mit dem Computer und den entsprechenden Werkzeugen in der Lage, Zeichnungen und Illustrationen selbst anzufertigen, Bilder zu scannen und Fotos aus einer digitalen Fotokamera zu bearbeiten und in die Publikation zu übernehmen. Der Autor kann selbst über das Aussehen entscheiden, er wählt Farben und Schriften und ordnet die Inhalte seinen Vorstellungen entsprechend an.
Handelsübliche Tintenstrahl- oder Laserdrucker sind nicht geeignet, die Publikation in genügend großer Stückzahl herzustellen. Auch die Qualität ist oft nicht ausreichend. Hier benötigt der Autor noch professionelle Hilfe. Er liefert die Publikation auf einem Datenträger gespeichert in einer Druckerei ab und lässt sie ausdrucken. Copyshops bieten oft eine preiswerte Alternative zum professionellen Druck.

10 Urheberrecht

21 Texte, Gemälde, Kompositionen, Fotografien, Filme, Theateraufführungen, Rundfunksendungen und auch Software werden von Menschen geschaffen. Diese Menschen werden als Urheber ihrer Werke bezeichnet. Die Urheber sind Eigentümer ihres Werkes. Das bleibt auch so, wenn diese Werke veröffentlicht werden.
Urheber verfolgen bestimmte Interessen mit ihrem Werk. Komponisten und Sänger wollen ihre Songs, Fotografen ihre Fotos oder Schriftsteller ihre Romane verkaufen. Bei der Veröffentlichung wissenschaftlicher Texte geht es besonders um die Anerkennung der wissenschaftlichen Leistung. Oft hängt es von diesen Veröffentlichungen ab, wer den Zuschlag oder Fördermittel für ein neues Projekt bekommt.

Der Urheber hat das Recht zu bestimmen, was mit seinem Werk geschieht. Dazu gehört u. A., dass das Werk von anderen nicht verwendet werden darf, wenn der Urheber diese Verwendung nicht ausdrücklich erlaubt hat. Eine unerlaubte Verwendung liegt z. B. vor beim

- unberechtigten Installieren von Software auf mehreren Computern,
- Vervielfältigen und Weitergabe einer Musik-CD,
- unerlaubten Verwenden fremder Texte in eigenen Werken,
- Einstellen von fremden Bildern – auch solchen aus dem Internet – in die eigene Homepage.

Achtung: Private Sicherungskopien sind weiter zulässig, wenn kein Kopierschutz umgangen wird.

Seit der Einführung der Computer und des Internet ist es sehr einfach geworden, sich fremde Werke zu verschaffen und schnell und mit geringen Kosten zu kopieren. Das ändert nichts daran, dass dies häufig ein Verstoß gegen das Urheberrecht darstellt und entsprechend bestraft werden kann oder den Urheber zu Schadenersatz- oder Unterlassungsansprüchen berechtigt.

Die Rechte eines Urhebers werden in Deutschland durch das Urheberrechtgesetz geregelt. Darin geht es um weit mehr als das Verbot unerlaubter Kopien. Das Gesetz wird immer wieder aktualisiert, um neue technische Entwicklungen zu berücksichtigen.
Verstöße gegen das Urheberrecht sind strafbar. Dabei gilt, wie bei jedem Gesetz, der Grundsatz: Unwissenheit schützt nicht vor Strafe!
Strafbar macht sich z. B., wer

- Musik, Filme oder Software im Internet zum Download anbietet, ohne dazu berechtigt zu sein,
- den Kopierschutz von Software, Musik-CDs oder Video-DVDs knackt oder umgeht oder
- Privatkopien aus offensichtlich illegalen Quellen, z. B. Tauschbörsen im Internet, anfertigt.

Keine Probleme mit dem Urheberrecht hat man nur dann, wenn man selbst in vollem Umfang Urheber seiner Publikation ist oder wenn man die Erlaubnis der Urheber zur Nutzung besitzt. Aber der Teufel steckt im Detail, denn man muss die Rechte an wirklich allen Teilen der Publikation besitzen. Schon die Verwendung von kleinen Abbildungen aus einer fremden Internetseite, kurzen Zitaten aus einer Illustrierten, wenigen Takten aus einer aktuellen CD oder das Abbilden von Personen oder Gebäuden – auch dann, wenn man die Fotos selbst gemacht hat – kann bereits einen Verstoß gegen geltendes Recht darstellen.

11 Impressumspflicht

Das › **Impressum** ist eine für Publikationen vorgeschriebene Herkunftsangabe. Es soll dem Nutzer Auskunft darüber geben, wer für den Inhalt der Publikation verantwortlich ist.

› lat.: impressum – das Eingedrückte, Aufgedrückte

Jeder Anbieter einer Internetpublikation ist dazu verpflichtet, die folgenden Angaben zu machen:

- vollständiger Name bzw. Firmenbezeichnung mit genauer Anschrift,
- Möglichkeiten der schnellen Kontaktaufnahme: Telefon- und Faxnummer, E-Mail-Adresse,

21

- Register (z. B.: Handelsregister oder Vereinsregister) und Registriernummer,
- weitere Angaben: Steuernummer, besondere Angaben.

Bei fehlenden Angaben kann ein Bußgeld verhängt werden.
Die Impressumspflicht gilt auch für private Internetpublikationen und den Internetauftritt der Schule.

Das Impressum muss sich an einer gut zu erreichenden Stelle der Publikation befinden. Bei Büchern sind das oft die zweite oder die letzte Seite. Bei Internetpublikationen muss das Impressum mit jeder Seite verlinkt sein, damit es leicht erreichbar ist. Eine Möglichkeit wäre, das Impressum auf der Startseite zu platzieren.

12 Schutz vor Spam

Der Anbieter einer Internetseite ist verpflichtet, seine E-Mail-Adresse anzugeben. Das kann schnell zu unliebsamen Problemen führen.

21 Spam bezeichnet eine unverlangt zugesendete E-Mail-Nachricht, Spamming ist der massenhafte Versand von Nachrichten dieser Art. Ursprünglich bezog sich diese Bezeichnung auf das Überfluten von Newsgroups mit Werbebotschaften. Der Begriff wurde später auch auf E-Mail übertragen.
Spammer gelangen in den Besitz von E-Mail-Adressen, indem sie mit Computern systematisch Internetseiten durchsuchen und die dort gefundenen E-Mail-Adressen speichern. Anschließend erfolgt der Versand der Spam-Mails.
Das automatische Aufspüren von E-Mail-Adressen in Internetseiten ist einfach, da E-Mail-Adressen einen einheitlichen Aufbau haben:

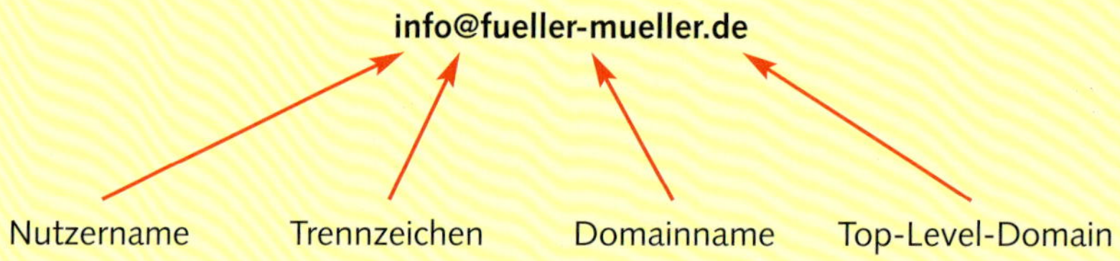

1 Aufbau von E-Mail-Adressen

Das automatische Scannen von E-Mail-Adressen kann man als Nutzer nicht verhindern. Man kann aber verhindern, dass die eigene E-Mail-Adresse von einem Automaten erkannt wird. Dazu verstößt man absichtlich gegen die Festlegungen für die Schreibweisen von E-Mail-Adressen.

Festlegung	Tipps	Beispiel
Es dürfen keine Leerzeichen verwendet werden.	Leerzeichen bewusst verwenden	info·@·fueller·-·mueller·.·de
Das Zeichen @ ist das Trennzeichen zwischen Nutzer- und Domainname	@ durch Lautsprache mit „at" umschreiben	info·at·fueller·-·mueller·.·de
Punkt und Strich sind als Trennzeichen in Namen erlaubt	Punkt und Strich als Wort ausschreiben	info·at·fueller·strich·mueller·punkt·de

Eine andere Möglichkeit, das automatische Auffinden der E-Mail-Adresse zu verhindern, ist das Einfügen der Adresse als Grafik. Eine Grafik kann von einem Suchprogramm noch nicht gelesen werden.

Hinweis: Die ganze Arbeit nutzt nichts, wenn man anschließend trotzdem einen E-Mail-Link in die Seite einfügt. Das muss man unterlassen. Dann kann ein Nutzer den E-Mail-Client zwar nicht mehr durch Anklicken auf der Seite starten. Ein gebildeter Nutzer kennt die Gründe dafür aber. Mit seinen Kenntnissen kann er die Adresse wieder „zurückübersetzen". Außerdem hilft er dem Seiteninhaber gern bei seinen Bemühungen gegen Spam-Sender und macht sich die Mühe, die Adresse per Hand in sein Adressbuch zu notieren.

13 Farben und Farbmodelle – additive Farbmischung – RGB

Fernseher und Computerbildschirme erzeugen Bilder. Dabei strahlen sie Licht in drei Farben – **R**ot, **G**rün, **B**lau – aus. Bei der **additiven Farbmischung** addiert sich die Intensität der einzelnen Farben. Rot und Grün addieren sich zu Gelb, Rot und Blau addieren sich zu Magenta, Blau und Grün addieren sich zu Cyan (blaugrün). Alle drei Farben im richtigen Verhältnis addieren sich zur Farbe Weiß. Leuchten die drei Farben nicht, bleibt der Bildschirm schwarz. Durch Verändern der Mischungsverhältnisse lassen sich verschiedene andere Farbtöne erzeugen.

Das **RGB-Farbmodell** kommt überall dort zum Einsatz, wo Farben auf einem Bildschirm dargestellt werden sollen. Das gilt auch für Internetpräsentationen.

1 Schema der additiven Farbmischung

Im RGB-Farbmodell kann jede der verwendeten Farben 256 (= 2^8) verschiedene Werte zwischen 0 und 255 annehmen. Damit lassen sich 16,7 Millionen (= 256^3) Farben erzeugen.

In Grafikprogrammen oder bei der Bildschirmeinstellung können diese Werte ausgewählt und eingegeben werden. Bei der Codierung von Farben auf einer Internetseite werden die Werte aller Farben im hexadezimalen (= Sechzehner-) Zahlensystem verschlüsselt und müssen dazu umgerechnet werden. Bei einem Layout-Editor geschieht das automatisch, bei einem HTML-Editor muss es der Nutzer oft selbst tun.

17 22

Dezimalzahl	0	1	2	3	4	5	6	7	8	9	10	11	12	13	14	15
Ziffern der Hexadezimalzahlen	0	1	2	3	4	5	6	7	8	9	A	B	C	D	E	F

Beispiel für die Umrechnung von Hexadezimalzahlen (HEX) in Dezimalzahlen (DEZ):

$AB = 10 \cdot 16^1 + 11 \cdot 16^0 = 160 + 11 = 171$

$FF = 15 \cdot 16^1 + 15 \cdot 16^0 = 240 + 15 = 255$

Beispiel für die Umrechnung von Dezimalzahlen in Hexadezimalzahlen:

$175 = 160 + 15 = 10 \cdot 16^1 + 15 \cdot 16^0 = AF$

$55 = 48 + 7 = 3 \cdot 16^1 + 7 \cdot 16^0 = 37$

Beispieltabelle für RGB-Farben

RGB-Farbwerte (DEZ)	RGB-Farbwerte (HEX)	Farbbeispiel
0 0 0	00 00 00	
255 255 255	FF FF FF	
255 0 0	FF 00 00	

RGB-Farbwerte (DEZ)	RGB-Farbwerte (HEX)	Farbbeispiel
0 255 0	00 FF 00	
0 0 255	00 00 FF	
255 255 0	FF FF 00	
102 102 102	66 66 66	
204 204 204	CC CC CC	
153 0 0	99 00 00	
255 204 204	FF CC CC	
0 153 0	00 99 00	
204 255 204	CC FF CC	
153 153 0	99 99 00	
255 255 204	FF FF CC	

14 Farben und Farbmodelle – subtraktive Farbmischung – CMYK

17 25

Die additive Farbmischung spielt eine Rolle bei selbst leuchtenden Gegenständen. Druckbilder leuchten aber nicht selbst. Sie werden von einer Lichtquelle beleuchtet und das reflektierte Licht erreicht das Auge des Betrachters. Deshalb kommt die Farbmischung bei gedruckten Bildern anders zustande.

1 Prinzip der subtraktiven Farbmischung

Weißes Licht ist in Wirklichkeit nicht einfarbig, sondern vielmehr die Mischung von Licht aller möglichen Farben. Bei der **subtraktiven Farbmischung** werden dem eingestrahlten weißen Licht nach und nach gewisse Farbbestandteile entzogen, weil diese von den übereinander gedruckten Farbflächen absorbiert werden. Z. B. erscheint eine blaue Fläche deshalb als blau, weil sie dem weißen Licht alle Farbbestandteile außer dem blauen Licht entzieht.

Das CMYK-Farbmodell arbeitet mit den Farben **C**yan, **M**agenta und **Y**ellow. Diese Farben absorbieren im Vollton jeweils ein Drittel der Farbanteile des weißen Lichts. Zwei dieser Farben gemeinsam absorbieren bereits zwei Drittel. Alle drei Farben reflektieren kein Licht mehr und es entsteht ein schwarzer Fleck. Dieses Druckverfahren – „Stelle schwarz aus drei Farben her!" – funktioniert nicht 100-prozentig. Eine Fläche aus übereinander gedruckten Cyan-, Magenta und Yellow-Volltönen erscheint in einem schmutzigen Grau. Deshalb wird bei diesem Druckverfahren zusätzlich mit schwarzer (blac**K**) Farbe gearbeitet.

15 Farben und Farbmodelle – ein Vergleich

17 22 25

Das RGB-Farbmodell und CMYK-Farbmodell stellen keine sich gegenseitig ergänzenden Möglichkeiten dar. RGB ist für die Darstellung von Bildern am Bildschirm geeignet, CMYK für das Drucken. Will man professionell arbeiten, so muss man die gleiche Grafik im RGB-Farbmodell speichern, wenn sie am Bildschirm betrachtet werden soll, und im CMYK-Modell, wenn sie ausgedruckt werden soll.

Egal, wofür man als Nutzer eine Grafik vorbereitet: Man wird feststellen, dass die erstellte Grafik nicht immer die Farben aufweist, wie man sie erwartet. Das liegt daran, dass die Farbmodelle nicht alle wahrnehmbaren Farbtöne enthalten.
Das bedeutet z. B. für ein Urlaubsfoto, dass der Himmel wunderschön himmelblau ist, aber beim Meer die tiefblauen Töne fehlen. Das Gleiche geschieht bei anderen Farben. Das RGB-Farbmodell und das CMYK-Farbmodell erfüllen ihren Zweck, aber immer nur in den Grenzen der technischen Möglichkeiten.

16 Netzwerk, Server, Client

Eine Verbindung von Computern miteinander wird als Netzwerk bezeichnet. Das kleinste Netzwerk besteht aus zwei Computern. Netzwerke können verschieden aufgebaut sein, also unterschiedliche **Netzwerkstrukturen** oder Netzwerktopologien haben. Es sind mehrere Grundstrukturen möglich.

Strukturname	Aufbau	Bemerkung
Linearstruktur	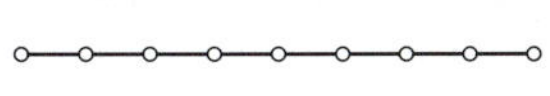	Einfacher Aufbau; empfindlich gegen Leitungsausfall
Sternstruktur	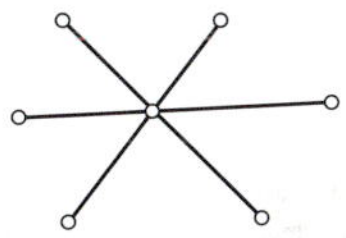	Kommunikation über einen zentralen Vermittlungsknoten; hoher Materialeinsatz für Leitungen
Netzstruktur	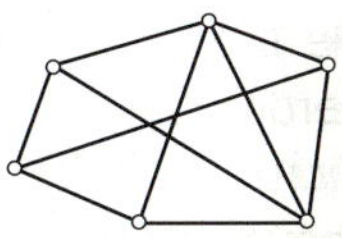	Gleichzeitige Verbindung mit mehreren Rechnern möglich; bei Leitungsausfall ist eine „Umleitung“ über andere Stationen möglich

1 Beispiele für Netzwerkstrukturen

Das Internet als weltumspannendes Netzwerk von Computern ist durch diese Grundstrukturen beschreibbar. Im Grundaufbau besteht es aus einer Netzstruktur. An dieser sind an den einzelnen Knoten weitere Netzwerke mit verschiedenen Strukturen angeschlossen.

Server stellen den Netzwerknutzern, den so genannten **Clients**, Dienste zur Verfügung. **Server** werden durch Programme realisiert, welche über mehrere Netzwerkrechner verteilt sein können. Da Server von vielen Clients gleichzeitig genutzt werden, müssen sie eine hohe Leistungsfähigkeit haben.

17 Netzwerkdienste

Netzwerkdienste werden auf Servern zur Verfügung gestellt. Sie stehen den Nutzern (Clients) in Abhängigkeit von den ihnen zugewiesenen Rechten zur Verfügung. Druck- und Dateidienste sind Beispiele für einfache Dienste in lokalen Netzwerken.

Oft wird allgemein von *dem* Internet gesprochen, obwohl es sich dabei eigentlich um ein Angebot von vielen, sehr unterschiedlichen Diensten handelt. Mit Internetdiensten können Nutzer verschiedene Aufgaben erledigen. 24

Name des Dienstes	Beschreibung des Dienstes
E-Mail	Zum Versenden und zum Empfangen von elektronischer Post. E-Mail war einer der ersten Internetdienste.
WWW	Zum Betrachten von Internetseiten. Dieser Dienst wurde 1989 eingeführt und zählt heute zu den am meisten genutzten Diensten des Internet.
File Transfer	Zum Übertragen von Dateien im Internet. Dieser Dienst wird zum Hoch- bzw. Herunterladen von Dateien genutzt. File Transfer gehört zu den ersten Internetdiensten.
Newsgroups	Zur öffentlichen Diskussion mit anderen Nutzern. Anders als bei E-Mail sind die Nachrichten öffentlich und können von einer ganzen Gruppe von Nutzern gelesen und beantwortet werden. Dieser Dienst existiert seit 1979.
Internet-Telefonie	Zum Telefonieren über das Datennetz des Internet. Dieser Dienst ist verhältnismäßig neu. In der Mitte der 90er Jahre wurden die ersten Telefongespräche über das Internet geführt, damals noch in schlechter Qualität.

1 Beispiele für Internetdienste

Es ist zu beobachten, dass immer mehr Dienste mit dem WWW verschmelzen. Man kann heute die meisten Internetdienste auch von einer WWW-Seite aus aufrufen. Das erschwert die Unterscheidung der einzelnen Dienste für den Nutzer.

18 Netzwerkprotokolle

In jedem Netzwerk gibt es klare Festlegungen, wie und in welcher Reihenfolge die angeschlossenen Computer miteinander kommunizieren. Diese Festlegungen werden als **Protokolle** bezeichnet. Ein normaler Benutzer muss sich darum aber in der Regel nicht kümmern. Es ist Aufgabe des Systemadministrators, die richtigen Protokolle bei der Installation von Netzwerkverbindungen auszuwählen.
Auch die Kommunikation im Internet wird von Protokollen geregelt. Das grundlegende Internetprotokoll ist das › TCP/IP. Auf ihm bauen die anderen Internetprotokolle auf.

› **T**ransport **C**ontrol **P**rotocol / **I**nternet **P**rotocol

Name des Protokolls	Beschreibung des Protokolls
POP	Das Post Office Protocol dient zum Empfangen von E-Mail.
SMTP	Das Single Mail Transfer Protocol wird zum Senden von E-Mail genutzt.
IMAP	Das Internet Message Access Protocol wird zum Empfang und Senden von E-Mail genutzt. Der Funktionsumfang und die Sicherheit wurden gegenüber POP und SMTP erweitert.
HTTP	Das Hypertext Transfer Protocol wird hauptsächlich zum Übertragen von Daten im WWW genutzt.
FTP	Das File Transfer Protocol wird genutzt, um Dateien mit dem Dienst File Transfer zu übertragen.

1 Beispiele für die gebräuchlichsten Internet-Protokolle

Werkzeugkästen

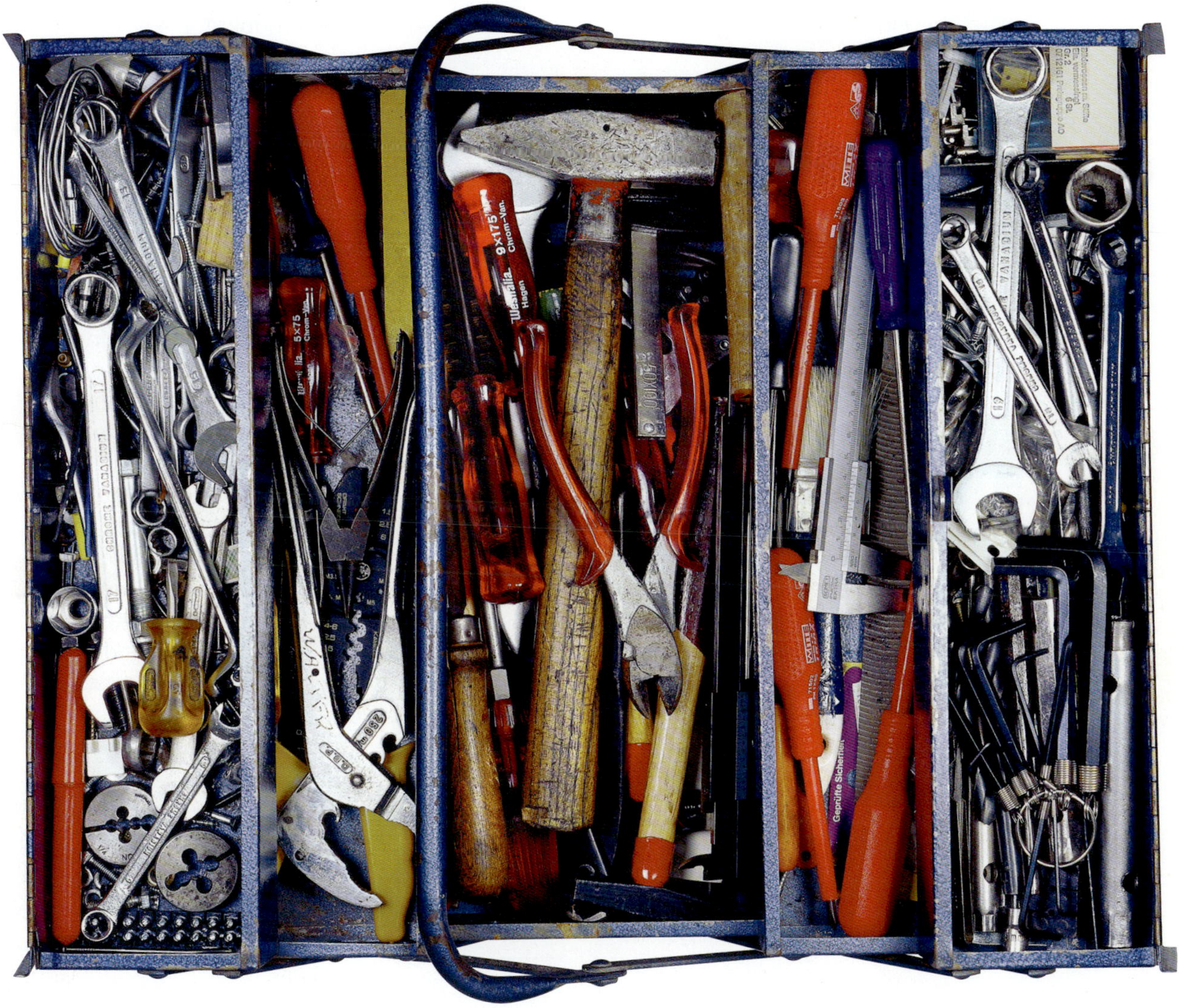

Werkzeugkasten I

W1/W2

Obwohl es viele Datenbankmanagementsysteme gibt, zeichnen sich zwei Produkte auf Grund ihrer Verfügbarkeit besonders aus, sodass sie als typische Vertreter für die Umsetzung der Lerninhalte vorgestellt werden. Die Kapitel W1 und W2 zeigen darüber hinaus die grundsätzliche Übereinstimmungen aller relationaler Datenbanksysteme und erlaubt eine einfache Übertragung des Werkzeugkastens auf andere Produkte.

1 MySQL

Zunächst wird das Zusammenspiel der Komponenten beschrieben. Die Darstellung der eigentlichen Nutzung beginnt im nächsten Abschnitt. Im Datenbankmanagementsystem MySQL wird die Datenbasis als Datenbank bezeichnet. Deshalb wird auch in diesem Werkzeugkasten der Begriff Datenbank mit der Bedeutung von Datenbasis verwendet.

Grundlagen

MySQL ist ein typisches Werkzeug zur Verwaltung beliebig vieler Datenbanken mit beliebig vielen Benutzern. Für jeden Benutzer kann dabei angegeben werden, ob er neue Datenbanken anlegen darf und auf welche Datenbanken er zugreifen kann. Dabei wird auch angegeben, ob er nur Leserechte oder auch die Erlaubnis für Änderungen oder Löschungen hat. So lassen sich die schultypischen Situationen (jeder Schüler hat seine eigene Datenbank; es gibt eine Beispieldatenbank, auf die alle Schüler lesend zugreifen können) leicht einrichten. Im Gegensatz zu vielen anderen Datenbankmanagementsystemen ist MySQL „Freeware", d. h. insbesondere für Schulen und Schüler kostenlos.

L16 L17

Jeder Benutzer von MySQL kann mit einem eigenen Bedienprogramm die Dienste von MySQL nutzen. Da er in der Regel nicht auf dem gleichen Rechner arbeitet, auf dem MySQL ausgeführt wird, müssen die Rechner über ein Netzwerk verbunden sein (Abbildung 1).

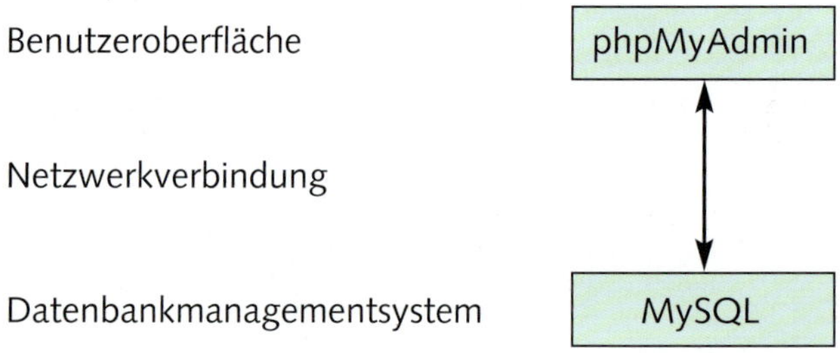

1 Werkzeuge

Hier wird ein typisches Bedienprogramm für MySQL besprochen, das ebenfalls kostenfrei erhältlich ist. Bei anderen Bedienprogrammen ist die Bildschirmgestaltung etwas anders, die grundlegenden Funktionalitäten sind aber identisch.

Das Werkzeug phpMyAdmin besteht aus einer Gruppe von Internetseiten, die es erlauben, MySQL mit jedem beliebigen Browser zu nutzen und zu verwalten. Der Benutzer meldet sich auf der Startseite an und kann dann alle Datenbanken so bearbeiten, wie es seine Berechtigungen erlauben.

Bedienoberfläche von phpMyAdmin

Nach einer Anmeldeseite, auf der Benutzername und Passwort abgefragt werden, erscheint die eigentliche Startseite von phpMyAdmin. Der Benutzer kann hier gemäß seinen Rechten eine Datenbank zur Bearbeitung auswählen, eine neue Datenbank anlegen, Grundeinstellungen von phpMyAdmin ändern oder Informationen über den Datenbankserver abfragen (Abbildung 2).

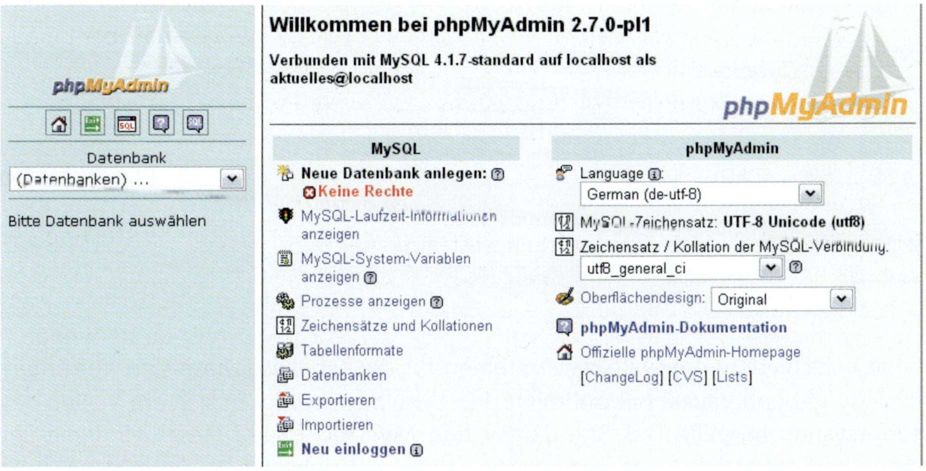

2 Startseite von phpMyAdmin

Nach Auswahl der Datenbank im linken Bereich wird rechts die Übersichtsseite für die Datenbank angezeigt (Abbildung 3). Dort kann man über eine Werkzeugleiste allgemeine Operationen ausführen. Diese sind weiter unten beschrieben. In der Tabellenübersicht lassen sich Operationen wie Anzeigen, Leeren oder Löschen auf einzelne Tabellen anwenden. In der links angezeigten Navigationsspalte kann auf einzelne Tabellen zugegriffen werden (Tabellenauswahl). Es erscheint dann eine Seite mit erweiterten Bedienmöglichkeiten (Abbildung 6).

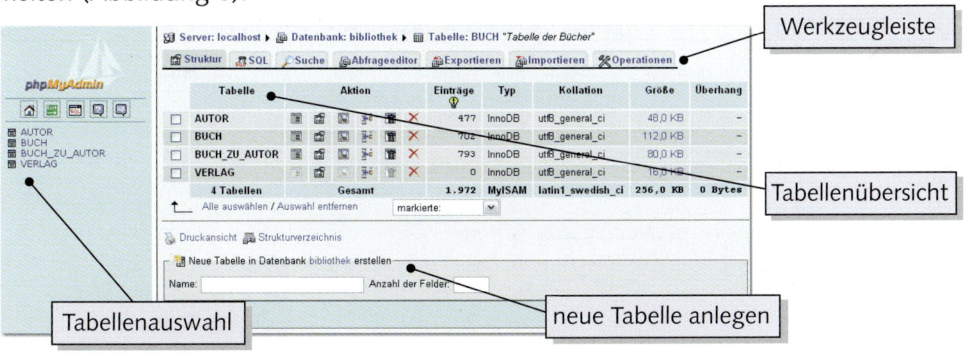

3 Datenbank-übersichtsseite

Einrichten von Tabellen

Die grafische Benutzeroberfläche von phpMyAdmin macht das Einrichten von Tabellen sehr leicht. Die ersten Angaben sind der Tabellenname und die gewünschte Anzahl der Spalten (Abbildung 3 und 4).

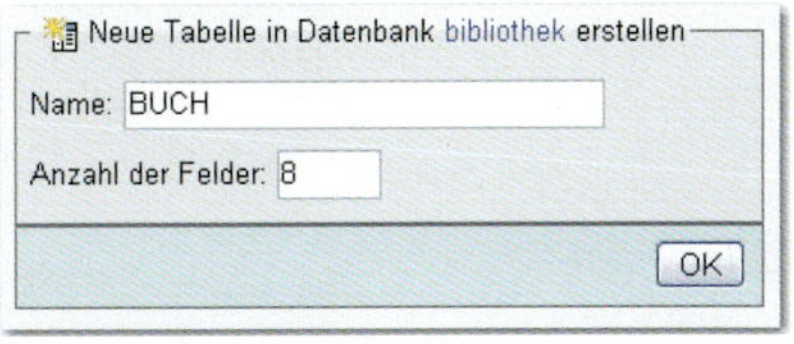

4 Tabelle einrichten beginnen

Nach Drücken des OK-Knopfes erscheint eine Seite zum Vereinbaren der Spalten. Für jede Spalte der neuen Tabelle lassen sich Name und Datentyp angegeben. Die möglichen Datentypen werden als Popup-Menü angeboten. Bei manchen Datentypen wie VARCHAR oder DECIMAL müssen noch zusätzliche Längenangaben gemacht werden.

Die Angabe, ob in einer Spalte der Wert NULL zulässig ist, kann man ebenfalls über ein Popup-Menü einstellen. Hier wird auch festgelegt, welche Spalte(n) Schlüssel sein soll(en). In Abbildung 5 wurde bei der Vereinbarung der Tabelle BUCH für das Feld buchnr die Angabe Schlüssel ausgewählt. Um für dieses Feld automatisch eindeutige Werte zu erzeugen, gibt man bei den Extras noch den Zusatz › AUTOINCREMENT an.

› engl.: automatic increment – automatische Erhöhung

Ein Kommentar, der die Aufgabe der Tabelle beschreibt, sollte immer mit angegeben werden.

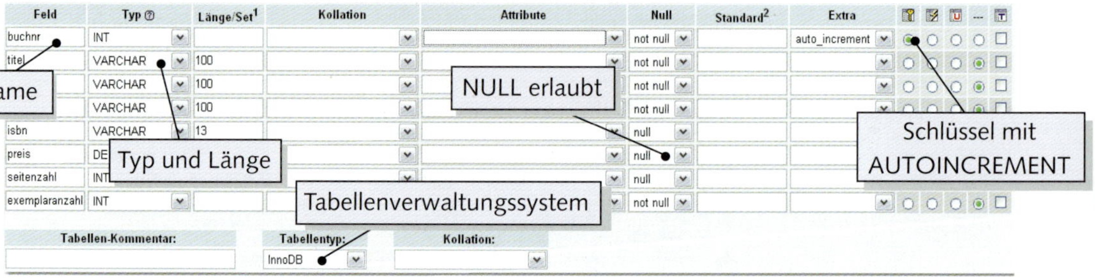

5 Tabellenvereinbarung

MySQL hat verschiedene Verwaltungsstrategien für die Tabellen. Diese sind auf unterschiedliche Aufgabenbereiche hin optimiert. Für Schulzwecke eignet sich am Besten das Verwaltungssystem InnoDB. Das Standardsystem MyISAM ist auf Geschwindigkeit in Zusammenarbeit mit Webservern hin konzipiert und hat daher nicht alle in der Schule benötigten Funktionen.

Ändern einer Tabellenstruktur

Wird in der Navigationsleiste eine Tabelle ausgewählt, so werden deren Struktur sowie eine Übersicht über weitere Eigenschaften angezeigt.

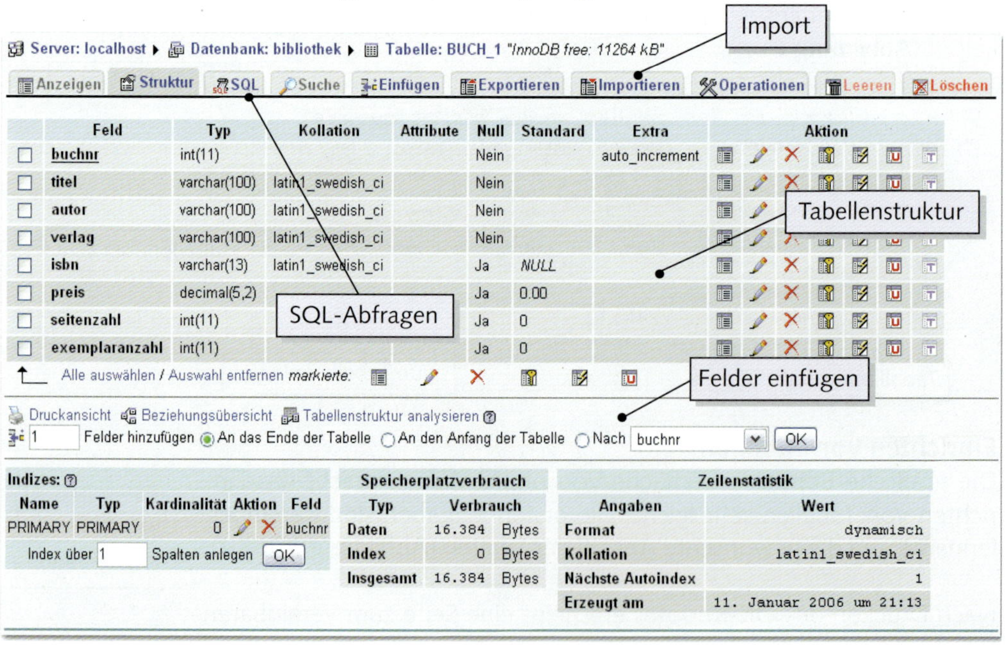

6 Tabellenstruktur

Am Ende der Spaltenangaben sind Schaltflächen zum Ändern, Löschen oder Indizieren der Spalten verfügbar. Unter der Strukturanzeige befinden sich Bedienelemente zum Einfügen neuer Spalten.

Einfügen, Ändern und Löschen von Daten über die grafische Oberfläche

Durch Auswahl der Schaltfläche „Einfügen“ in der Werkzeugleiste der Tabellenstrukturseite (Abbildung 6) erhält man eine Seite zum Einfügen neuer Datensätze.
Zum Ändern oder Löschen von Datensätzen lässt man sich den Tabelleninhalt anzeigen und wählt bei dem gewünschten Datensatz „Ändern“ oder „Löschen“ aus.

Ausführen von SQL-Anweisungen

Ein Eingabefeld für SQL-Anweisungen kann auf jeder beliebigen Seite mit der Schaltfläche „SQL“ in der Werkzeugleiste aktiviert werden. Auch in der Übersichtsseite einer Tabelle (Abbildung 6) steht dieses Eingabefeld zur Verfügung.

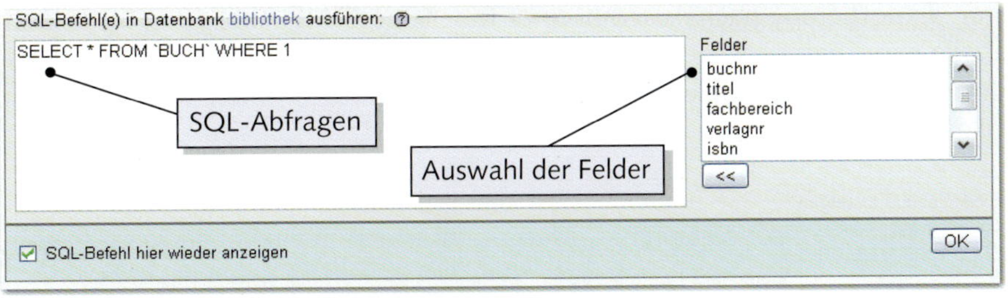

7 Abfragefenster

Das Ergebnis ausgeführter SQL-Anweisungen wird als eigene Tabelle angezeigt. Dabei kann in Seiten zu je 30 Einträgen (änderbare Voreinstellung) geblättert werden.

Einrichten der Fremdschlüssel

Bei MySQL können Fremdschlüssel nur vereinbart werden, wenn für beide Tabellen als Datenbankverwaltungsprogramm InnoDB angegeben ist. Aus Geschwindigkeitsgründen muss für den Fremdschlüssel ein Index vereinbart sein.
Zuerst wird die Tabelle ausgewählt, in der der Fremdschlüssel vereinbart werden soll (Abbildung 6). Dort wird der Link „Beziehungsübersicht“ gewählt.
Dadurch gelangt man zu einer Seite, auf der man über Popup-Menüs für alle Felder mit Index auswählen kann, welches Feld von diesen referenziert werden soll. Dabei kann man auch angeben, welche Aktionen ausgeführt werden sollen, wenn der referenzierte Schlüssel gelöscht bzw. verändert wird. Abbildung 8 zeigt die Vereinbarung des Fremdschlüssels verlagnr in der Tabelle BUCH.

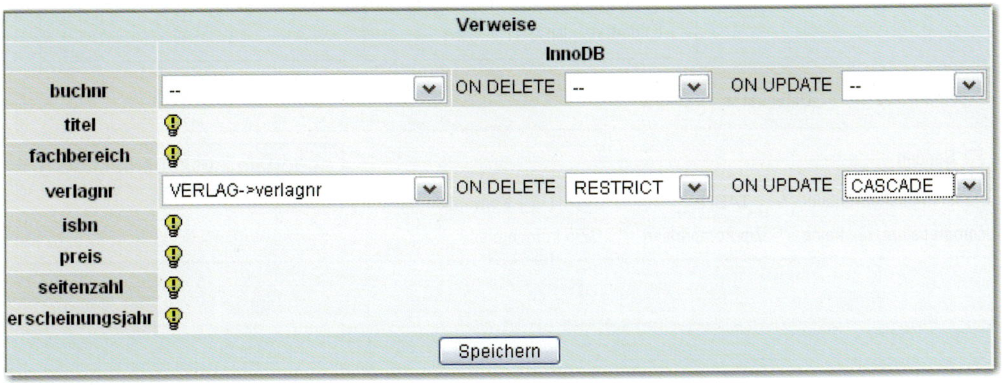

8 Fremdschlüsselvereinbarung

Hinweis: Da RESTRICT (Zurückweisen des Lösch- bzw. Änderungswunsches) das Standardverhalten der Datenbank ist, wird der Zusatz „ON DELETE RESTRICT" bei erneutem Aufruf dieser Seite nicht wieder angezeigt; es erscheint „--".

Export und Import von Daten

Export- und Importmöglichkeiten dienen zur Datensicherung, zum Datenabgleich und zum Datenaustausch mit anderen Werkzeugen. Sie können auch dazu verwendet werden, um die Ergebnisse getrennt arbeitender Teams zusammenzuführen.
phpMyAdmin bietet eine Reihe von Möglichkeiten, einzelne Tabellen oder ganze Datenbanken zu exportieren. Wird der Reiter „Exportieren" direkt nach Auswahl der Datenbank gewählt (Abbildung 3), lässt sich eine Datenbank ganz oder teilweise exportieren. Wird der Reiter „Exportieren" nach Auswahl einer Tabelle gewählt (Abbildung 6), so lässt sich diese Tabelle exportieren.
In beiden Fällen kann der Benutzer aus verschiedene Exportformaten und Optionen wählen (Abbildung 9).

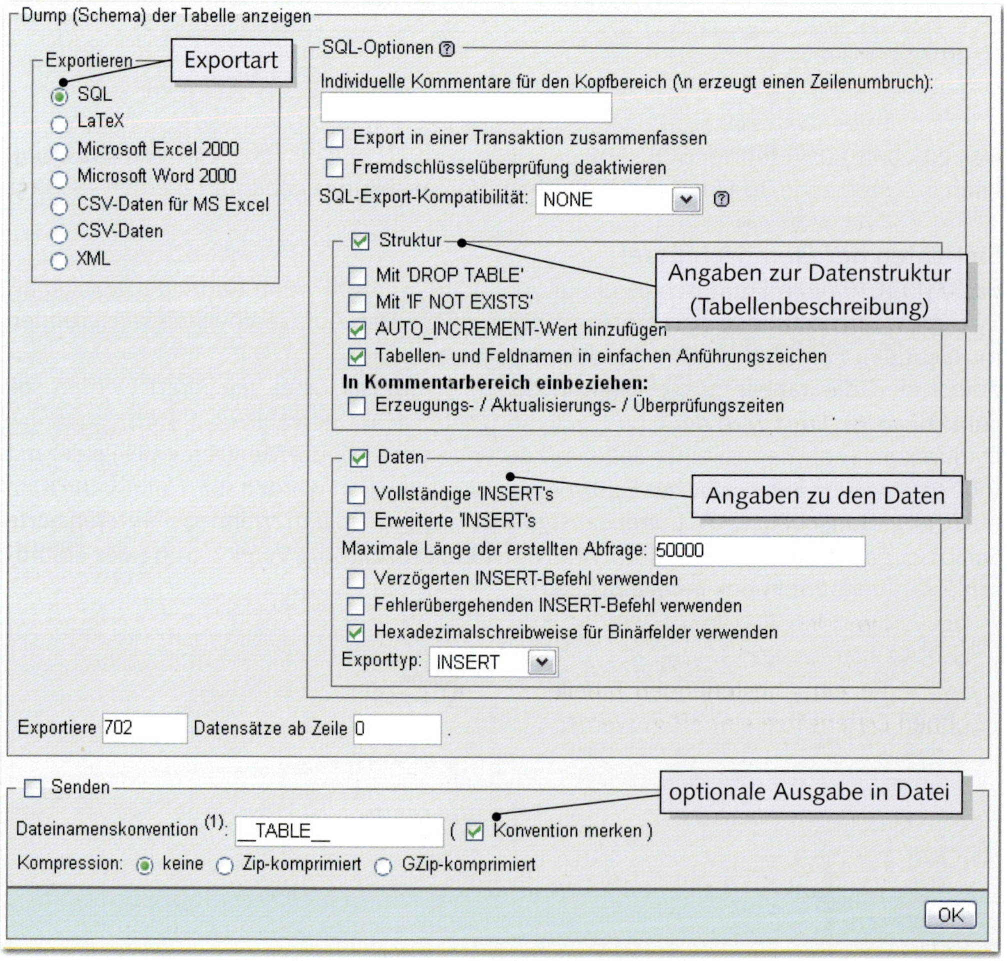

9 Datenexport im SQL-Format

Voreingestellt ist die Ausgabe im SQL-Format als Internetseite. Wahlweise ist auch die Ausgabe in eine Datei möglich. Hier können verschiedene Angaben gemacht werden, wie und ob die Tabellenbeschreibungen bzw. die Daten selbst ausgegeben werden sollen. Bei der Ausgabe in anderen Formaten werden formatspezifisch andere Optionen angezeigt.
Der Datenimport wird in der Regel über SQL-Anweisungen ausgeführt (Reiter „SQL" auf den meisten Seiten). Datensätze können aber auch aus CSV-Dateien übernommen werden, wie sie von Textverarbeitungs- oder Tabellenkalkulationsprogrammen erzeugt werden.

2 MS-Access

Neben dem für Schulen kostenpflichtigen MS-Access können Datenbankmanagementsysteme der Officepaket Sun Staroffice oder OpenOffice in den aktuellen Versionen für Schulen frei genutzt werden. Die Oberflächen und Bedienungskonzepte sind fast identisch. Deshalb wird hier MS-Access stellvertretend vorgestellt.

Grundlagen

MS-Access ist ein relationales Datenbanksystem für das Betriebssystem Windows. Es handelt sich um ein Dateidatenbanksystem: Neben den Tabellen können auch alle Auswertungen in derselben Datei gespeichert werden. Diese Datei hat typischerweise die Endung „mdb". Durch die Einbindung einer objektorientierten Programmiersprache ist MS-Access ein Vertreter der objekt-relationalen Datenbankmanagementsysteme.

Bedienoberfläche von Access

Nach dem Öffnen einer Datenbank erscheint die Oberfläche wie in Abbildung 1.
Auf der linken Seite des Fensters erkennt man das wichtige „Objekte"-Menü, bei dem im Rahmen des Unterrichts vor allem die Punkte Tabellen und Abfragen von Bedeutung sind:

- Nach der Auswahl des Menüpunktes „Tabellen" erscheint eine Übersicht über alle vorhandenen Tabellen. Weiterhin können neue Tabellen angelegt werden. Die Tabellenstruktur lässt sich hier auch im Nachhinein verändern. Bei einer bestehenden Tabelle können Datensätze eingefügt werden.
- Im Menüpunkt „Abfragen" erscheint eine Übersicht über gespeicherte Abfragen. Diese lassen sich verändern bzw. es können neue Abfragen erstellt werden.

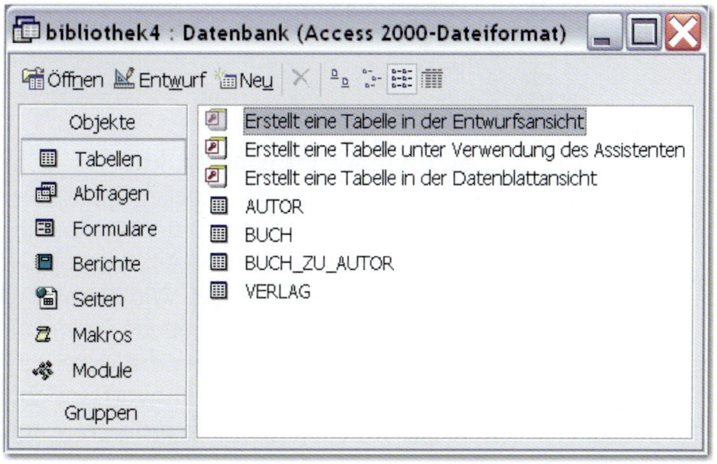

1 Oberfläche von Access

Weitere Menüpunkte sind Formulare zur Datenein- und ausgabe über eine Bildschirmmaske, Berichte zur Zusammenstellung der Daten insbesondere zur Ausgabe über einen Drucker und Seiten zum Zugriff auf die Daten über ein HTML-Dokument.

Einrichten von Tabellen

Über die grafische Benutzeroberfläche von Access kann man auf einfache Weise Tabellen einrichten. Am mächtigsten und einfachsten für erfahrene Benutzer, zu denen die

Autoren dieses Buches die gesamte Leserschaft rechnen, eignet sich die Erstellung der Tabelle in der Entwurfsansicht, die man im rechten Teil von Abbildung 1 (hier grau hinterlegt) auswählen kann.

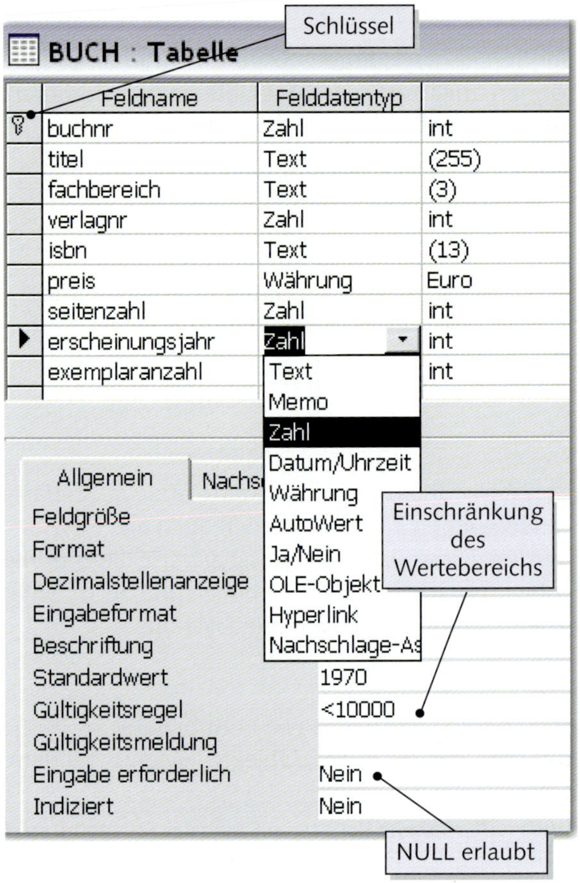

2 Tabellenvereinbarung

Im folgenden Dialog werden die Spalten beschrieben. Für jede Spalte der neuen Tabelle werden Name und Datentyp festgelegt. Die möglichen Datentypen werden als Popup-Menü angeboten. Beim Datentyp Zahl muss präzisiert werden, um welchen Zahlentyp es sich handelt; standardmäßig wird Long Integer vorgeschlagen. Eine Einschränkung des Wertebereichs ist hier ebenso wie das Anlegen eines Index möglich.
Die Angabe, ob in einer Spalte der Wert NULL zulässig ist, wird ebenfalls über ein Popup-Menü gemacht. Für das Feld buchnr wurde beim Anklicken der Zeile mit der rechten Maustaste im Kontextmenü die Auswahl als Primärschlüssel möglich. Um für dieses Feld automatisch eindeutige Werte zu generieren, wählt man den Felddatentyp AutoWert.
Nach dem Schließen des Dialogs wird die Eingabe eines Tabellennamens gefordert.

Ändern einer Tabellenstruktur

Unter dem Menüpunkt Tabellen lässt sich eine bestehende Tabelle durch Doppelklick öffnen. Sie erscheint in der Datenblattansicht. Über die Symbolleiste kann man leicht zur Entwurfsansicht wechseln (Abbildung 3). Dadurch gelangt man wieder zur Darstellung entsprechend Abbildung 2. Wie oben beschrieben, lassen sich Spalten hinzufügen oder verändern. Wird eine bestehende Spalte markiert kann sie über die Menüzeile unter Bearbeiten -> Löschen oder über die Entfernen-Taste entfernt werden.
Ein direktes Öffnen in der Entwurfsansicht ist entsprechend Abbildung 1 über das Symbol in der Symbolleiste möglich, wenn die Tabelle markiert ist.

Einfügen, Ändern und Löschen von Daten über die grafische Oberfläche

Zunächst muss wieder die Tabelle geöffnet werden. In der Datenblattansicht (Abbildung 3) kann man nach dem letzten Datensatz neue Datensätze einfügen sowie bestehende ändern oder löschen. Der Stift markiert die Zeile, die gerade bearbeitet wird. Verlässt man diese Zeile, werden alle Änderungen automatisch gespeichert. Verletzt man bei der Eingabe oder beim Ändern Festlegungen der Tabellendefinition, reagiert das DBMS mit Fehlermeldungen. Eine Speicherung ist nur bei widerspruchsfreien Inhalten möglich.

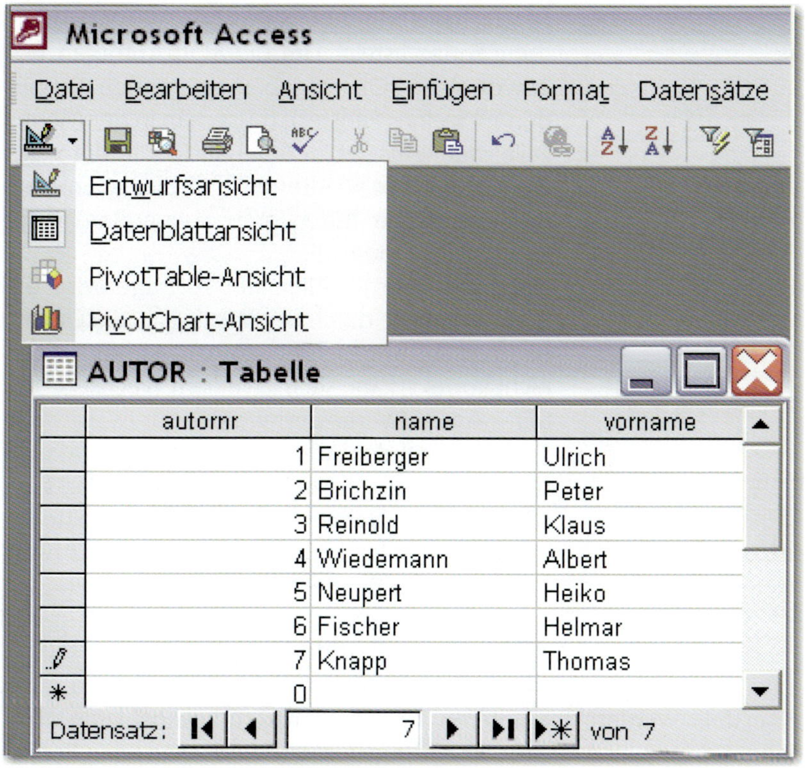

3 *Datenblatt-ansicht*

Ausführen von SQL-Anweisungen

Mit Access kann man SQL-Anweisungen nicht unmittelbar erstellen, man muss einen Umweg gehen. Zunächst muss eine Abfrage in der grafisch unterstützten Entwurfsansicht neu erstellt werden. Diese lässt sich z. B. über das Menü Einfügen -> Abfrage -> Entwurfsansicht oder über das Menü -> Abfragen -> Schaltfläche „Entwurf" (Abbildung 4 links) erreichen. Auf weitere Hilfen verzichtet man, indem das nun erscheinende Auswahlfenster einfach geschlossen wird.

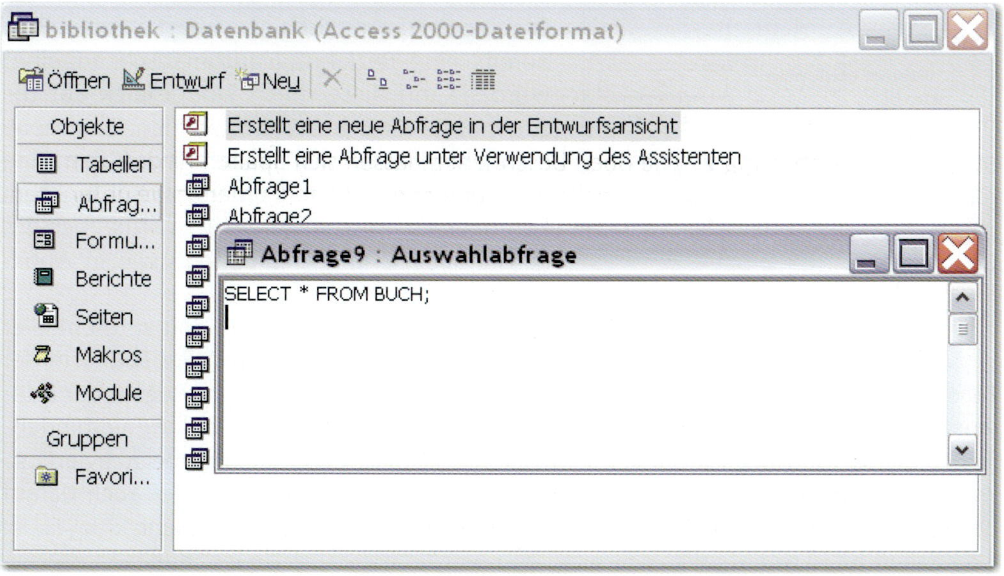

4 *Neue Abfrage in SQL erstellen*

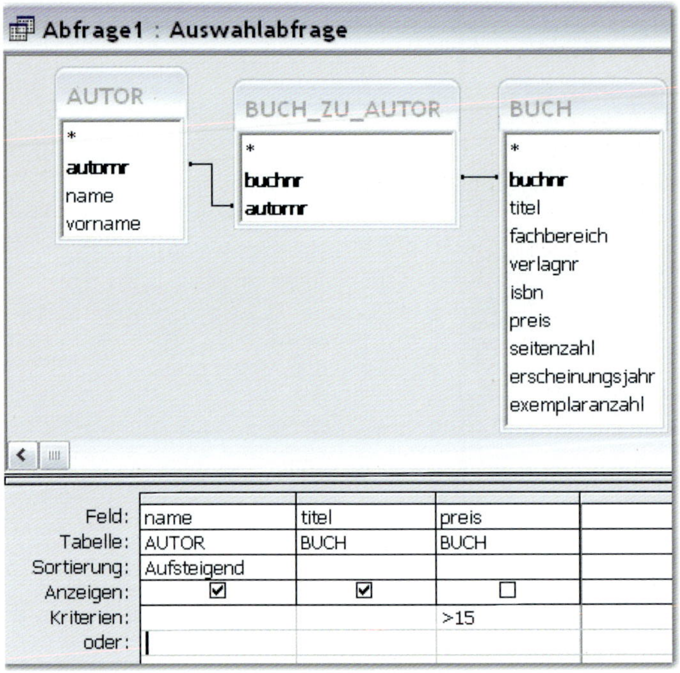

5 *Entwurf der Abfrage*

Es erscheint ein Abfragefenster wie in Abbildung 5 dargestellt. Um die SQL-Abfragen wie gewohnt in SQL eingeben zu können (Abbildung 4 kleines Fenster), muss man in der Menüzeile unter Ansicht -> SQL-Ansicht in die SQL-Ansicht wechseln. Alternativ ist dies auch über die Schaltfläche **SQL ▾** (meist links außen) in der Symbolleiste möglich.
Nach dem Fertigstellen der Abfrage wird die Ergebnistabelle durch den Wechsel in die Datenblattansicht angezeigt. War die Abfrage noch nicht korrekt, kann sie nach einem Wechsel in die SQL- Ansicht verbessert werden.
Schließt man das Abfragefenster, wird gefragt, ob die Abfrage gespeichert werden soll. Ein aussagekräftiger Namen hilft, zu einem späteren Zeitpunkt wieder auf die Abfrage und das Abfrageergebnis zurückzugreifen.

Abfrage – mal anders

In der Entwurfsansicht können Abfragen auch grafisch unterstützt erstellt werden. Im unteren Teil kann man Tabellenspalten (von Access „Felder" genannt) auswählen, die für die Abfrage relevant sind. Man kann Bedingungen an die Spalten formulieren und darüber entscheiden, ob sie angezeigt werden sollen. Im oberen Teil werden die beteiligten Tabellen mit ihren Spalten dargestellt. Auf grafischem Weg lässt sich dort der natural join herstellen und an den Linien erkennen.

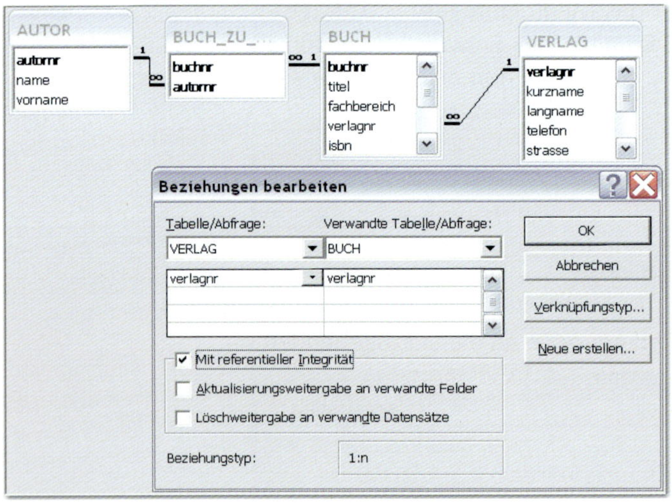

6 *Bearbeiten der Beziehung zwischen VERLAG und BUCH*

Fremdschlüssel und referenzielle Integrität

Mit Access lassen sich im Menü Extras -> Beziehungen die Fremdschlüssel vereinbaren. Falls die betroffenen Tabellen noch nicht erscheinen, können sie über die rechte Maustaste -> „Tabelle anzeigen" zur Ansicht hinzugefügt werden. Falls bereits eine Beziehung automatisch angelegt wurde, kann diese durch Doppelklick auf die zugehörige Linie bearbeitet werden. Eine neue Beziehung kann man realisieren, indem man eine Linie beginnend beim Primärschlüssel hin zum künftigen Fremdschlüssel zieht. Es öffnet sich das Fenster „Beziehung bearbeiten" wie in Abbildung 6.
Hier kann das Kontrollfeld „Mit referentieller Integrität" aktiviert werden. Wird später in der Tabelle versucht, durch Löschen eines Primärschlüsselwertes gegen die Regeln der referenziellen Integrität zu verstoßen, wird dies unter Ausgabe einer Meldung verhindert. Sind die Kontrollfelder Aktualisierungsweitergabe bzw. Löschweitergabe aktiviert, so werden bei der Änderung bzw. beim Löschen eines Primärschlüsselfeldes auch darauf bezogenen Datensätze in der Fremdschlüsseltabelle geändert bzw. gelöscht.

Datumsberechnungen

In Access kann man je nach Bedarf zwischen verschiedenen Datumsformaten wechseln.

- Die Funktion Date() liefert das Tagesdatum.
- Mit den Funktionen Year, Month und Day erhält man den entsprechenden Teil eines Datumswertes. Z. B.: ergibt „Day(Date())" die Nummer des aktuellen Tages innerhalb des Monats und mit Year(Geburtsdatum) kann man das Geburtsjahr aus einem Feld „Geburtsdatum" herausfinden.
- Die Vergleiche haben die normale mathematische Schreibweise. Durch die Anordnung von Jahr, Monat und Tag sind die Datumswerte auch „richtig" sortiert.
- Die Funktion Dateadd rechnet von einem gegebenen Datum aus um beliebig viele Tage (d), Monate (m) oder Jahre (yyyy) voraus bzw. zurück. Z. B liefert: „Dateadd ("yyyy", -5,datum)" ein genau fünf Jahre vor „datum" liegendes Datum.

3 Zusammenfassung von SQL

An dieser Stelle soll ein kompakter Überblick über SQL gegeben werden. Diese Zusammenfassung beschränkt sich auf die in diesem Buch verwendeten Elemente insbesondere der Abfrage-Anweisung „SELECT" und der Datenmanipulationsanweisungen INSERT, UPDATE und DELETE. An einigen Stellen sind Ausblicke auf Nachbarthemen angegeben.

Die Abfrageanweisung

Die Elemente der Abfrageanweisung SELECT in ihrer Reihenfolge lauten:

```
SELECT DISTINCT <spaltenliste>
FROM <tabellenliste>
WHERE <bedingung>
GROUP BY <spaltenliste>
HAVING <bedingung_an_die_Gruppen>
ORDER BY <sortierspaltenliste>
```

Dabei gelten für die Elemente folgende Regeln:

- Nach SELECT stehen mit Komma getrennt alle Spalten und sonstigen Elemente, die angezeigt werden sollen. Spalten, die in mehreren Tabellen vorkommen, müssen immer in Punktnotation <tabelle>.<spalte> angegeben werden. Außer Spalten können auch die Ergebnisse der Aggregatsfunktionen (MIN, MAX, AVG, SUM, COUNT) sowie die Ergebnisse von Berechungen aus Feldwerten aufgeführt werden. Mit SELECT DISTINCT werden gleiche Ergebnisse nur ein Mal ausgegeben.
- Nach FROM stehen alle verwendeten Tabellen. Diese Tabellen können auch benannte Ergebnisse von Unterabfragen sein.
- Nach WHERE steht ein logischer Ausdruck, der Bedingungen an die auszugebenden Datensätze angibt. Insbesondere müssen hier die Verknüpfungsbedingungen für die Tabellen formuliert werden, zwischen denen Beziehungen bestehen. Vergleichswerte in Bedingungen können auch die Ergebnisse von Unterabfragen sein. Wird der WHERE-Teil weggelassen, werden alle vorhandenen Datensätze abgeliefert.
- Die durch die ersten drei Elemente bestimmten Datensätze können über die Werte der nach GROUP BY stehenden Spalten zu Gruppen zusammengefasst werden. Aggregatsfunktionen werden dann auf die Datensätze jeder Gruppe einzeln angewandt.
- Falls Gruppen erzeugt werden, können nach HAVING Bedingungen an die Gruppenergebnisse formuliert werden.
- Mit ORDER BY lässt sich die Ausgabetabelle nach einem oder mehreren Feldinhalten sortieren. Der Zusatz „DESC" nach einer Spalte erzeugt absteigende Sortierung für

diese Spalte. Der Zusatz „ASC“ nach einer Spalte kann verwendet werden, um die aufsteigende Sortierung zu dokumentieren.

- Mit dem Zusatz AS <Name> kann jedem Element der Spaltenliste bzw. der Tabellenliste ein neuer Name gegeben werden. Das ist insbesondere nötig, wenn Ergebnisse von Berechnungen in der Spaltenliste später (WHERE, ORDER BY) wieder verwendet werden sollen.

Bedingungen

Bedingungen im WHERE-Teil sind Terme mit logischem Ergebnis. Dabei wird von SQL wahr mit 1 und falsch mit 0 gleichgesetzt, was auch so in Berechnungen verwendet werden kann.
Basis für Bedingungen sind in der Regel Vergleiche. Dafür dienen die bekannten Vergleichsoperationen:

```
=, <, >, <=, >=, <>
```

Der Wert NULL führt bei Vergleichen zu einem ungültigen Ergebnis. Soll auf den Wert NULL überprüft werden, muss dazu der spezielle Operator IS (alternativ: <=>) verwendet werden.
Die Ergebnisse von Vergleichen können mit den logischen Operationen AND und OR verknüpft werden. NOT kehrt einen logischen Wert um.

Aggregatfunktionen

Aggregatfunktionen werden in der Regel zusammen mit Gruppierungen verwendet. Die wichtigsten Aggregatfunktionen sind:

COUNT(<spalte>)	Anzahl der Tabelleneinträge
AVG(<spalte>)	Durchschnitt
MAX(<spalte>)	Maximum
MIN(<spalte>)	Minimum
SUM(<spalte>)	Summe

Datenmanipulation

Die **Einfügeanweisung** INSERT hat die Grundform

```
INSERT INTO <tabelle> (<spaltenliste>)
          VALUES (<feldwertliste>)
```

Die Werte in der Feldwertliste müssen in ihrer Reihenfolge den in der Spaltenliste angegebenen Spalten entsprechen.
Werden mehrere Datensätze eingefügt, kann man diese nach VALUES durch Komma getrennt angeben. Die Spaltenbeschreibung gilt dann für alle Datensätze.

```
INSERT INTO <tabelle> (<spaltenliste>)
          VALUES (<feldwertliste>), (<feldwertliste>), ...
```

Jede Feldwertliste enthält einen Datensatz. Die folgende Anweisung fügt drei Bücher aus der Serie Trickkiste ein:

```
INSERT INTO BUCH (buchnr, titel, fachbereich, verlag, isbn,
                 preis, seitenzahl, erscheinungsjahr)
VALUES (2034, 'Trickkiste 1', 'MA', 12, NULL, 14.50, 224, 1994),
       (2035, 'Trickkiste 2', 'MA', 12, NULL, 14.50, 218, 1995),
       (2036, 'Trickkiste 3', 'MA', 12, NULL, 14.50, 236, 1997);
```

Sind nicht alle anzugebenden Feldwerte bekannt (hier: Spalte isbn), so kann man sie in der Spalten- und Feldwertliste weglassen. Das Datenbanksystem ergänzt dann die voreingestellten Standardwerte. Das kann insbesondere auch bei Schlüsselspalten genutzt werden, wenn mit AUTOINCREMENT automatisch eindeutige Werte erzeugt werden.

```
INSERT INTO BUCH (titel, fachbereich, verlag,
                  preis, seitenzahl, erscheinungsjahr)
VALUES ('Trickkiste 1', 'MA', 12, 14.50, 224, 1994),
       ('Trickkiste 2', 'MA', 12, 14.50, 218, 1995),
       ('Trickkiste 3', 'MA', 12, 14.50, 236, 1997);
```

Die Spaltenliste kann vollständig entfallen, wenn für alle Spalten der Tabelle die Feldwerte in der Reihenfolge der Spalten in der Tabelle angegeben werden.

```
INSERT INTO <tabelle> VALUES (<feldwertliste>)
```

Für das Einfügen von Daten aus anderen Tabellen kann an Stelle von VALUES und den Feldwertlisten eine SELECT-Anweisung folgen:

```
INSERT INTO <tabelle> (<spaltenliste>) <SELECT-Anweisung>
```

Das gezielte Ändern von Datensätzen ist mit der **Änderungsanweisung** UPDATE möglich:

```
UPDATE <tabelle> SET <feld1>=<wert1>, <feld2>=<wert2>, ...
WHERE <bedingung>
```

„Wert" kann dabei ein fester Wert, der Wert eines Feldes dieses Datensatzes oder auch das Ergebnis einer Berechnung sein. Die auf WHERE folgende Bedingung legt fest, welche Datensätze geändert werden sollen.

- Um den Preis aller Bücher in der Tabelle BUCH von DM auf € umzurechnen, genügt eine einzige Änderungsanweisung

```
UPDATE BUCH SET preis=preis/1.95583;
```

- Um den Mitarbeitern der Firma Rasant eine Lohnerhöhung von 1,5%, mindestens aber 45 € einzutragen, werden zwei Anweisungen in dieser Reihenfolge benötigt:

```
UPDATE MITARBEITER SET lohn = lohn * 1.015
    WHERE lohn > 3000,00
UPDATE MITARBEITER SET lohn = lohn + 45,00
    WHERE lohn <= 3000,00
```

- In der Bedingung der Änderungsanweisung sind Abfragen möglich:

```
UPDATE BUCH SET preis = preis*1.1 WHERE
    verlagsnr=(SELECT verlagnr FROM VERLAG WHERE kurzname='Meise')
```

Mit der Löschanweisung DELETE werden Datensätze gelöscht:

```
DELETE FROM <tabelle> WHERE <bedingung>
```

Hinweis: Wird die Bedingung weggelassen, werden alle Datensätze gelöscht.

Datendefinition und mehr

Mit den Anweisungen CREATE TABLE und ALTER TABLE können neue Tabellen vereinbart bzw. existierende Tabellen verändert werden. Beispiele für das Vereinbaren von Tabellen können sehr schön durch den SQL-Export aus Datenbanken erhalten werden. Da phpMyAdmin die beim Vereinbaren oder Ändern erzeugten Anweisungen immer anzeigt, kann auch hier die Form von CREATE- und ALTER-Anweisungen untersucht werden.
Mit der Anweisung DROP TABLE <tabelle> können ganze Tabellen gelöscht werden.
Anweisungen für die Vergabe von Benutzerrechten (wie GRANT, REVOKE, SET PASSWORD) werden nur von mehrbenutzerfähigen Datenbanken ausgewertet.

Werkzeugkasten II

4 Gemeinsam arbeiten im Internet

In Projekten arbeiten Schüler in Teams zusammen. Die Teams haben unterschiedliche Aufgaben und oft geschieht es, dass sie auch zu unterschiedlichen Zeiten und an unterschiedlichen Orten arbeiten. Dadurch ist die Arbeit nicht mehr nur auf den Unterricht beschränkt, sondern kann bei Bedarf auch nachmittags von zu Hause aus fortgesetzt werden.
Sofort macht sich ein Problem bemerkbar. Die auf dem Netzwerk der Schule gespeicherten Dateien sind von zu Hause aus nicht erreichbar.

L16

Die Lösung des Problems kann ein Server bieten, der Dienste im Internet bereitstellt. Mit diesen Diensten können verschiedene Aufgaben zur Unterstützung der Projektarbeit bewältigt werden wie z. B.
- die Speicherung und der Austausch von Dateien,
- die Diskussion zu thematischen Schwerpunkten oder
- die Verwaltung von Terminen.

› BSCW – **B**asic **S**upport for **C**ooperative **W**ork

Die Arbeit mit der webbasierten Plattform › BSCW

Der BSCW ist eine webbasierte Arbeitsplattform zur Unterstützung der Zusammenarbeit von mehreren Nutzern. Die BSCW-Plattform wird durch einen BSCW-Server realisiert. Die Nutzer können die Dienste an verschiedenen Orten und zu verschiedenen Zeiten in Anspruch nehmen.
Der BSCW ist ein sehr umfangreiches Werkzeug. Für eine effektive Nutzung sind die folgenden Arbeitsschritte unverzichtbar:
1. Die Verwaltung der Nutzer,
2. die gemeinsame Arbeit mit Dokumenten,
3. die Kommunikation zwischen den Nutzern und
4. die Terminverwaltung.

Der BSCW bietet noch eine Vielzahl weiterer Arbeitsmöglichkeiten. Sie sind erst nach einer längeren Einarbeitungszeit nutzbar.

Die Nutzerverwaltung

Im Beispiel von Abbildung 2 hat der autorisierte (d. h. berechtigte) Nutzer „fischer.h" den Bereich „werkzeugkasten_bscw" neu in seinem Arbeitsbereich des BSCW angelegt.
Nun will er gemeinsam mit anderen Nutzern in diesem Bereich arbeiten. Dazu ist es notwendig, die anderen Nutzer in den Bereich einzuladen. Arbeiten diese Nutzer bereits in einem anderen Bereich des BSCW mit, so ist dieser Prozess einfach. Ist der Nutzer noch unbekannt, so muss er zuerst registriert werden. Das gesamte Verfahren geschieht in folgenden Arbeitsschritten:

Registrierung – Der Administrator des BSCW registriert die E-Mail-Adressen von allen zukünftigen Nutzern.

↓

Einladung – Der Bereichsmanager (fischer.h) lädt alle zukünftigen Nutzer mit den registrierten E-Mail-Adressen in den Arbeitsbereich ein. Bei der Einladung legt er Rollen für die Nutzer fest.

↓

Einladungsmail
Alle zukünftigen Nutzer erhalten eine Einladungsmail mit wichtigen Hinweisen zur Anmeldung und einem Registrierungslink.

Nutzerregistrierung
Während der Registrierung werden der Benutzername, das Passwort, der Name und die Organisation erfasst und vom System der E-Mail-Adresse des Nutzers zugeordnet.

Erstanmeldung
Bei der Erstanmeldung und bei allen weiteren Anmeldungen müssen die Nutzer ihren Benutzernamen und ihr Passwort eingeben.

Bestätigungsmail
Jeder neu registrierte Nutzer erhält eine Bestätigungsmail mit einem Link zum eigenen Arbeitsbereich und weiteren Hinweisen.
Damit ist der einmalige Authentifizierungsvorgang abgeschlossen.

1 Einladung der Benutzer

Den ersten Schritt der Registrierung muss immer der Administrator tun. Nur er darf die Registrierungen vornehmen. Sind die E-Mail-Adressen der Nutzer registriert, kann der Bereichsmanager die Nutzer in seinen Arbeitsbereich einladen.
Die Rolle, die der Bereichsmanager den Mitgliedern zuweist, entscheidet darüber, welche Methoden das Bereichsmitglied ausführen darf. Dafür gibt es vordefinierte Rollen:

- Eingeschränktes Mitglied,
- Mitglied und
- Manager.

Eingeschränkte Mitglieder haben nur Leserechte, Manager haben die meisten Rechte. Bei fortgeschrittener Nutzung ist es möglich, neue Rollen zu definieren.

Der Bereichsmanager kann während des Arbeitsprozesses im Bereich

- neue Nutzer einladen,
- Nutzer löschen oder
- die Rechte und Rollen der Nutzer ändern.

Die Arbeitsoberfläche des BSCW

Ist der Bereichsmanager im BSCW angemeldet, so präsentiert sich die Arbeitsfläche in dieser Form:

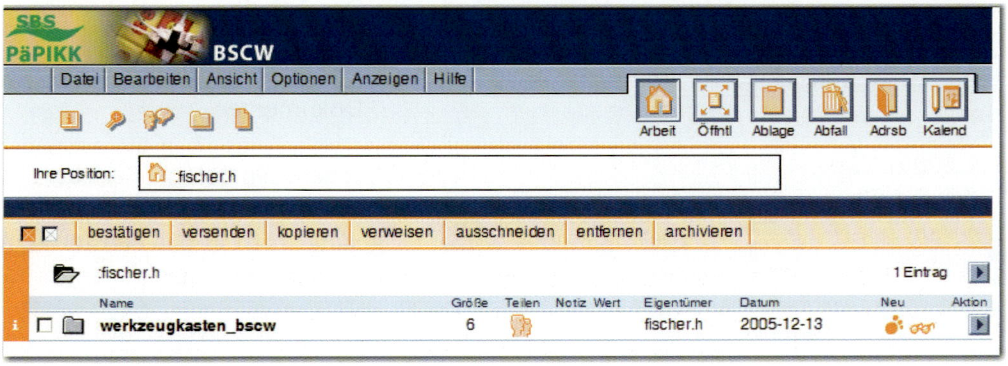

2 Die Arbeitsfläche des BSCW-Bereichs

In der Positionsleiste kann der Nutzer den aktuellen Standort innerhalb seines Arbeitsbereichs ablesen.
Ausgewählte Methoden aus der Menüleiste sind auch in der Symbolleiste verfügbar:

- Informationen zum Ordner und der Arbeitsgruppe anzeigen
- Registrierte BSCW-Benutzer suchen
- Neuen Ordner anlegen
- Neues Dokument auf den BSCW hochladen
- Informationen zu eingeladenen Mitgliedern des Bereiches anzeigen

Die Bereichsleiste ist ein Arbeitsmittel zur Organisation des Arbeitsprozesses im BSCW. Dazu stehen jedem Nutzer besondere Bereiche, wie z. B. die Ablage, der Papierkorb oder der Kalender zur Verfügung. Diese Bereiche sind über folgende Schaltflächen erreichbar:

- Aktueller Ordner des eigenen Arbeitsbereichs
- Öffentlicher Arbeitsbereich des BSCW
- Ablage
- Papierkorb
- Adressbuch
- Kalender

Die Arbeit mit Dokumenten der Nutzer

Eine Möglichkeit des BSCW ist die Arbeit mit Dokumenten. Folgende Methoden sind dabei möglich:

- Das Hochladen von Dokumenten in einen Bereich
- Das Herunterladen von Dokumenten aus einem Bereich auf den eigenen Computer
- Das Ersetzen von Dokumenten
- Das Löschen von Dokumenten
- Das Anheften von Notizen an ein Dokument
- Das Bewerten von Dokumenten

Mit dem Symbol oder über das Menü: Datei – Neu – Dokument gelangt man in das Fenster zum Hochladen eines Dokuments:

3 Hochladen eines Dokuments

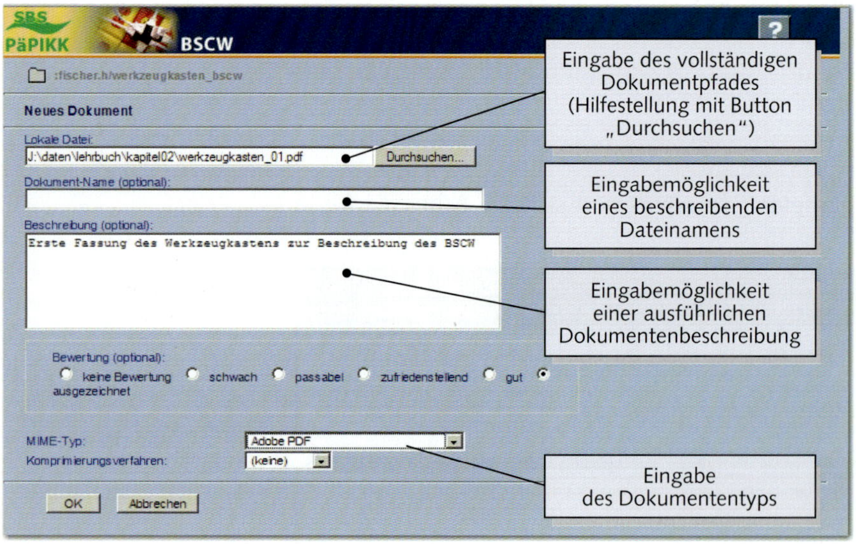

Nach der Bestätigung der <OK> Schaltfläche wird das Dokument in den Arbeitsbereich geladen:

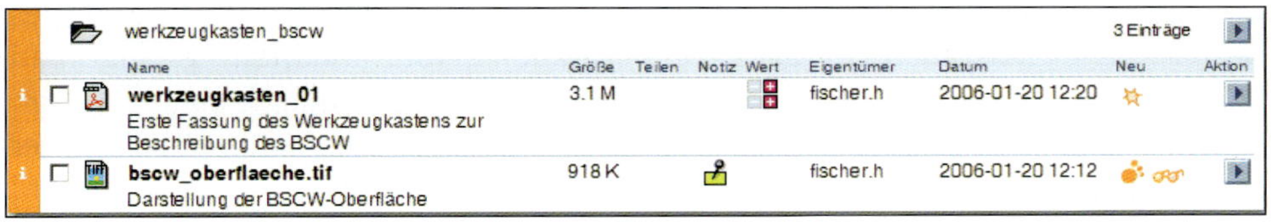

4 Das Dokument im Arbeitsbereich

Das Herunterladen eines Dokumentes ist wesentlich einfacher:

- Beim Anklicken des Dokumentlinks wird die Datei automatisch in der entsprechenden Anwendung auf dem eigenen Computer geöffnet. Steht keine passende Anwendung zur Verfügung, beginnt das Herunterladen automatisch.
- Ein einfacher Klick mit der rechten Maustaste auf die Datei genügt, um über das Kontextmenü das Herunterladen in Gang zu setzen.

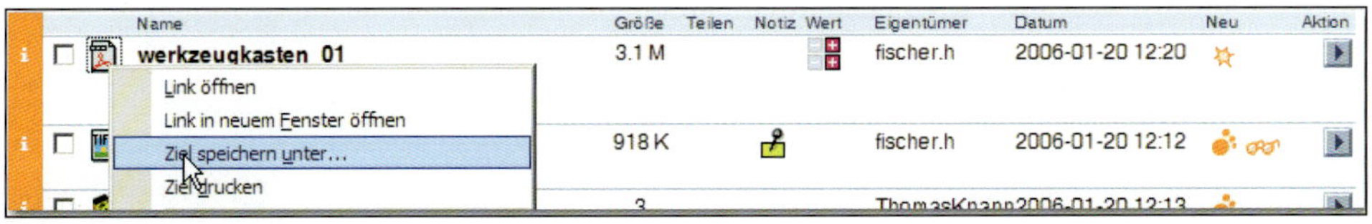

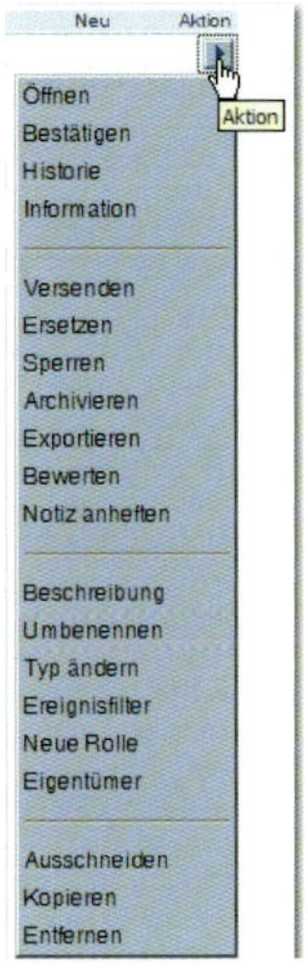

5 Herunterladen eines Dokuments

In ähnlich einfacher Weise kann man Dokumente umbenennen, ändern, ersetzen oder auch löschen.

Jede Methode wird vom BSCW-System protokolliert und in einem Historie protokolliert. Am Dokument selbst kann man ausgeführte Aktionen an den entsprechenden Piktogrammen ablesen.

6 Das History-Protokoll

- Neues Dokument
- Dokument wurde von einem Nutzer gelesen
- Dokument wurde verändert.
- Dokument wurde an die angegebene Stelle verschoben.

Es ist auch möglich, dass sich die Nutzer des Arbeitsbereiches vom BSCW-System per E-Mail über jede Veränderung innerhalb des Arbeitsbereiches informieren lassen.

Die Möglichkeiten von Kommunikation und Kooperation zwischen den Nutzern

Eine einfache und nützliche Kommunikationsmöglichkeit ist das Anheften einer Notiz an ein Dokument. Durch einen Klick auf das Aktionssymbol am Ende des Dokumenteintrages und der Aktion „Notiz anheften" gelangt man in das entsprechende Notizfenster. Hier kann man Meinungen zum Dokument äußern, Änderungen kommentieren, Fragen stellen oder Hinweise hinterlegen. Ist eine Notiz zu einem Dokument erstellt, wird dies in der Dokumentdarstellung durch das Notizsymbol angezeigt.

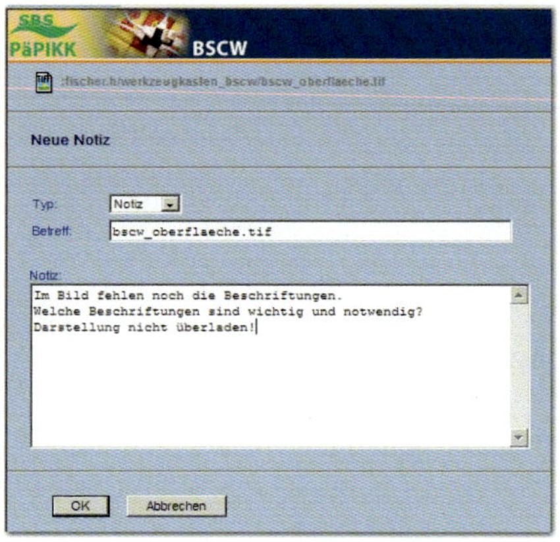

7 Anlegen einer Notiz

Auch das Bewerten von Dokumenten stellt eine einfache Form der Kommunikation dar.

Eine höhere Form der Kommunikation ist das Führen einer Diskussion im Arbeitsbereich. Eine solche „virtuelle Teamsitzung" hat natürlich Vor- und Nachteile.

Vorteile sind:

- Die Bereichsmitglieder können von unterschiedlichen Orten aus miteinander diskutieren.
- Die Diskussion kann zeitversetzt stattfinden.
- Es können mehrere Diskussionen gleichzeitig geführt werden.

Die Nachteile liegen vor allen darin, dass sich die Teilnehmer nicht sehen:

- Die Empfänger erhalten keine Information über Emotionen, Wichtigkeit und persönliche Bedeutung der Meinungsäußerung des Absenders.
- Der Sender erhält keine unmittelbare Information über die Reaktion der Empfänger.

Um eine Diskussion sinnvoll zu führen, müssen die Beiträge auf eine bestimmte Länge begrenzt sein. Es ist nicht immer leicht, mit wenigen Worten das Richtige zu sagen. Eine Diskussion startet man mit dem Diskussionssymbol oder über das Menü. Datei – Neu – Diskussion. Danach öffnet sich das Fenster zum Anlegen einer neuen Diskussion. Nach der Eingabe des Diskussionsthemas und dem Schreiben des ersten Beitrages wird ein Diskussionsordner erstellt. Damit ist die Diskussion für die Bereichsteilnehmer eröffnet.

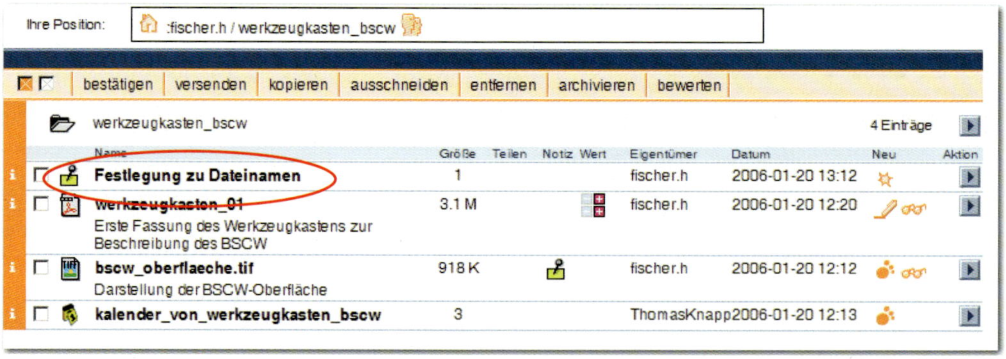

8 Bereich mit eröffneter Diskussion

Der neue Diskussionsordner ist nun für alle Bereichmitglieder sichtbar. Durch das Öffnen kann jedes Mitglied den Verlauf der Diskussion verfolgen und sich aktiv beteiligen.

Über das Aktionsmenü kann jedes Mitglied einen eigenen Beitrag einstellen oder eine Antwort auf einen schon bestehenden Beitrag verfassen.

Die Antwort wird im Diskussionsordner ergänzt und ist wieder für alle sichtbar. Die Diskussion kann weitergeführt werden, indem auf bestehende Beiträge geantwortet wird oder neue Beiträge zum gleichen Thema eingestellt werden.

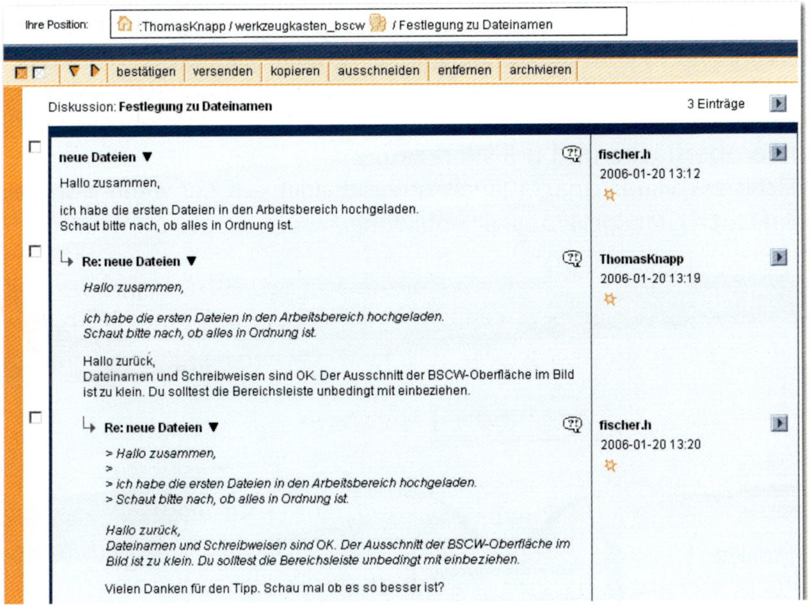

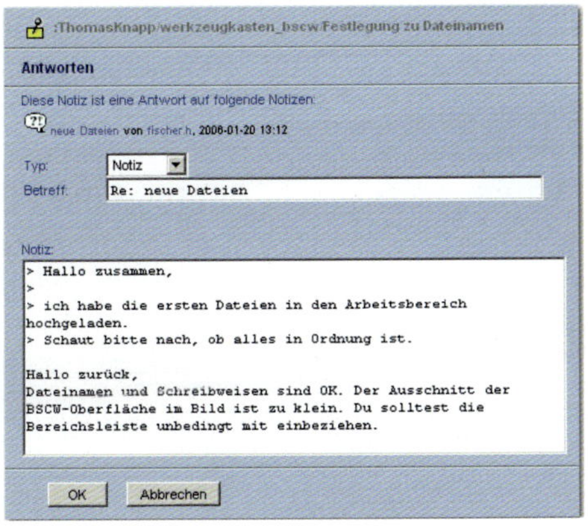

9 Geöffneter Diskussionsordner mit erstem Beitrag

10 Fenster zum Antworten auf einen bestehenden Beitrag

Eine Möglichkeit der Kooperation ist die Einrichtung eines gemeinsamen Kalenders. Hier veröffentlichen die Bereichsmitglieder gemeinsame Termine. Diese sind jederzeit änderbar. Außerdem können, ähnlich wie in einem Projektablaufplan, Aufgaben verwaltet werden, die eine längere Zeit beanspruchen.

11 Kalender

5 Arbeit mit dem MindManager Smart

Der MindManger Smart ist ein Werkzeug zur Erstellung und Pflege von Mindmaps mit dem Computer. Der Name MindManger Smart bedeutet, dass dieses Programm die einfache (smarte) und freie Variante des professionellen Anwenderprogramms MindManager ist. Es arbeitet so ähnlich wie ein Grafikprogramm, das mit einer Textverarbeitung kombiniert ist.

Aufbau der Benutzeroberfläche und die Werkzeuge

Die Benutzeroberfläche des MindManager Smart unterscheidet sich nur wenig von der Oberfläche eines einfachen Grafikprogramms (Abbildung 1).

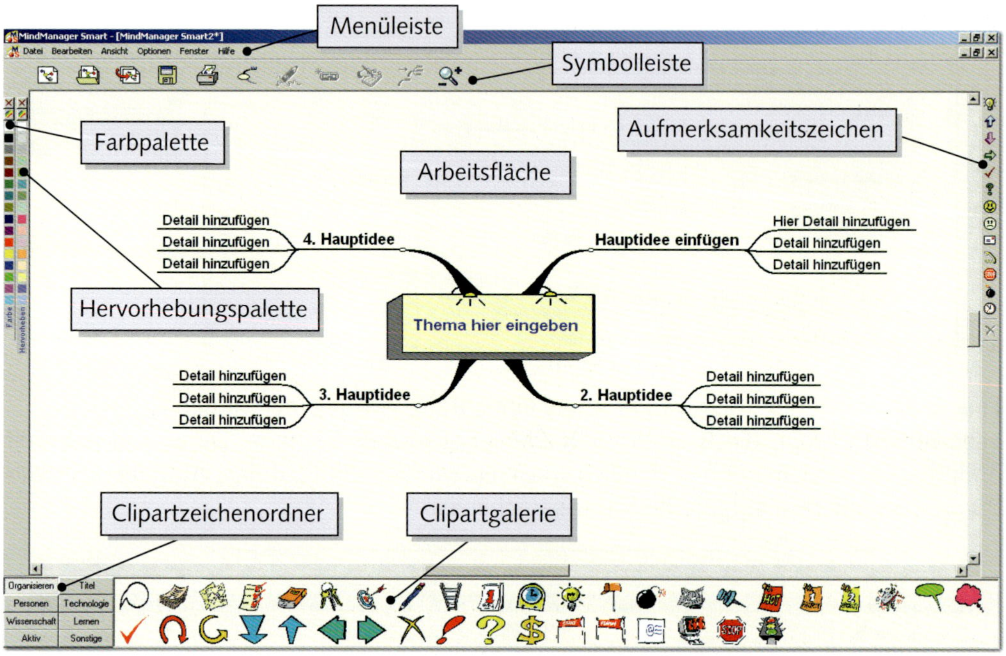

1 Die Oberfläche von MindManager Smart

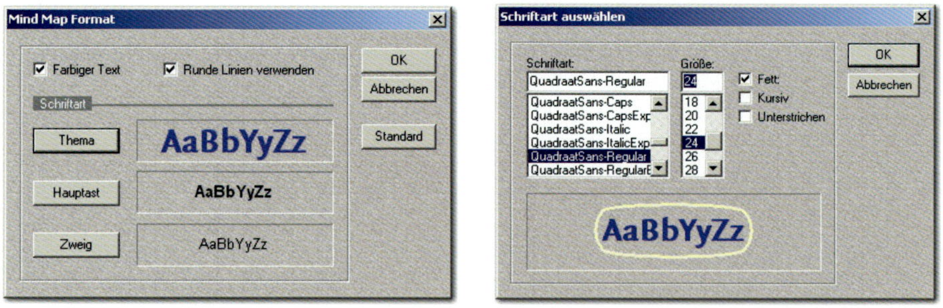

2 Das Menü Mind Map Format

Innerhalb der Arbeitsfläche wird die auf Papier vorbereitete Mindmap auf den Computer übertragen und gespeichert. In der Menüleiste finden sich wichtige Methoden des Programms. Hier können z. B. die Einstellungen der Zeichenattribute (Schriftart, Schriftgröße, Schriftstil, ...) für die Beschriftung der Äste und Zweige vorgenommen werden. Dies geschieht im Menüpunkt: Optionen – Mind Map Format ... (Abbildung 2)

Einige wichtige Methoden sind, wie in den meisten Anwenderprogrammen, in der Symbolleiste abgelegt.

- Erstellt eine neue Mindmap
- Öffnet eine vorhandene Mindmap
- Zeigt die nächste Mindmap (wenn mehrere gleichzeitig geöffnet sind)
- Speichert die aktuelle Mindmap
- Druckt die aktuelle Mindmap
- Fügt einen neuen Ast oder Zweig hinzu
- Löscht den markierten Ast, Zweig, Aufmerksamkeitszeichen oder Clipartzeichen
- Fügt Hyperlink hinzu (z. B. Link ins WWW oder E-Maillink)
- Bearbeitet Notiz zum Hyperlink
- Zeigt oder verbirgt Äste oder Zweige
- Vergrößert oder verkleinert die Ansicht

3 Die Symbolleiste von MindManager Smart

Mit der Farbpalette kann man die Farbe der Äste, Zweige und Beschriftungen einstellen. Die etwas gedeckteren Farben der Hervorhebungspalette dienen zur Kennzeichnung wichtiger Begriffe, ähnlich wie mit einem Textmarker.
Eine weitere Möglichkeit zur Hervorhebung bestimmter Mindmap-Teile sind die Aufmerksamkeitszeichen am rechten Rand. Im Programm werden sie als „Kode" bezeichnet. Sie können direkt an einen markierten Ast oder Zweig „gehängt" werden.

Mit Objekten aus der Clipartgalerie ist es möglich, z. B. Beziehungen zwischen verschiedenen Ästen oder Zweigen zu kennzeichnen. Die Clipartzeichen sind dazu in mehreren Ordnern thematisch zusammengestellt (Abbildung 4).

Clipart lassen sich frei auf der Arbeitsfläche per Drag & Drop platzieren.

4 Cliparts

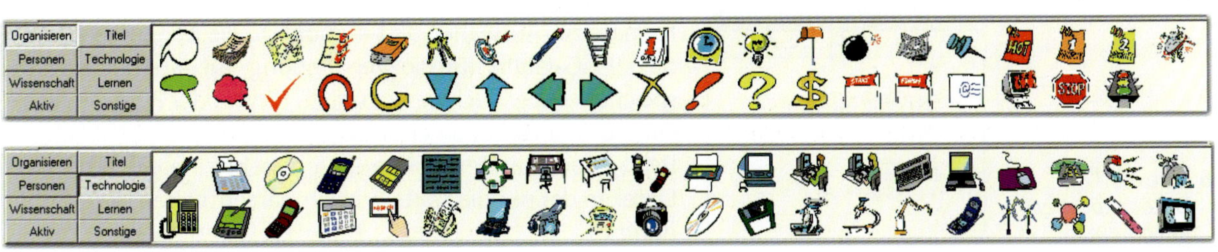

6 Aufbau einer Mindmap mit dem MindManager Smart

Vor Beginn der Erstellung der Mindmap mit dem MindManager Smart sollte die Map auf Papier angefertigt werden. Dabei müssen die folgenden Schritte der Methode Mindmapping beachtet werden:

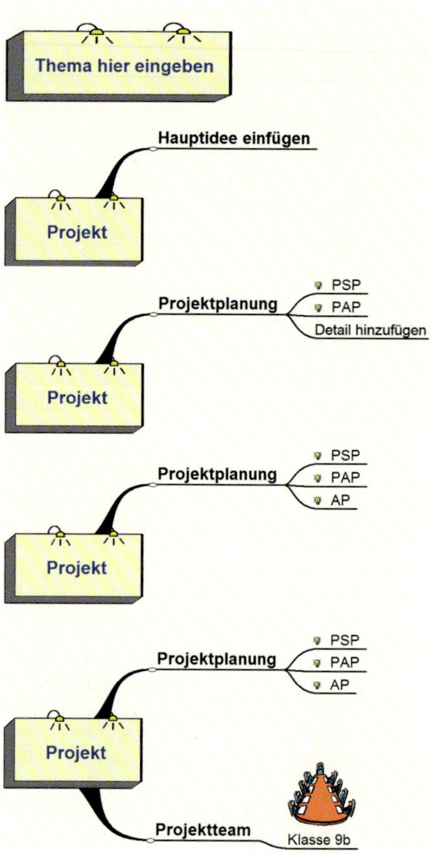

5 Eine Mindmap entsteht

- Klare Aufgabenstellung
- Sammeln von Begriffen, Wortgruppen oder Tätigkeiten zum Thema durch Aufschreiben auf Karten (Brainstorming)
- Ordnen der Begriffe, Wortgruppen oder Tätigkeiten durch finden einer Systematik und Ergänzen von weiteren Begriffen, Wortgruppen oder Tätigkeiten (Clustering)
- Herstellen von Beziehungen zwischen den Begriffen, Wortgruppen oder Tätigkeiten

Nun kann es an die Arbeit mit dem MindManager Smart gehen:

Mit dem Werkzeug „Neu" wird eine neue, leere Mindmap erzeugt und unter dem geplanten Name gespeichert.

In die Mitte wird das Thema der Mindmap eingegeben. Mit einem Doppelklick auf eine freie Stelle der Arbeitsfläche wird ein neuer Ast erzeugt (Alternative: Taste „Einfg"). Dieser kann dann sofort beschriftet werden.
Ein Ast oder Zweig kann aber auch mit dem Werkzeug „Neuen Ast oder Zweig hinzufügen" erzeugt werden.

Sind alle Begriffe, Wortgruppen und Tätigkeiten ordnungsgemäß an das Thema angefügt, kann die Mindmap mithilfe von Farben, Hervorhebungen, Aufmerksamkeitszeichen und Clipartsymbolen optisch aufgewertet werden. Beachte Sie hier die schon recht alte Gestalterweisheit: **„Weniger ist oft mehr"**.
So ist es zweckmäßig, sich innerhalb eines Projektteams auf wenige, aber aussagekräftige Aufmerksamkeitszeichen und Clipartsymbole zu beschränken. Auch mit Farben sollte sparsam und gezielt gearbeitet werden.

Die fertige Map wird gespeichert und gedruckt.

Es ist aber auch möglich, die Map per Export als Internetseite, als Grafik oder als Textdokument weiterzuverarbeiten.
Beim Export als Internetseite entsteht ein HTML-Dokument, in das die Mindmap als GIF-Grafik eingefügt wird. Verweise werden automatisch gesetzt.

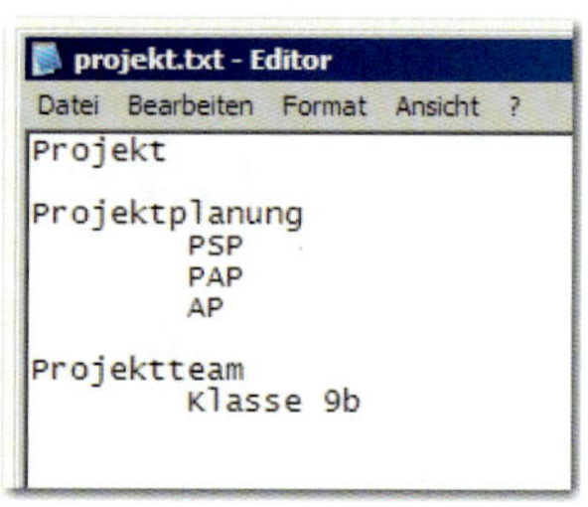

6 Eine als TXT-Datei exportierte Mindmap

Für den Export als Grafik stehen mehrere verschiedene Grafikformate zur Auswahl. So ist es möglich, die Mindmap als GIF- oder PNG-Grafik für die Verwendung auf Internetseiten zu speichern. Aber auch der Export als BMP- oder PCX-Grafik für ein druckbares Dokument ist möglich.
Beim Export als Textdokument entsteht eine einfache TXT-Datei, in der nur die Texteintragungen enthalten sind (Abbildung 6).

Werkzeugkasten III

7 Modernes Web-Design durch CSS

Es ist oft mühsam, die Gestaltungsmerkmale für Farben und Schrift in die vielen Seiten einer Internetpublikation immer wieder in gleicher Weise einzutragen. Nicht selten passiert es, dass man einen Wert vergisst oder falsch einträgt. Meist macht sich das erst viel später bemerkbar. 23

Man arbeitet effektiver, wenn man im Editor eine leere Vorlagendatei verwendet. Zuerst werden alle Einstellungen zu Farben und Schriften in dieser Vorlagendatei vorgenommen und geprüft. Anschließend werden die benötigten Dateien für die Internetseiten durch Speichern unter einem neuen Dateinamen aus dieser Vorlagedatei erzeugt.

Hinweis. Eine vergessene Einstellung oder ein übersehener Fehler in der Vorlagendatei ist anschließend in jeder Datei enthalten. Es ist notwendig die Einstellungen in allen Dateien zu korrigieren.

Noch effektiver ist ein Werkzeug, mit dem man die Einstellungen nur einmal vornimmt, ohne die einzelnen Dateien gesondert editieren zu müssen. Eine solche Möglichkeit bieten die › **C**ascading **S**tyle **S**heets (CSS). CSS ist eine Beschreibungssprache für Formateigenschaften und stellt eine Ergänzung zu HTML dar.

› engl.: cascading – fallend, kaskadierend, abgestuft
engl.: style sheet – Druckformatvorlage

Einfügen von Stylesheets in eine bestehende Datei

Stylesheets können in jede Internetseite eingebettet werden. Das ist aber ungünstig, weil dadurch die oben beschriebenen Nachteile erhalten bleiben: Jede Datei muss zum Ändern geöffnet werden.
Es ist viel günstiger, jede Internetseite mit einer CSS-Quelldatei zu verknüpfen. So müssen Änderungen nur in der Quelldatei vorgenommen werden, die Ergebnisse werden dann automatisch in die Zieldateien übernommen.

Um die Verknüpfung mit einer CSS-Quelldatei vorzunehmen, müssen im HTML-Quelltext der Zieldatei die folgenden Angaben ergänzt werden:

```
<html>
   <head>
      <title>Füller-Müller: Angebote </title>
      <link rel="stylesheet" href="../fuemue.css" type="text/css">
   </head>
   <body>
   ...
   </body>
</html>
```

Die Bestandteile der Verknüpfung haben die folgende Bedeutung:

`<link>`	Eine angegebene Quelldatei wird mit der Internetseite verknüpft.
`href="../fuemue.css"`	Das Attribut href enthält im Attributwert den Namen der Quelldatei (`fuemue.css`). Befindet sich die Datei in einem anderen Verzeichnis, so muss hier auch der Pfad (z. B. ../ , d. h eine Verzeichnisebene zurück) notiert werden.
› `rel="stylesheet"` `type="text/css"`	Diese Attribute enthalten Festlegungen zum eingebundenen Dateityp. In diesem Beispiel sind das Formatvorlagen (stylesheets).

› engl.: **rel**ationship – Verwandschaft, Beziehung

Für den Aufbau der Style-Sheet-Quelldatei gibt es keine besonderen Festlegungen. Die Style-Sheet-Definitionen können direkt eingetragen werden. Es ist empfehlenswert, die Datei durch eingefügte Leerzeilen übersichtlicher zu gestalten. Das Wurzelverzeichnis der Internetpublikation ist ein gebräuchlicher Speicherort für diese Datei.

Stylesheet-Definitionen

Der Aufbau von Stylesheet-Definitionen ist wie folgt festgelegt:

```
Name der Klasse {Liste der Attribute: Attributwerte}
```

Attributname und Attributwerte werden durch Doppelpunkt voneinander getrennt. Mehrere Attributwerte sind möglich, ihre Trennung erfolgt durch ein Komma. Verschiedene Attribute werden durch ein Semikolon voneinander getrennt.

Attribute für die Klasse INTERNETSEITE

23

```
body
{
background-color: #cccccc;
font-family: verdana,arial,helvetica,geneva;
font-size: 11px;
color: #0000cc;
}
```

Die einzelnen Attribute haben folgende Bedeutung:

`background-color`	Hintergrundfarbe
`font-family`	Schriftart
`font-size`	Schriftgröße
`color`	Textfarbe

Attribute für die Klasse ABSATZ

```
p
{
font-family: verdana,arial,helvetica,geneva;
font-size: 11px;
color: #0000ff;
text-align: justify;
}
```

Das Attribut hat folgende Bedeutung:

`text-align:justify`	Ausrichtung im Blocksatz.

Die Textfarbe ist gegenüber der Farbe der Internetseite geändert. Alle Absätze werden jetzt mit der Farbe #0000ff (blau) dargestellt.

Attribute für die Klasse UEBERSCHRIFT1

```
h1
{
font-size: 14px;
text-align: center;
}
```

Die Attribute der Überschrift erster Ordnung (h1) besitzen die gleichen Attributwerte wie die entsprechenden Attribute der INTERNETSEITE. Diese müssen nicht noch einmal notiert werden. Geändert wird aber die Schriftgröße auf 14 Punkt und die Ausrichtung auf zentriert.

Selbst definierte Klassen

Mithilfe von CSS ist es möglich, eigene Klassen zu definieren. Das Stylesheet

```
p.code
{
font-family:courier new,courier,mono;
}
```

legt eine Klasse CODE auf der Basis der Attribute der Klasse ABSATZ fest. Die Klasse CODE kann nur gemeinsam mit der Klasse ABSATZ aufgerufen werden. Der Aufruf geschieht im Quelltext der Internetseite wie folgt:

```
<p class="code"> Inhalt des Absatzes </p>
```

Durch diesen Aufruf wird bei der Anzeige im Browser ein Objekt der Klasse CODE erzeugt, bei dem der Text als Quellcode dargestellt wird.

Auf ähnliche Weise können auch so genannte Pseudoklassen gestaltet werden. Sie werden z. B. bei der Klasse LINK benutzt, um einen besuchten von einem unbesuchten Verweis zu unterscheiden. Mit entsprechenden Stylesheets können die Standardeinstellungen geändert werden.

```
a:link
{
font-family:verdana,arial,helvetica,geneva,sans-serif;
font-size: 11px;
color:#000099;
}

a:visited {
font-family:verdana,arial,helvetica,geneva,sans-serif;
font-size: 11px;
color:#999999;
}
```

Die Pseudoklassen haben folgende Bedeutung:

`link`	zur Darstellung der Verweisquelle eines noch nicht besuchten Verweises
`visited`	zur Darstellung der Verweisquelle ein bereits besuchter Veweises

Der Verweisquelle eines unbesuchten Verweises wird in der Farbe #000099 (dunkelblau) angegeben. Wurde der Verweis bereits angezeigt, dann wechselt die Farbe in #999999 (dunkelgrau).

Auf die beschriebene Weise können viele weitere Klassen selbst definiert werden. Die Gestaltung von Internetseiten wird dadurch wesentlich vereinfacht. Allerdings gehört dazu eine exakte Planung der Klassen einer Internetseite.

Im Internet sind viele Publikationen zur Gestaltung von Internetseiten mit Stylesheets verfügbar.

Stichwortverzeichnis

Bildnachweis
Umschlagfoto: Helen King/Corbis. **Seite 7**: Heiko Neupert. **Seite 8**: vario-press. **Seite 11**: picture-alliance/Picture Press/K. Westermann. **Seite 93, 94**: Helmar Fischer. **Seite 114, 115**: Technische Sammlungen Dresden. **Seite 117**: (1) Helmar Fischer; (2) Bettmann/Corbis. **Seite 118**: KPA/HIP/Ann Ronan Picure Library. **Seite 119**: (1) Helmar Fischer; (2) blickwinkel/M. Baumann. **Seite 120**: (1) vario-press; (2) Avenue Images/Fresh. **Seite 121**: (1) Sächsische Zeitung. **Seite 155**: (1) akg-images/Erich Lessing; (2-3) akg-images. **Seite 163**: picture-alliance/Okapia KG, Germany.

Trotz entsprechender Bemühungen ist es nicht in allen Fällen gelungen, den Rechtsinhaber ausfindig zu machen.
Gegen Nachweis der Rechte zahlt der Verlag für die Abdruckerlaubnis die gesetzlich geschuldete Vergütung.

Umschlag: Lutz Siebert-Wendt, München
Layout und Satz: Kommunikation + Design Pfeifer, München
Technische Zeichnungen: Ingrid Schobel, München
Reproduktion: Repro Ludwig GmbH, Zell am See

www.oldenbourg.de

1. Auflage, 2. Druck 2015

Alle Drucke dieser Auflage sind inhaltlich unverändert
und können im Unterricht nebeneinander verwendet werden.

Druck: AZ Druck und Datentechnik GmbH, Kempten

ISBN 978-3-637-00228-9

PEFC/04-31-2260

PEFC zertifiziert
Dieses Produkt stammt aus nachhaltig bewirtschafteten Wäldern und kontrollierten Quellen.

www.pefc.de